AF390214

DICTIONNAIRE

DES

CHEMINS DE FER

PAR

A. DE COUSY DE FAGEOLLES

PRÉFACE PAR ÉMILE WITH

PARIS

IMPRIMERIE ET LIBRAIRIE CENTRALES DE CHEMINS DE FER

DE NAPOLÉON CHAIX ET Cⁱᵉ,

Rue Bergère, 20, près du boulevard Montmartre.

1861

DICTIONNAIRE

DES

CHEMINS DE FER

DICTIONNAIRE

DES

CHEMINS DE FER

PAR

A. DE COUSY DE FAGEOLLES

PRÉFACE PAR ÉMILE WITH

PARIS

IMPRIMERIE ET LIBRAIRIE CENTRALES DE CHEMINS DE FER

DE NAPOLÉON CHAIX ET Cⁱᵉ,

Rue Bergère, 20, près du boulevard Montmartre.

1861

PRÉFACE

I.

Dans l'origine, les administrations de chemins de fer avaient chacune un mode particulier d'établissement et d'exploitation ; séparées par de grandes distances et sans relations directes, elles étaient réduites à leur propre expérience, que le manque de documents spéciaux sur ces voies de communication rendait plus insuffisante encore.

Les combinaisons les plus variées ont été imaginées, tant pour la construction de la voie que pour la création des moteurs.

Tous les anciens systèmes commencent à être abandonnés ; les essais avec l'air comprimé ou avec l'eau dans les tubes sur la voie, les machines à chloroforme, à air chaud ou comprimé et à électricité n'ont pas eu de succès, et la locomotive à vapeur d'eau règne aujourd'hui en souveraine sur les chemins de fer.

Des principes généraux de construction et d'exploitation une fois admis, il s'y présente certaines nuances dont l'ensemble constitue divers systèmes qu'on peut classer en trois grandes catégories :

Le système anglais, importé en France et en Belgique, et usité là où les entrepreneurs anglais ont soumissionné la construction des chemins de fer. Il est le plus répandu.

Le système américain se trouve dans les États-Unis, en Russie, dans le royaume de Wurtemberg.

Le système allemand, dans la Confédération germanique, en Suisse, et dans le Danemark.

Le caractère principal du système anglais peut se résumer en quelques points : solidité de la voie de fer, voitures courtes à quatre roues, manœuvrées sur de nombreuses plaques tournantes. On remarque surtout une tendance générale à remplacer par des machines, la main-d'œuvre employée dans les travaux et le service des gares.

Dans le système américain, on trouve une voie construite avec des rails légers, des machines locomotives et des wagons portés sur huit roues, pivotant par quatre sur une cheville ouvrière, afin de pouvoir passer facilement dans les petites courbes avec lesquelles ces chemins sont tracés.
Les voitures sont très-longues, et ouvertes aux

deux extrémités comme les wagons impériaux et royaux en Europe. Aux États-Unis, il n'y a qu'une classe de voitures; seulement, les hommes de couleur sont placés parmi les bagages, et les émigrants sont isolés dans des compartiments spéciaux.

Ce qui forme le caractère distinctif des chemins allemands, ce sont de grands remblais, des viaducs très-élevés, de nombreux ponts en grillage de fer, le rail de Vignoles, les voitures à six roues, les évitements substitués aux plaques tournantes, un grand luxe dans les gares et stations, enfin un personnel plus nombreux que partout ailleurs.

Indépendamment de ces différences dans la technologie, il en existe de plus notables dans le mode d'administration. Tantôt ce sont des compagnies qui possèdent les chemins de fer en vertu de concessions limitées comme en France, ou perpétuelles comme en Angleterre; tantôt c'est l'État qui construit et exploite, ainsi que cela a lieu dans une grande partie de l'Allemagne, tantôt ces nouvelles voies de communication sont régies par un système mixte.

Mais ce qui empêchera toujours les chemins de fer, sur notre continent de devenir une voie de communication non interrompue, ce sont les deux largeurs de voie, qui nécessiteront de nombreux transbordements. On distingue la voie étroite, usitée dans l'Europe centrale et la voie large, en Russie et en Espagne.

1.

Au fur et à mesure que les chemins de fer se sont développés et qu'ils se sont soudés entre eux par des raccordements, on a senti la nécessité de leur donner un lien commun en vue des trafics internationaux, et l'idée des institutions unitaires a pris naissance ; c'est en Allemagne que la première application en a été faite.

Pour sortir du rôle purement local qu'ils ont joué, et pour gagner toute l'importance d'une ligne de transit, les chemins de fer de la Confédération germanique se sont formés en plusieurs unions et se sont soumis à l'autorité d'un congrès dont ils exécutent les prescriptions unitaires de construction et d'exploitation.

En Angleterre, les Compagnies, subordonnées à l'autorité du Board of Trade, ont formé le Railway Clearing-House, ou maison de liquidation des chemins de fer, qui tranche, comme son nom l'indique, toutes les difficultés ou contestations financières.

Mais cela n'est qu'un détail d'administration intérieure, par lequel on facilite les relations des nombreuses sociétés entre elles et entre le public. Une mesure plus énergique a été adoptée par des compagnies pour faire prospérer leurs entreprises et pour les mettre à l'abri d'une ruine imminente à la suite d'une concurrence mutuelle : elles se sont amalgamées.

Ce système a été appliqué en France, sous le titre de fusion, d'une façon très-heureuse, par la formation de grands réseaux, que le chemin de fer de ceinture de Paris relie matériellement, comme la conférence des directeurs des compagnies les unit administrativement.

Si les chemins de fer se sont occupés de leur intérêt particulier et de celui de leur public, ils n'ont pas perdu de vue l'intérêt général, l'intérêt de la science, qui se traduit par les publications statistiques.

Les grandes administrations anglaises font connaître le résultat de leurs opérations par des comptes rendus annuels. C'est à cet usage que nous devons les rapports des commissaires des railways qui embrassent la relation détaillée des faits d'exploitation.

L'Allemagne fournit aussi son contingent à la statistique par des tableaux que le congrès fait établir pour chaque exercice.

L'Espagne y consacre une large part dans le *Memoria sobre el Estado de las obras publicas.*

Enfin, la France a fourni les résultats de comparaison entre tous les chemins de fer dans les deux ouvrages intitulés : *Documents statistiques* et *Enquête sur l'exploitation.*

Les autres gouvernements, de même que les compagnies, ne publient que les comptes rendus de leurs propres entreprises et sous un point de vue purement local.

Tous ces relevés ne diffèrent pas quant au fond, mais quant à la forme; et pour qu'ils fussent réellement utiles, il faudrait les établir sur le même modèle; on arriverait ainsi à un aperçu comparatif de la situation économique de toutes ces voies de communication et à une considération d'un ordre plus élevé : à une conclusion générale sur la cause réelle des accidents, et sur la manière définitive de les éviter.

Nous venons de toucher à la corde sensible des chemins de fer.

II.

Malgré les chiffres qui prouvent de la façon la plus irrécusable que les voies ferrées offrent le moyen de locomotion le plus sûr entre tous, le public attribue à ces accidents une importance exceptionnelle, et il se résigne à les admettre comme une fatalité en dehors des prévisions humaines, comme une nécessité inévitable du service.

Les inventeurs les considèrent comme la suite des imperfections mécaniques; ils sont persuadés que les chemins de fer une fois inventés, il ne doit pas être difficile de faire un pas de plus et de trouver

une panacée universelle pour régulariser d'une manière invariable la marche de ces grandes machines
de transport.

Dûment prônée et essayée, leur invention serait
naturellement cette panacée. Nous ne parlons pas
ici des perfectionnements, ou inventions positives
qui résultent presque toujours d'une longue expérience et de connaissances approfondies.

Les inventions contre les accidents, inventions
négatives, sont dues à des personnes qui, souvent
étrangères à la technologie, poursuivent la réalisation d'une idée fixe à l'aide d'un modèle ou d'une
image, et arrivent inévitablement à un non-sens ou
à une combinaison surannée.

En général, tous les systèmes préventifs sont
boîteux ; ils ne peuvent marcher qu'à la condition
de s'appuyer sur un règlement observé avec une
grande ponctualité.

Les inventeurs s'enferment ainsi dans un cercle
vicieux ; car l'observation de ce règlement exclut la
possibilité des accidents et implique l'inutilité de
l'invention ; son inobservation annule le fonctionnement du mécanisme qui en dépend, et pourrait
en outre, donner une fausse sécurité au personnel
qui se reposerait sur les indications d'un appareil
dont la marche régulière, incessante, ne serait
nullement garantie.

Les compagnies connaissent ce cercle vicieux et se gardent bien de le rompre ; car tous les inventeurs à la fois feraient irruption, et demanderaient à envahir les chemins de fer pour y expérimenter leurs projets humanitaires, mais coûteux, peut-être même dangereux pour les voyageurs, et dont la complication ne ferait que créer de nombreux embarras.

Sans se rendre un compte exact du problème à résoudre, sans chercher à comprendre que le plus haut degré du perfectionnement est la simplification, les inventeurs mettent les compagnies en suspicion d'une coupable indifférence, d'une certaine jalousie à l'égard des idées neuves qu'elles ne veulent pas adopter aveuglément, et ils attribuent à la malveillance leurs déboires, qui ne sont que la conséquence de leur propre obstination.

Cependant une voie plus facile, plus pratique, est ouverte, où l'esprit inventif peut s'exercer d'une manière profitable pour tous.

Bientôt des trains directs circuleront d'une extrémité de l'Europe à l'autre, et les besoins d'un voyage d'agrément se feront sentir en raison de la longueur des trajets.

Les chemins de fer sont encore loin de remplir cette dernière condition. C'est donc vers ce but que les inventeurs pourront diriger leurs efforts, qui ne seront plus faits en pure perte.

III.

En résumé, l'uniformité dans les chemins de fer, l'établissement d'une statistique universelle et l'utilisation des idées neuves ne constituent encore que des projets, qu'il s'agirait de répandre afin que toutes les nations pussent coopérer à leur réalisation.

Le rôle que la France devra jouer dans cette circonstance est nettement défini. Nous prenons actuellement une large part aux travaux des chemins de fer en Espagne, en Autriche, en Italie, en Suisse, en Russie; le nombreux personnel attaché à ces travaux introduit dans ces contrées nos méthodes, et avec elles notre langue et surtout nos termes techniques. Il faut dès lors que ce personnel soit instruit, pour pouvoir instruire celui des autres pays.

A l'époque de la création des chemins de fer, les administrations paraissaient redouter un degré d'instruction élevé chez les employés subalternes. Les connaissances de luxe qui s'y rencontrent quelquefois paraissaient incompatibles avec un travail continu; et si elles élèvent l'homme au-dessus de sa sphère d'activité, elles lui font oublier le dévouement et l'activité qui sont les conditions essentielles d'un employé utile.

On pensait que toujours attaché à ses fonctions, rien qu'à ses fonctions, sachant bien les remplir, et s'en contenter, incapable même d'occuper un rang supérieur, l'employé par excellence serait celui qui ne chercherait pas à sortir de sa spécialité.

Aujourd'hui il n'en est plus ainsi : l'instruction est devenue une nécessité de l'époque ; elle favorise, elle légitime les aspirations vers des positions plus élevées, vers le bien-être physique et moral.

Il est naturel que les agents des chemins de fer soient entraînés dans ce mouvement intellectuel et qu'ils cherchent à acquérir des connaissances plus étendues dans leur partie.

Mais ils ne sont pas les seuls qui s'en occupent.

Les entrepreneurs et les fournisseurs, les fonctionnaires du contrôle, les hommes de loi, les publicistes, les négociants y prennent une part active.

Les chemins de fer sont entrés dans nos mœurs, dans nos habitudes ; il ne se trouve plus une classe de la société qui n'y soit intéressée directement, les unes au point de vue technique, les autres au point de vue commercial, administratif, stratégique, judiciaire, tout le monde au point de vue de la spéculation.

Il est donc du plus haut intérêt de pouvoir se
rendre compte instantanément des détails dont la
connaissance est indispensable quand on veut demander une concession au gouvernement, ou participer
aux travaux et fournitures à faire aux compagnies :
quand on veut intenter un procès aux administrations des chemins de fer ou soutenir ceux qu'elles
font aux particuliers ; quand on veut leur confier
des transports, en discuter le prix et les conditions
de livraison ; en un mot, quand on veut connaître
ses droits vis-à-vis des compagnies, et ceux des
compagnies vis-à-vis des voyageurs et du commerce.

<h2 style="text-align:center">IV.</h2>

Les moyens de s'instruire ne manquent pas. Des
traités didactiques ont été publiés sur la construction des voies ferrées ; toutes les questions relatives à l'exploitation ont été abordées dans de
nombreuses brochures, et l'on ne peut reprocher à
cette littérature spéciale le manque de fécondité. —
Mais tous ces écrits demandent une étude sérieuse
et longue. Aujourd'hui, on veut bien s'instruire,
mais rapidement et sans peine, car le temps est pré-
cieux.

Il faudrait donc avoir un livre dans lequel on
pût trouver sans hésitation, sans recherches laborieuses, la valeur du mot et de la chose dont on
a besoin pour un moment donné.

Ce livre, c'est un dictionnaire des chemins de fer.

M. A. de Cousy s'est chargé de ce travail.

Le plan en est simple.

L'auteur a commencé par dresser une liste de tous les termes spéciaux usités dans les chemins de fer ; il les a définis d'une manière simple et correcte.

Il a été conduit à indiquer le texte des lois et ordonnances qui régissent la matière et il en a fait un code qui embrasse la partie technique de même que la partie administrative, et qui forme ainsi une précieuse collection de renseignements dans laquelle on peut puiser avec fruit.

Malgré la divergence des opinions sur plusieurs points, les définitions ne laissent aucun doute ; le lecteur ne doit pas avoir à opter : il lui faut une explication qu'il ne puisse discuter.

M. de Cousy a donc établi une encyclopédie aussi complète que possible des chemins de fer, destinée aux Français aussi bien qu'aux étrangers, qui coopèrent avec nous à l'établissement de ces voies de transport.

EMILE WITH.

INTRODUCTION.

L'ouvrage que nous présentons au public n'est pas un traité des chemins de fer.

Notre dictionnaire n'a pas pour but de mettre en relief les avantages incontestables que l'établissement de ces voies de communication a offerts à notre civilisation, ni de préjuger les progrès à venir de cette industrie, dont la vitalité se démontre chaque jour davantage. La tâche que nous nous sommes imposée est plus modeste; elle n'a d'autre objet que de résumer sous une forme aussi simple que possible, l'explication des termes techniques si variés et si nombreux qui composent la langue spéciale des chemins de fer.

Aujourd'hui, que cette industrie a triomphé de tous les obstacles qui s'opposaient à son développement, nul ne peut rester étranger à ce qui s'y rapporte. Le producteur, le commerçant, le consommateur, le voyageur, c'est-à-dire tout le monde, ont intérêt à être renseignés d'une manière positive sur leurs droits et leurs obligations dans leurs rapports avec les Compagnies de chemins de fer.

Il fallait donc que notre ouvrage fût un livre pratique à la portée de tous. Les ouvrages qui jusqu'ici ont été composés sur le sujet que nous traitons, nous ont semblé adressés plutôt aux hommes spéciaux qu'au public, et nous avons espéré combler une lacune en adoptant la forme que nous avons choisie. Nous n'oserons certes pas affirmer que nous y avons réussi par ce modeste ouvrage, mais nous avons du moins l'espérance que le lecteur pourra y puiser quelques renseignements utiles.

Nous recevrons du reste avec une sincère gratitude les avis qui nous seraient adressés au sujet des modifications qui pourraient être introduites dans ce travail, et nous ne terminerons pas sans remercier les administrations des chemins de fer de l'obligeance avec laquelle elles ont mis à notre disposition tous les documents qui nous ont été nécessaires.

DICTIONNAIRE
DES CHEMINS DE FER

ABANDON de poste. — Le mécanicien ou le conducteur garde-frein, pendant la marche d'un convoi, doit toujours rester à son poste, y eût-il danger personnel. (Loi du 15 juillet 1845, art 20.)

ABANDON d'un train. — Cet abandon a lieu chaque fois qu'une locomotive est forcée, soit de conduire une partie du train à un garage, soit d'aller prendre de l'eau.

ABATAGE. — Terme d'atelier qui veut dire renverser ou abattre des machines ou pièces de machines pour les visiter. — On comprend que cette opération ne peut avoir lieu que dans les dépôts. Sur la ligne des chemins de fer mêmes, elle serait dangereuse pour la circulation des convois.

ABEILLES. — Les transports des abeilles sont interdits par les trains de voyageurs. On ne les expédie que par les trains de marchandises, en faisant d'avance payer les frais de transport à l'expéditeur et faisant stipuler en même temps la non-responsabilité des Compagnies.

ABONNEMENT. — Il y a deux sortes d'abonnements : 1° pour les voyageurs ; 2° pour les marchandises.

Pour les voyageurs, des Compagnies délivrent, moyennant une somme fixe payée d'avance, un permis de circulation pouvant servir au titulaire à tous les trains.

Pour les marchandises, l'abonnement fait obtenir un rabais

sur le transport à l'expéditeur, qui s'engage à charger un nombre déterminé de tonnes dans un délai convenu.

ABONNEMENTS aux journaux par l'intermédiaire de la Compagnie.—Les Compagnies se chargent des abonnements aux journaux et publications périodiques, comme le font les libraires, et à des conditions analogues.

Les demandes d'abonnements sont inscrites sur un livre spécial ; un duplicata est envoyé à Paris, en échange duquel le bureau expéditeur reçoit les quittances des abonnements pour les donner aux intéressés.

ABORNEMENT. — (Voir *Bornage.*)

ACCÉLÉRATION de vitesse dans la Marche des trains.—En cas de retard dans la marche d'un train, certaines Compagnies permettent au mécanicien d'en accélérer la vitesse de façon à regagner le temps perdu, et à arriver à l'heure fixée.

Mais cette accélération ne doit pas, en général, dépasser la moitié de la vitesse réglementaire du train, et elle ne doit avoir lieu que lorsque l'état du temps le permet, et que les moyens de traction suffisent.

ACCEPTATION.—Réception de la marchandise au départ, reconnaissance des colis et examen des lettres de voiture.

Cette opération engage la Compagnie.

ACCEPTATION des marchandises à grande vitesse. — Les chefs de gare ne peuvent accepter des colis dont l'adresse est illisible, mal conçue ou incomplète.

Ils doivent prendre les noms et qualités des expéditeurs.

Une fois les emballages examinés et reconnus en bon état, l'expédition a lieu. Le chef de gare, dans une note spéciale, indique si la livraison doit être faite à domicile, en gare ou bureau restant.

ACCEPTATION des marchandises à petite vitesse. — Avant d'accepter un colis, on en reconnaît le numéro et la marque, on vérifie le bon état de l'emballage, puis on fait signer un bulletin de garantie à l'expéditeur, si le colis n'est pas en bon état de conditionnement extérieur. — Si le colis est de nature à s'avarier en route, s'il y a présomption de fraude dans sa déclaration, sans différer l'expédition, la station expéditrice prévient la gare destinataire.

Quand des lettres de voiture accompagnent des colis, on doit examiner si l'adresse en est complète, et confronter les numéros qui y sont indiqués avec ceux que portent les colis.

ACCEPTATION des billets à ordre, lettres de change et mandats, dont le recouvrement est confié à la Compagnie. — Les effets doivent être endossés en blanc.

La personne qui remet un effet à l'encaissement déclare si le protêt doit être fait ou si le retour doit avoir lieu sans frais.

Dans le premier cas, si le timbre du billet est suffisant, il doit consigner à la gare expéditrice les frais de protêt ; et, dans le second, écrire *sans frais* au-dessous de sa signature.

Si l'effet n'est pas payé, il est dans les deux cas retourné sans frais à la gare expéditrice.

Si le paiement est effectué, la gare expéditrice en couvre le propriétaire.

Les fonds ou l'effet ne sont remis que contre récépissé.

ACCESSOIRES des châssis. — Ce sont : les chasse-pierres, les marche-pieds, les plates-formes, les garde-corps, les tampons, les ressorts, les barres et les boulons d'attelage. Pour connaître l'usage de ces pièces, il y a lieu de chercher chacun de ces mots.

ACCESSOIRES de la chaudière. — Ils comprennent : le cendrier, les appareils pour arrêter les flammèches, le registre, les soupapes de sûreté, les manomètres, les indicateurs de niveau d'eau, le sifflet, les robinets et bouchons de vidange.

(Même observation que pour le mot précédent.)

ACCESSOIRES de la voie. — Sous ce titre on comprend : les clôtures et barrières pour fermer la ligne ferrée et ses dépendances ; les passages à niveau, les changements, croisements et traversées de la voie ; les plaques tournantes et les chariots roulants ; les grues hydrauliques ; enfin les signaux fixes.

(Même observation que précédemment.)

ACCIDENTS. — Tout accident arrivé sur une ligne est constaté immédiatement par les agents de la Compagnie présents sur les lieux. Puis la direction générale des ponts et chaussées et des chemins de fer, ressortissant au ministère des travaux publics, en est informée :

1° Par un rapport du préfet ;

2° Par un rapport du directeur de la Compagnie ;

3° Par un rapport de l'ingénieur en chef du contrôle.

Ces différents rapports servent de base à l'enquête administrative, qui décide de la suite à donner à l'affaire et des peines ou poursuites, tant judiciaires qu'administratives, dont est passible tout agent de la Compagnie qui, par l'inobservation des règlements, a contribué à l'accident.

L'enquête administrative ne fait pas obstacle à l'enquête judiciaire, qui peut toujours être ouverte à la requête, soit du parquet, soit des parties intéressées, conformément aux articles 319 et 320 du Code pénal, et 1382, 1383, 1384 du Code civil.

Les accidents sur les chemins de fer comprennent : ceux qui sont le fait de la locomotive ; ceux qui résultent du mauvais état de la voie et du matériel roulant ; ceux qui proviennent de l'inobservation des règlements pour la marche des trains ; enfin, ceux dus à l'imprudence des voyageurs et des employés. (Voir à ce sujet le livre publié, en 1854, par Émile With, sous le titre : *les Accidents sur les chemins de fer, leurs causes, les règles à suivre pour les éviter ;* — augmenté d'une préface, par Auguste Perdonnet.)

L'auteur du *Dictionnaire* croit devoir se borner à renvoyer à ce travail, sans entrer dans de plus amples détails. Les accidents constituent la partie difficile des chemins de fer, et ce n'est que dans un traité spécial qu'un pareil sujet peut être traité.

Les accidents, de quelque nature qu'ils soient, doivent être portés de suite à la connaissance du commissaire de surveillance administrative de la gare la plus voisine du lieu du sinistre.

La déclaration doit être faite par le chef du train et par le chef de gare, dès que celui-ci en reçoit la nouvelle, quand même il n'aurait aucun renseignement sur la gravité de l'accident.

Cette déclaration doit énoncer simplement les faits sans aucun commentaire.

S'il s'agit d'une personne tuée ou blessée sur la voie au passage d'un convoi, la déclaration doit être faite au maire de la commune la plus voisine, et au juge de paix du canton ou à tout autre fonctionnaire pouvant légalement dresser procès-verbal.

ACCIDENTS survenant au mécanicien. — Dans ce cas, le chauffeur doit fermer le régulateur, serrer les freins; puis, le train arrêté, venir se concerter avec le chef du convoi.

ACCOTEMENTS. — C'est la banquette du chemin de fer comprise entre les rails et l'arête des terrassements de la voie. — C'est un terme emprunté aux ponts et chaussées, où on nomme accotements les trottoirs destinés aux piétons; dans les chemins de fer, ils servent de passage pour les employés de la voie.

ACCOUPLEMENT des roues. — Dans les machines à petite vitesse, on accouple les roues avec les roues motrices au moyen des barres ou bielles d'accouplement; on augmente ainsi l'adhérence sur les rails dans le but d'augmenter la force de traction. On a essayé cet accouplement avec une chaîne de connexion, ce qui n'a pas réussi. Dans les machines tenders autrichiennes, on a fait l'accouplement par de petites roues dentées appliquées aux essieux.

ACCOUPLEMENTS des voitures. — Les wagons et voitures sont reliés à la locomotive et entre eux au moyen de tendeurs et de chaînes. Cet accouplement a une grande importance ; car, en cas de rupture des chaînes, le train se divise en deux parties, et la queue, abandonnée à elle-même, peut être heurtée par une machine qui suit, ou elle peut rétrograder sur une pente.

Lorsque cela arrive, les conducteurs se trouvant dans la seconde partie du train doivent serrer tous les freins qui sont en leur possession. Le mécanicien, dans une pareille circonstance, doit éviter que la partie de train laissée en arrière ne rejoigne brusquement la première partie. — Dans aucun cas, il ne doit reculer vers la seconde partie que lorsque cette seconde partie est en vue et arrêtée.

ACQUIT. — Pièce délivrée par les contributions des douanes ou l'octroi, et attestant qu'on a satisfait aux règlements.

ACQUIT-à-caution. — On appelle acquit-à-caution une déclaration faite pour les objets qui sont soumis à des droits de consommation, et qui sortent du territoire de la douane.

L'expéditeur signe cette pièce avec un négociant patenté du même lieu qui est la caution.

Si à la frontière on oubliait de faire décharger l'acquit, l'expéditeur serait passible de doubles droits.

ACTE de société. — Les actes de société doivent énoncer le nom des fondateurs, leur domicile, l'objet et la durée de la société, le capital social et les statuts qui doivent la régir. Ces actes doivent être enregistrés et publiés suivant la loi. —(Voir *Statuts*.)

ACTION. — L'action est un titre qui représente un droit à une part quelconque dans la propriété, le produit et les bénéfices nets d'une société ou compagnie de chemin de fer, de finances, de commerce ou d'industrie, dont le capital se divise en actions.

L'actionnaire est le titulaire ou le porteur de l'action.

Elle consiste dans une inscription faite sur les livres de la société pour l'exploitation de laquelle elle a été créée.

Elle est nominative ou au porteur.

Les actions au porteur se transmettent par la simple tradition du titre.

Elles ne peuvent être créées que dans des sociétés où la seule mise de l'actionnaire est engagée, et dans lesquelles il n'a pas besoin d'être connu du public, après le versement du prix du titre, telles que les sociétés anonymes, qui ne sont point des sociétés entre personnes, mais une association de capitaux, dont les propriétaires peuvent rester ignorés, puisque, le montant de leurs actions une fois acquitté, ils ne restent plus passibles d'aucune obligation envers la société.

La cession des titres, ou actions nominatives, s'opère par une déclaration de transfert inscrite sur un registre spécial, et signée de celui qui fait le transfert, ou de son fondé de pouvoir.

Les registres des Compagnies en font foi.

Il y a diverses sortes d'actions :

> Actions de fondation,
> Actions de capital,
> Actions de jouissance.

Leur dénomination seule suffit pour en faire comprendre la nature et l'essence.

Les droits afférents à chaque action sont réglés par les statuts des Compagnies auxquelles elles appartiennent.

L'action de capital et celle de fondation donnent droit à tout ce qui fait l'objet de la société dans des proportions déterminées par les statuts.

L'action de jouissance donne droit à des intérêts ou dividendes déterminés.

Après libération ou amortissement des capitaux, les actions de toute nature reçoivent des dividendes proportionnels.

Tout propriétaire d'actions a toujours la faculté de convertir ses titres au porteur en titres nominatifs et réciproquement.

Les actionnaires sont tenus de se soumettre aux conditions du pacte social, les statuts de la société étant la charte des intéressés.

Si les actions sont vendues publiquement aux enchères, par exemple, par suite d'une saisie-arrêt, elles peuvent être vendues par un notaire ; si elles sont vendues à la Bourse, c'est aux agents de change qu'il appartient d'en préparer et certifier la transmission.

La loi du 23 juin 1857 assujettit les actions à un droit de transmission de vingt centimes par cent francs de la valeur négociée.

Ce droit pour les titres au porteur et pour ceux dont la transmission peut s'opérer sans un transfert sur un registre de la société, est converti en une taxe annuelle et obligatoire de douze centimes par cent francs du capital desdites actions évalué par leur cours moyen pendant l'année précédente, et à défaut de cours dans cette année, conformément aux règlements établis par les lois sur l'enregistrement.

Le droit pour les titres nominatifs dont la transmission ne peut s'opérer que par un transfert sur les registres de la société, est perçu au moment du transfert, pour le compte du Trésor, par les sociétés, compagnies ou entreprises, qui en sont constituées débitrices par le fait du transfert.

Toute action doit être revêtue du timbre de l'Etat. Les Compagnies s'abonnent avec l'administration pour le paiement des droits de timbre. Ces droits sont payables par trimestre et d'avance ; ils sont fixés à cinquante centimes par an par chaque mille francs du capital émis.

Les actions s'éteignent par la liquidation de la société ou par la ruine de l'entreprise.

Outre les actions, les Compagnies de chemins de fer émettent, pour la plupart, des obligations qui constituent une créance de la société. Les revenus et le capital remboursables en sont déterminés, tandis que ceux des actions sont aléatoires. — (Voir *Obligations.*)

ACTIONS au porteur. — Les actions au porteur se transmettent par la simple tradition du titre.

Dans certaines sociétés, jusqu'à parfait paiement, le souscripteur est tenu vis-à-vis de la Société de remplir l'engagement qu'il a contracté, c'est-à-dire obligé au paiement total du prix de l'action (voyez *Action*) ; dans d'autres compagnies, le souscripteur n'est engagé que pour le montant des sommes qu'il a versées.

ACTIONS nominatives. — Les actions nominatives sont celles dont le nom du propriétaire est inscrit sur le titre.

Les actions au porteur peuvent être mises au nom de la personne qui les possède.

Cette conversion doit être demandée à la Compagnie qui a émis les titres; elle a lieu moyennant un droit de 0 fr. 20 c. sur le cours moyen de l'action dans l'année.

Les actions nominatives sont de même convertibles en titres au porteur moyennant le même droit.

Une loi de 1857, qui a frappé d'un impôt le revenu des actions industrielles sur les titres au porteur, a occasionné beaucoup de conversions.

Mais, cette fois, les conversions ont eu lieu sans aucuns frais, quand les actionnaires ont fait opérer ce changement dans le délai fixé par cette loi.— (Voyez *Actions.*)

ACTIONNAIRE. — Propriétaire d'actions d'une société commerciale ou industrielle. Les actionnaires ne sont engagés que jusqu'à concurrence du capital de leurs actions : aussi peuvent-ils être poursuivis en cas de non-paiement du montant de leurs souscriptions, mais d'ordinaire ils ne sont engagés que jusqu'à concurrence des sommes versées par eux.

Si la société est en commandite, les propriétaires d'actions peuvent être engagés au delà de leur mise s'ils ont participé aux actes de la gérance.

Un nombre déterminé d'actions donne le droit au propriétaire d'assister aux assemblées générales et de faire partie des conseils de surveillance et d'administration.

ACTIONS perturbatrices. — L'inertie des pièces de la locomotive produit des perturbations dans sa marche régulière ; il en résulte des mouvements extraordinaires (tangage, lacet, etc., etc.) qui sont une cause d'instabilité et qui peuvent devenir une cause de danger. Pour remédier à cet inconvénient, on a recours à l'emploi de contre-poids (voir ce mot) attachés aux roues motrices.

ADHÉRENCE. — La prise des roues sur les rails s'appelle adhérence ; elle diminue sur les rails polis ; elle est nulle sur les rails couverts d'humidité, et dans ce cas les roues tournent sans avancer ; elle augmente par la projection de sable sur les rails.

Cette adhérence, à laquelle dans le principe on ne croyait pas, était la pierre d'achoppement des chemins de fer. Au lieu de se livrer à une expérience directe, on a eu recours à des artifices sans nombre pour suppléer à cette adhérence. On faisait des roues et rails dentés, on adaptait à la locomotive des espèces de jambes ou pièces de fer articulées qui, s'appuyant sur le sol, poussaient la machine.

Ce n'est que quand Stephenson a lancé sa locomotive sur des rails unis qu'on s'est convaincu de l'erreur commise ; on a vu que dans les circonstances normales l'adhérence suffisait pour la propulsion, et ce n'est que de ce jour que date le développement des chemins de fer.

ADJONCTION d'une deuxième machine aux trains. — Le règlement d'administration publique prescrit d'atteler en tête de tous les convois de voyageurs autant de voitures vides qu'il y a de locomotives destinées à remorquer les trains.

Quand on ajoute une deuxième locomotive au milieu d'un parcours, on doit faire les manœuvres nécessaires pour placer les voitures vides dont il est question.

ADJUDICATAIRE. — Celui qui dans une adjudication de travaux publics offre d'exécuter un travail au plus bas prix est déclaré adjudicataire.

ADJUDICATION. — L'adjudication est un acte par lequel un entrepreneur de travaux est chargé d'exécuter pour le compte d'une compagnie de chemins de fer, soit les ouvrages d'établissement de la voie, soit les travaux de construction des gares, de confection du matériel, soit enfin les travaux de réparation et d'entretien, une fois que la ligne est en état d'exploitation.

On concède encore par voie d'adjudication les fournitures de combustible, de bois, de fer, etc., nécessaires pour une exploitation de cette nature et de cette importance.

Voici comment s'exécute une adjudication :

L'ingénieur ou le chef de l'exploitation dresse un devis indiquant les travaux à exécuter ou les fournitures à faire, et les prix offerts par l'administration pour ces travaux ou ces fournitures.

Ce devis est imprimé et publié ; au jour fixé pour l'adjudication, les concurrents se présentent, remettent sous pli cacheté leurs offres de rabais sur les prix du devis. Celui des concurrents qui offre le rabais le plus considérable est déclaré adjudicataire. Il est bien entendu que préalablement tous les candidats admis à l'adjudication ont dû justifier de leur moralité, de leur solvabilité, et déposer un cautionnement qui répond de la complète et bonne exécution des charges de l'entreprise.

Parfois des compagnies, abandonnant le système des adjudications, font exécuter leurs travaux par voie de concession directe. Sans discuter ici les raisons que ces compagnies ont pu alléguer pour préférer cette méthode, constatons qu'en général le système d'adjudication sur soumissions cachetées est préférable. C'est le système adopté par l'Etat pour tous les travaux et fournitures publics, celui qui procure la plus évidente économie, et qui se concilie le mieux avec les devoirs d'une bonne administration. A l'aide d'une surveillance exacte, il sera toujours possible de contraindre les adjudicataires d'exécuter toutes les conditions que le cahier des charges leur impose, d'empêcher qu'ils ne compensent le rabais auquel ils ont consenti par un bénéfice frauduleux, résultant soit de la malfaçon des travaux, soit de la mauvaise qualité des matériaux ou fournitures.

Dans l'autre système, au contraire, il est à craindre que des considérations d'intérêt personnel n'entrent souvent dans la préférence accordée au concessionnaire direct. Aujourd'hui, l'exploitation des chemins de fer absorbe une notable partie de la fortune publique, et les compagnies ne sont pas moins responsables vis-à-vis des actionnaires que l'Etat vis-à-vis des contribuables. Donc, si l'Etat, à la suite d'une longue expérience, a préféré le système des adjudications comme le plus économique, nul doute que les compagnies de chemins de fer ne doivent point s'en écarter.

ADMINISTRATEUR — Membre d'un conseil d'administration. — (Voir *Conseil d'administration.*)

ADMINISTRATION. — Ce mot a deux acceptions, car il y a deux sortes d'administrations : les compagnies particulières, auxquelles appartiennent les entreprises des chemins de fer, canaux de navigation, forges, mines, assurances, etc. ; et les administrations publiques de l'État. Ces diverses administrations ont entre elles des rapports incessants, car l'autorité a la surveillance des entreprises particulières. Les chemins de fer, par exemple, sont subordonnés au ministère des travaux publics ; les assurances, au ministère de l'intérieur. Toutes les demandes en concession, autorisations d'études, émission de titres, modifications statutaires doivent être adressées et soumises au ministre compétant.

ADMINISTRATION des chemins de fer. —

Un comité choisi parmi les actionnaires qui possèdent un certain nombre d'actions déterminé par les statuts, administre généralement les compagnies. On nomme ce comité : conseil d'administration ou comité de direction.

Ce comité choisit un directeur auquel il délègue une partie des pouvoirs absolus qu'il tient de l'assemblée des actionnaires.

Dans quelques compagnies, le conseil d'administration ratifie les opérations du directeur, nomme à tous les emplois, discute et traite toutes les affaires. Dans d'autres, par suite d'une délégation de pouvoirs, les chefs de service traitent pour les compagnies.

Les services rendus aux compagnies par leurs administrateurs ne sont pas remunérés d'après un mode fixe.

Ici un traitement fixe, là des jetons de présence, quelquefois ces deux avantages réunis, sont ce que recueillent les administrateurs pour prix de leurs travaux.

ADMINISTRATION de la guerre. — Le ministère de la guerre fait faire tous ses transports par réquisition. — Pour que les lignes qui effectuent ces transports puissent en être payées, elles doivent joindre au décompte qu'elles présentent, la réquisition en vertu de laquelle le transport a été effectué.

Les envois de matériaux, armes, poudre, etc., etc., sont l'objet d'un tarif spécial. Ils doivent être présentés à la gare avec la réquisition signée par l'autorité compétente.

Le maximum de la charge d'un wagon est dans ce cas fixé à 3,000 kil.

S'il s'agit du transport de quelques militaires ou agents voyageant isolément, la gare expéditrice conserve la réquisition et l'échange contre des permis de circulation.

S'il s'agit d'un corps d'armée, la réquisition est remise au chef de train accompagnée d'un bordereau par grade des militaires voyageant. A l'arrivée, il est procédé à la recon-

naissance des soldats contradictoirement par le commandant du corps du détachement, et par un agent de la Compagnie.

Les agents des compagnies de chemins de fer conservent
en ce cas toute initiative; ils se concertent avec les chefs de
corps dans l'intérêt du bon ordre et le bien du service. —
(V. *Règlements du ministère de la guerre du 6 novembre* 1855.)

A DOMICILE. — Ces mots doivent être écrits sur les
lettres de voiture qui accompagnent les colis devant être livrés au domicile du destinataire.

AFFICHES. — Des affiches placées dans les gares et
stations font connaître au public les heures de départ des
convois, leur arrivée, et les stations qu'ils doivent desservir.

Ces ordres de service doivent être soumis à l'approbation
du ministre des travaux publics, au moins quinze jours avant
d'être mis à exécution.

Les compagnies sont également tenues de donner avis au
commissaire de surveillance, au préfet et au ministre des travaux publics des changements apportés aux prix autorisés.

Des affiches placées dans les gares, un mois avant la perception des nouveaux tarifs, font connaître au public les modifications. — (Voir l'ordonnance du 15 novembre 1846,
art. 43 et 49.)

AFFRANCHISSEMENT des rails. — Ce mot est
synonyme avec *coupage* ou *ajustage* des bouts de rails. Cette
opération consiste à couper correctement et bien perpendiculairement les bouts des rails. On affranchit ces rails avec la
scie ou avec la tranche. On préfère ce dernier mode, parce
que la scie, quoique agissant d'une manière plus correcte,
désagrége les fibres du fer.

AGENTS assermentés. — Les agents chargés de
veiller à l'exécution des lois et règlements concernant la
police des chemins de fer, et de constater les délits et dégâts
intéressant les voyageurs et la compagnie, doivent être asser-

mentés. Ils dressent procès-verbal de tous les faits domma-
geables soit pour la compagnie, soit pour les voyageurs,
qui sont portés à leur connaissance.

Lorsqu'ils ne peuvent rédiger eux-mêmes leurs procès-verbaux, les agents assermentés les font rédiger par le maire,
l'adjoint, ou le greffier du juge de paix de la commune où
le fait a eu lieu.

L'art. 23 de la loi du 15 juillet 1845 porte que : « Les
» crimes, délits ou contraventions pourront être constatés
» par des procès-verbaux dressés concurremment par les of-
» ficiers de police judiciaire, les ingénieurs des ponts et
» chaussées et des mines, les conducteurs, gardes-mines, agents
» de surveillance et gardes nommés ou agréés par l'adminis-
» tration et dûment assermentés.

« Les procès-verbaux des délits et contraventions feront foi
» jusqu'à preuve contraire.

» Au moyen du serment prêté devant le tribunal de pre-
» mière instance de leur résidence, les agents de surveillance
» de l'administration et des concessionnaires ou fermiers
» pourront verbaliser sur toute la ligne du chemin de fer
» auquel ils seront attachés. »

AGENTS commerciaux. — Les agents commerciaux
sont, comme leur nom l'indique, spécialement attachés au
service commercial des compagnies. Ils relèvent de l'inspecteur principal de cette exploitation, auquel ils communiquent
leurs rapports et dont ils suivent les instructions.

Aujourd'hui que le service du transport des marchandises
dans les chemins de fer est devenu aussi considérable au
moins, plus considérable même sur certaines lignes que celui
du transport des voyageurs, l'importance des fonctions de
l'agent commercial s'est accrue en proportion de cette trans-
formation.

Ces fonctions sont nombreuses et variées, souvent délicates
et difficiles. L'agent commercial exerce une surveillance immédiate, incessante, sur tous les employés de la compagnie

dans celles de leurs attributions qui concernent l'exploitation commerciale. Il contrôle leurs livres, vérifie leurs comptes, prévoit et empêche les détournements, les constate et les fait réprimer lorsqu'ils ont eu lieu.

Il veille à la stricte et loyale exécution des traités passés par la Compagnie avec les maisons de commerce ou les entreprises de roulage pour le transport des marchandises.

L'agent commercial contrôle et vérifie l'application des tarifs. Il en propose la modification à l'inspecteur principal lorsqu'il reconnaît la nécessité de cette modification. Ce contrôle de l'application des tarifs exige de sa part une grande intelligence, et constitue la partie la plus délicate de son service.

L'aptitude nécessaire à ces fonctions ne peut guère se rencontrer que chez les hommes qui ont une éducation commerciale avancée, et toutes les administrations de chemins de fer devraient se faire une loi de prendre ces agents exclusivement parmi les négociants ou agents de grandes entreprises industrielles.

AGENTS comptables. — Agents chargés de la garde et du transport des deniers de la Compagnie.

Ils sont entièrement responsables des fonds qu'ils encaissent, ou qui doivent être transportés, jusqu'à ce qu'ils en aient décharge.

Ils doivent donc faire toute la surveillance utile, et prendre toutes les mesures nécessaires pour n'être victimes d'aucun vol.

Les comptables sont responsables des erreurs et des manquants quelle qu'en soit la provenance.

AGRÈS. — Ce mot est passé du langage des marins dans celui des agents des chemins de fer; les bâches, les prolonges, les garrots, les cales, constituent les agrès d'un wagon.

AGRÈS de secours. — Ils comprennent un cric, un vérin assez puissant pour soulever une des extrémités d'une locomotive, une pince en fer, des cordes. Ces agrès sont portés sur le wagon de secours.

AIGUILLES.— On appelle ainsi des portions de rails mobiles autour d'un point fixe s'adaptant à deux files de rails, et servant à faire passer les trains d'une voie sur une autre.

AIGUILLEUR. — C'est un garde-ligne chargé de faire manœuvrer les aiguilles ; dans les gares, il est placé sous les ordres du chef de gare.

Pour ce qui concerne le graissage et le nettoyage des aiguilles, l'aiguilleur doit se conformer aux instructions qui lui sont données par les conducteurs ou piqueurs de la voie.

AIMANTATION des rails. — Le frottement continuel des trains sur les rails aimante ces fers.

AJUSTAGE. — C'est l'opération qui consiste à remettre en place les pièces des machines et des appareils.

ALÉSAGE. —Cette opération consiste à polir l'intérieur des cylindres à vapeur et des corps de pompe au moyen d'un alésoir, espèce de tour qui est horizontal pour les fortes pièces et vertical pour les petites pièces.

ALIGNEMENT. — Les parties des chemins de fer en ligne droite s'appellent parties en alignement, ou, par abréviation, alignements. Il est de règle de ne jamais passer brusquement d'une courbe dans une contre-courbe ; on les raccorde toujours par une portion droite ou un alignement.

ALIMENTATION de la chaudière. — Cette opération consiste à faire entrer dans la chaudière, au moyen des pompes alimentaires, l'eau au fur et à mesure qu'elle se vaporise. Cette alimentation est continue dans les machines locomotives. Elle a une très-grande importance dans les chemins de fer à cause de la nature de l'eau d'alimentation. — (Voir *Eau d'alimentation.*)

ALLÉGE. — Mot français auquel on a substitué le mot anglais tender, ou chariot d'approvisionnement. Il est indépendant de la machine dans la plupart des cas; quand il est soudé à la machine même, cette machine prend le nom de machine-tender.

ALLUMAGE des machines. — Cette opération est réglée par le chef du dépôt et exécutée par un chauffeur. Cet allumage doit être avancé en hiver, afin que la vapeur de la machine puisse réchauffer l'eau du tender.

ALTÉRATION des essieux. — Changement du fer à contexture fibreuse en fer cristallin et cassant. Ce changement est le résultat des chocs et de la torsion combinés qui proviennent des inégalités dans la pose de la voie. Cette altération a donné lieu à de longues discussions; elle est niée par beaucoup d'ingénieurs; par d'autres, au contraire, elle est affirmée. Des expériences directes ont été faites à ce sujet. Il en résulte que le fer des essieux se cristallise après un certain parcours, qu'on appelle à juste titre : *parcours de cristallisation.*

AMORCER une machine. — Terme d'atelier qui veut dire mettre une machine en mouvement avec la main.

AMORTISSEMENT. — Les emprunts sont remboursables par amortissement : on nomme ainsi la combinaison par laquelle une somme empruntée pour un long délai est rendue par annuités, au moyen de primes et d'intérêt convenu et d'un remboursement annuel ou semestriel, voire même trimestriel, s'accroissant de période en période.

Les compagnies de chemins de fer ont emprunté de l'argent à 5 0/0, remboursable avec une forte prime; mais comme le remboursement est très-éloigné, elles ont présumé avoir le temps de gagner plusieurs fois ces primes avant le moment de les payer.

Voici un autre exemple d'amortissement : une ville est autorisée à emprunter 100 millions à 5 0/0, taux au-dessous duquel il est difficile d'avoir des capitaux.

Le placement d'un grand nombre d'obligations entraînerait sans doute la dépression des titres. On remédie à cet inconvénient en donnant au porteur du titre un intérêt de 3 1/2 ou 4 0/0. Ce qui fait une différence de 1,500,000 à 2,000,000 par an en faveur de l'emprunt.

On emploie une partie de cette somme en primes offertes à des tirages convenus auxquels participent tous les numéros. Cette chance de gain contribue à la bonne tenue du marché des titres.

L'autre partie aide à rembourser le montant de l'emprunt.

ANNUAIRE des chemins de fer. — On a donné ce nom à la collection de tous les actes administratifs concernant les chemins de fer et parus jusqu'ici. Ce recueil, publié sous l'habile direction de M. Petit de Coupray, est édité par M. Chaix.

ANTIFRICTION. — Métal d'antifriction est le nom donné par des inventeurs à un alliage pour faire des paliers ou coussinets des axes et essieux, et qui devait avoir la propriété essentielle de diminuer le frottement. Il paraît que les expériences avec cette matière n'ont pas réussi, et qu'au lieu de diminuer le frottement elle ne fait que l'augmenter ; de là le surnom : *métal-antitraction,* donné à ce nouveau produit.

APPAREIL d'alimentation. — Cet appareil comprend deux pompes alimentaires, une pour chaque cylindre de la locomotive.

APPAREIL de changement de marche. — Ce mécanisme agit sur les tiroirs ; il a pour but de faire avancer ou reculer la locomotive au gré du mécanicien. Cet appareil se compose du levier de changement de marche, du secteur, de la barre de relevage, de l'arbre de relevage, des bielles de suspension, de contre-poids. Pour plus amples définitions, voir chacun de ces mots.

APPAREILS d'éclairage. — On se sert de lampes pour éclairer les convois pendant la nuit, et dans les tunnels, on a fait des essais avec le gaz d'éclairage. Les lampes attachées devant ou derrière le convoi servent de signaux.

APPAREILS de prise de vapeur et d'échappement. — Ils comprennent : le dôme de prise de vapeur, le tuyau de prise de vapeur, le régulateur et le tuyau d'échappement. Voir ces mots.

APPAREIL de propulsion. — Le train des roues sur lequel est portée la locomotive lui sert d'appareil de propulsion.

APPAREILS des dépêches. — Ce sont certains mécanismes placés le long de la voie d'un chemin de fer et destinés à prendre les sacs des dépêches aux trains qui ne s'arrêtent pas, et en même temps à leur remettre de nouvelles dépêches.

APPAREIL de vaporisation. — C'est le nom donné à la chaudière d'une machine à vapeur.

APPAREILS exigés pour les chaudières à vapeur. — Ce sont : un manomètre, une pompe d'alimentation, un flotteur d'alarme, un indicateur de niveau d'eau. Quoique ces appareils (décrits spécialement) soient indispensables pour la conduite des machines, ils sont prescrits par l'autorité comme moyens de sécurité et sont visités par les agents du contrôle.

APPAREIL pour arrêter les flammèches. — (Voir *Flammèches*.)

APPAREIL pour décrocher la machine d'un convoi. — (Voir *Décrochage*.)

APPEL. — Tirage par aspiration dans un foyer. Cet appel est produit dans les locomotives par un jet de vapeur lancé dans la cheminée, et a pour but d'activer la combustion.

APPEL de fonds. — Généralement, les actions et les obligations créées pour l'exécution des chemins de fer sont émises libérées seulement d'une partie de leur valeur nominale.

Le reste, dont le porteur est débiteur vis-à-vis de la compagnie, est payé au fur et à mesure des besoins de la Société ; c'est ce qu'on nomme appel de fonds.

Les appels de fonds ne peuvent avoir lieu qu'à des intervalles prévus par l'autorisation ministérielle qui a approuvé l'émission des titres.

L'époque des versements est insérée dans les journaux d'annonces légales.

APPROVISIONNEMENT des gares et stations. — L'approvisionnement des gares et stations concerne l'économat et nous avons indiqué les mesures à suivre à cet égard au mot *Économat*.

ARBRE, arbre de couche ou axe. — Pièce de machine qui reçoit directement l'action du moteur pour transformer le mouvement du piston en mouvement de rotation. Dans les locomotives cet arbre s'appelle : *essieu moteur*.

ARBRE de distribution. — Axe auquel est attachée la tige du tiroir par un levier ; l'ensemble de ce mécanisme a pour but de distribuer la vapeur dans les cylindres.

ARBRE de relevage ou de changement de marche. — Cet arbre porte les leviers qui commandent la marche des tiroirs.

ARMATURES. — Les rivets qui réunissent la double enveloppe de la boîte à feu s'appellent armatures ; c'est donc un terme spécial. Généralement, les armatures sont des fers qui relient les diverses parties des constructions.

ARMATURES du foyer. — Ce sont de fortes barres de fer qui soutiennent le plafond du foyer.

ARMES à feu. — L'art. 65 de l'ordonnance du 15 novembre 1846 porte que : « Tout individu porteur d'une arme à feu devra, avant son admission sur les quais d'embarquement, faire constater que son arme n'est point chargée. »

Chaque chef de gare est responsable de l'exécution de cette mesure.

ARRÊT des trains. — Il y a deux sortes d'arrêts :
Ordinaires, aux gares et aux stations ;
Forcés, sur la voie, par circonstance imprévue.

Les arrêts ordinaires ne durent généralement pas plus d'une à deux minutes. Dans les grandes stations les trains de longs parcours stationnent de dix à vingt-cinq minutes.

L'arrêt d'un train aux stations a lieu par la fermeture du régulateur et par le serrement des freins. Pour arrêter à temps, il faut que le mécanicien se rende compte du poids du train, de l'action des freins et de l'état de la voie.

Quand un train, n'importe pour quelle cause, s'arrête en dehors des stations indiquées, le conducteur d'arrière doit d'office se porter en arrière à 700 mètres pour faire les signaux d'arrêt.

Le jour, il doit être porteur d'un drapeau rouge, et le soir, d'une lanterne à verre rouge.

Le chef de train doit vérifier si cet ordre est bien exécuté. Au besoin, il ira lui-même s'en assurer.

Le train doit rester ainsi à l'arrêt jusqu'à ce que la machine demandée à contre-voie soit arrivée.

ARRÊTÉS. — Décisions prises par l'autorité administrative pour assurer l'exécution des lois et règlements.

ARROSOIRS pour le graissage des trains. — Les chefs de gare sont tenus de faire préparer pour le passage de chaque train s'arrêtant à leur station, des arrosoirs remplis d'eau.

Ces arrosoirs ne sont employés que pendant les chaleurs. Le graisseur, à la disposition duquel ils sont mis, s'en sert pour refroidir les boîtes à graisse échauffées par la marche du train.

ARTICLES de finance ou valeurs. —Les finances

que transportent les compagnies sont considérées comme marchandises ordinaires, payant simplement un tarif plus élevé.

Les employés vérifient seulement les cachets qui ferment l'emballage (sacs, boîtes ou barils) ; le destinataire, après avoir vérifié les cachets à son tour, signe une décharge à la compagnie avant d'avoir le droit de vérifier le contenu de l'article qui lui est remis.

ARTICULATION. — Endroit où se joignent deux pièces mobiles de machines; par exemple, l'espèce de charnière qui réunit la tige du piston à la bielle.

ASSEMBLAGE. — Réunion fixe ou mobile des pièces des machines. Les assemblages fixes sont les soudures, les clous, boulons, les clavettes, etc. Les assemblages mobiles sont les charnières, les manchons, etc.

ASSEMBLÉE générale. — Réunion des actionnaires de la Société, propriétaires d'un nombre d'actions déterminé par les statuts. L'assemblée générale, lorsqu'elle est régulièrement constituée, représente l'universalité des actionnaires. Elle discute et approuve les comptes de l'année, fixe les dividendes, et vote sur toutes les questions mises à l'ordre du jour par le conseil d'administration ou de surveillance.

Les délibérations sont obligatoires même pour les absents ou dissidents.

Les assemblées générales doivent être annoncées dans les journaux d'insertions légales dans le délai fixé par les statuts.

ASSIETTE de la voie. — Ensemble des fondations de la voie : ballast, terrassements, maçonneries des dés en pierre.

ATELIER. — Synonyme avec chantier fermé ; emplacement des travaux.

ATELIER de construction de locomotives. — Ce sont des établissements spéciaux qui se livrent à cette fabrication. Les ateliers principaux sont à Paris, à Mulhouse, à Rouen, au Creusot, à Lyon, etc.

ATELIERS de poseurs. — Les poseurs sont des ouvriers au service de la Compagnie qui posent et assemblent les rails sur la voie.

Réunis en *ateliers* ou brigades sous la direction d'un conducteur des ponts et chaussées également au service de la Compagnie et appelé conducteur des travaux ou de l'entretien, ils parcourent incessamment la voie, la déblaient de tout obstacle capable d'intercepter la circulation, s'assurent du bon état du ballast et des rails et procèdent aux réparations reconnues nécessaires.

En hiver, lorsque des amas de neige obstruent la voie, les poseurs échelonnés sur toute la ligne enlèvent cette neige.

Enfin si un accident arrive à quelque train, ils prêtent assistance au mécanicien et aux conducteurs du train. Ils ramassent les objets perdus sur la voie et appartenant soit à la Compagnie, soit aux voyageurs.

ATELIERS de réparations. — Ce sont des ateliers spéciaux dans lesquels entrent les machines locomotives qui ont éprouvé de graves avaries, ou qui sont arrivées à un degré d'usure qui compromet la sécurité. Dans ces ateliers il y a une division spéciale pour la réparation des wagons.

ATMOSPHÈRE. — Le poids de l'atmosphère est pris pour unité de pression dans les machines à vapeur; il est égal à une colonne de mercure de $0^m,76$ de hauteur ou à une colonne d'eau de $10^m,3$ de hauteur, ou à $1^k,32$ par centimètre carré, ou à 14 livres 68 centièmes avoir-du-poids par pouce carré anglais.

ATTACHES de la caisse à eau du tender. — Ces attaches consistent en des pattes de fer ou de fonte rivées sur le fond de la caisse et boulonnées sur les longerons du châssis.

ATTACHÉS de la chaudière. — La chaudière
est attachée au moyen de pattes sur les longerons du châssis
et de manière que la dilatation puisse avoir lieu librement.

ATTACHE des rails. — On attache, ou on fixe les
rails les uns contre les autres au moyen de coussinets et de
plaques vissées ou éclisses. On les attache sur les supports
avec des crampons ou des boulons. Le mode d'attache ou de
fixation dépend de la forme ou du profil des rails, et de ce
mode d'attache dépend la solidité de la voie et la sécurité des
trains. — Cette opération est une des plus importantes dans
la pose des rails, surtout quand il s'agit de les fixer aux
points de jonction.

Les anciens systèmes offrent, à cause de leur mobilité, de
graves inconvénients. Aujourd'hui on est généralement d'accord sur la nécessité d'une attache fixe et invariable des bouts
de rails; pour y arriver on considère le joint comme une
fracture, et on la lie fortement avec deux plaques de fer ou
d'acier appliquées contre les joues des rails. On appelle aujourd'hui ces plaques, des éclisses.

ATTELAGE des trains. — Le maximum du nombre
de voitures composant un train de voyageurs est de vingt-
quatre.

Tout train de voyageurs doit être précédé d'autant de wagons vides qu'il y a de locomotives pour le remorquer.

Les wagons des trains de voyageurs doivent être munis de
tampons à ressorts : les wagons à tampons secs ne doivent
jamais s'y trouver plus de deux à la suite, et dans ce cas,
doivent être munis de barres d'attelage ; les chaînes ne suffisent pas.

A l'arrivée, les tampons doivent toujours se trouver en contact.

Dans les trains de voyageurs, la dernière voiture est munie
de freins.

Le nombre des voitures à freins doit toujours être suffisant
pour produire un arrêt complet.

A chaque station prolongée, le chef et les conducteurs du train vérifient avec soin le bon attelage des voitures.

AUTORISATION d'études. — Avant d'entreprendre les études d'une ligne de fer, il faut adresser une demande au ministre des travaux publics, lequel, s'il y a lieu, en réfère aux préfets des départements par lesquels doit passer le tracé ; ceux-ci prennent des arrêtés spéciaux qui autorisent les études sur les propriétés particulières en se réservant toutes indemnités pour les ayants droit qui auraient été lésés. — En accordant cette permission, le ministre des travaux publics ne renonce à aucun de ses droits ni à sa liberté dans le choix du concessionnaire et de la ligne à suivre.

AVANCE angulaire. — C'est un certain nombre de degrés dont on décale l'excentrique pour donner au tiroir l'avance linéaire.

AVANCE linéaire. — C'est la partie dont le tiroir dépasse la lumière d'admission ou d'échappement, afin que la vapeur n'exerce pas tout son effet, car elle pousserait le piston contre le fond du cylindre ; la nouvelle vapeur arrive donc avant que le piston ait fini sa course et le repousse ; elle avance donc son effet. Le tiroir est destiné à produire ce jeu ; de là le nom : *Avance du tiroir.*

AVANT-PROJET. — « Toute construction d'ouvrages d'utilité publique est précédée d'un *avant-projet* dressé suivant certaines prescriptions que nous indiquerons tout à l'heure. Cet avant-projet est envoyé aux enquêtes, dont toutes les formes sont tracées par les ordonnances des 18 février 1834, 15 février 1835 et par la loi du 3 mai 1841 sur l'expropriation pour cause d'utilité publique. Nous renvoyons au mot Expropriation pour tout ce qui concerne cette partie commune à tous les travaux d'intérêt public.

» Nous devons cependant signaler ici certaines dispositions prises à l'occasion des chemins de fer.

» La loi du 3 brumaire an VII, sur le timbre, exige que tous les actes à passer entre l'État et les particuliers pour les acquisitions de terrains nécessaires à l'exécution des travaux publics soient rédigés sur du papier préalablement visé pour timbre, et, d'un autre côté, ils doivent être enregistrés après leur rédaction. Les chemins de fer donnant lieu à un très-grand nombre d'actes de cette nature, une circulaire du 19 mai 1843, concertée entre le ministre des travaux publics et le ministre des finances, a prescrit que la formalité du visa pour timbre fût donnée en même temps que celle de l'enregistrement.

» L'exécution des grandes lignes de chemins de fer oblige l'administration à faire en peu de temps l'acquisition d'un très-grand nombre de parcelles de terrains, et quel que soit le mode employé pour ces acquisitions, il est nécessaire, pour purger les hypothèques dans les formes tracées par la loi du 3 mai 1841, de faire transcrire, soit les contrats amiables, soit les jugements d'expropriation. Mais cette opération rencontre presque toujours de grandes difficultés. Les conservateurs des hypothèques n'ont qu'un seul registre sur lequel ils transcrivent, au fur et à mesure de leur date, les actes qui leur sont adressés, et, par suite, la transcription peut subir d'assez longs retards. Pour éviter cet inconvénient, une circulaire du 20 mai 1843 fait connaître que le ministre des finances a prescrit dans toutes les conservations où le besoin du service l'exigerait, l'ouverture d'un registre spécial de transcription pour les actes relatifs aux chemins de fer.

» Des difficultés s'étant élevées entre les agents de l'administration des forêts et ceux de l'administration des travaux publics, au sujet d'opérations exécutées pour des études de chemins de fer dans les bois soumis au régime forestier, les deux départements intéressés se sont concertés pour aviser aux moyens de prévenir le retour de semblables contestations, et il a été arrêté d'un commun accord (*Circ.* 22 *mai* 1847) qu'à l'avenir il suffirait qu'une ampliation de l'arrêté préfectoral autorisant l'exécution des travaux d'études fût adressée au chef du service forestier dans le département, afin de le mettre à même de veiller à ce que les opérations d'études se fissent avec le moins de dommages possible pour les propriétés soumises à la surveillance de l'administration des forêts.

» Les pièces à fournir à l'administration supérieure, soit pour les avant-projets, soit pour les projets définitifs, ont été déterminées par un programme général annexé à une circulaire du 14 janvier 1850.

» On doit produire une *carte* du pays où on a l'intention d'établir le chemin de fer, un *plan général* à l'échelle d'un millième à un dix-millième ; un *profil en long* pour lequel l'échelle des longueurs est la même que celle du plan général et l'échelle des hauteurs décuple ; des *profils en travers* à l'échelle d'un demi-centième ; les *types d'ouvrages d'art* à l'échelle d'un centième pour les ouvrages dont les dimensions n'excèdent pas 100 mètres, et d'un demi-centième, si elles excèdent 100 mètres ; un *mémoire* à l'appui de l'avant-projet ; le *tableau approximatif* des terrassements, ouvrages d'art, etc., l'*estimation* approximative et détaillée des dépenses ; le *relevé* de la circulation annuelle ; enfin le *bordereau* des pièces du dossier. »

(Extrait du *Dictionnaire général d'dministration*.)

AVARIES de la machine locomotive. — Ce sont : l'explosion de la chaudière ; les fuites dans le foyer aux rivures par des fissures ; la rupture des tubes bouilleurs ; celle de la cheminée et des essieux ; la fonte du plomb de sûreté, etc., ainsi que la rupture ou la dégradation des pièces accessoires de la machine.

AXE. — Terme souvent employé dans les travaux de construction et dans le tracé des projets ; on désigne ainsi la ligne qui partage la crête du chemin de fer en deux zones égales et parallèles. — On désigne aussi quelquefois par axes, les essieux des roues des véhicules.

B

BACHE. — Caisse en bois ou en métal qui sert de réservoir d'eau. C'est encore une toile goudronnée destinée à couvrir les objets placés sur les trucks. Il y a aussi des bâches en cuir.

BAGAGES (enregistrement). — Les bagages ne peuvent être enregistrés que sur la présentation du billet de place, quinze minutes avant l'heure fixée pour le départ du train.

Tout voyageur a droit à 30 kilogrammes ; au-dessus de ce poids, les excédants sont taxés comme articles de messagerie ou marchandises à grande vitesse.

La Compagnie délivre un bulletin aux voyageurs contre la remise de leurs bagages, qui ne peuvent leur être rendus que sur la présentation de ce bulletin.

L'enregistrement des bagages donne lieu à un droit fixe de 10 cent. par bulletin.

BAGUES ou viroles. — Ce sont des pièces qui attachent les tubes bouilleurs de la plaque tubulaire de la chaudières des locomotives ; on les fait en acier.

BALANCE. — C'est, en termes d'atelier, un ressort à boudin attaché à l'extrémité du levier de la soupape d'une chaudière de locomotive, et qui remplace le poids. Ce ressort est enfermé dans un cylindre qui est fixé à la chaudière. Cette balance est réglée de façon que la soupape se lève dès que la pression de la vapeur dépasse le nombre d'atmosphères fixé par le règlement administratif et indiqué par les manomètres. Forcer cette balance, afin d'empêcher la vapeur de sortir, serait un danger et constituerait une grave infraction aux ordonnances de l'autorité.

BALANCEMENT. — Mouvement ou oscillation verticale

des machines locomotives. Ce balancement peut arriver quand ces machines font plier les rails entre les coussinets, de manière que les roues s'avancent sur une surface ondulée, s'abaissent vers le milieu et remontent vers le support ou coussinet.

BALANCIER. — Levier en fonte qui sert dans les machines à vapeur à transformer le mouvement de va-et-vient des pistons en mouvement de rotation. On donne au balancier une forme généralement ellipsoïde ou renflée vers le milieu, qui représente la forme de plus grande résistance.

BALLAST. — C'est une couche de sable ou de pierres cassées, destinée à donner de l'élasticité à la voie si le sous-sol est du roc ou de la maçonnerie, et une base solide qui ne puisse pas se convertir en boue si le sol est terreux, ce qui est le cas le plus général.

Ce mot de ballast est d'origine anglaise et synonyme *d'ensablement*.

BALLASTAGE. — C'est l'opération qui consiste à placer le ballast sur la voie.

BALUSTRADE. — Elle est placée autour de la plate-forme ou du plancher sur lequel se tient le mécanicien de la locomotive; elle est composée de tringles en fer; on la désigne également sous le nom de garde-corps —On appelle aussi balustrades les treillis en métal dont on entoure les pièces des machines, telles que les volants, les manivelles, etc., qui pourraient donner lieu à des accidents.

BANDAGES des roues. — Ce sont des cercles qui entourent les roues et qui portent directement sur les rails. Leur profil est celui du rail en creux. Ces bandages sont ordinairement en fer forgé ou en acier.

Dès que les bandages sont usés partiellement, c'est-à-dire quand ils présentent des flèches ou inégalités, on les remet sur le tour pour leur rendre la forme du cercle. Si cette réparation qui la suit diminue trop l'épaisseur du bandage, il faut le remplacer.

BANQUETTE. — (Voir *Accotement.*) On désigne sous ce premier nom le surplus des déblais porté en dépôt et en dehors de la ligne du chemin de fer. Si ces dépôts ont une grande hauteur on les nomme *cavaliers*, terme usité dans les ponts et chaussées pour désigner les dépôts de terre le long des routes. Chaque fois que, par suite des dispositions du nivellement, les remblais excèdent les déblais, on dépose ces derniers dans les endroits les plus convenables, si on ne peut les employer à combler les bas-fonds riverains de la ligne.

BARDAGE. — Terme de chantier qui veut dire transport et approche à pied d'œuvre des matériaux.

BARDEURS. — Ouvriers qui font le bardage.

BARREAUX de la grille. — Barres de fer forgé ou laminé, renflées vers le milieu, placées dans le cadre de la grille de la boîte à feu. L'espacement des barreaux ne doit pas être moindre de 2 centimètres, afin que l'air puisse passer sans que le coke tombe.

BARRE d'attelage. — Barre de fer terminée par deux trous ronds dans lesquels passent les boulons d'attelage de la machine et du tender. — Dans les trains américains, comme dans ceux du système articulé, une barre passe sous toutes les voitures, qui sont ainsi rendues solidaires. Dans ce système il n'y a ni chaînes ni tendeurs, et la rupture du train est rendue plus difficile, à moins que les clavettes qui retiennent les bouts de la barre ne sortent à la suite d'un fait de négligence.

BARRE de relevage. — C'est une barre de fer plate qui s'attache au levier de changement de marche d'un côté, et au levier de l'arbre de relevage de l'autre côté.

BARRE d'excentrique. — C'est la barre de fer qui commande l'excentrique. Il y en a deux espèces : les barres à fourche ou à pied de biche, et les barres droites ; ces dernières sont appliquées aux coulisses.

BARRIÈRES. — Elles sont placées aux passages à niveau, pour être fermées avant le passage des trains, soit par un garde-barrière, soit par un mécanisme à bascule commandé par le garde-ligne dans sa maison, quand elle n'est pas trop éloignée de ces passages. Ces barrières sont généra‑lement des grilles en bois ou en fer.

BASCULE ou Pont-Bascule.—C'est une balance pareille à celles des routes ordinaires, sur laquelle on pèse les wagons chargés dont on connaît le poids à vide. Cette bascule a deux plateaux : l'un est visible à fleur des rails sur lequel se place le wagon à peser ; l'autre plateau reçoit les poids; il est placé dans un petit bureau où se trouve l'employé chargé du pesage.

BATIMENTS.— Dans les chemins de fer, ils font partie de la voie et de la surveillance des travaux. Souvent des ar‑chitectes spéciaux sont chargés de leur construction et de leur entretien.

BATIMENTS accessoires. — Sous cette dénomina-tion, on comprend les bâtiments en dehors des gares de voya-geurs et de marchandises, tels que les remises, les ateliers, ies réservoirs, etc.

BATIS, ou châssis, ou cadre. — (Voir *Châssis.*)

BATTE. — Pioche en bois pour bourrer le ballast sous les supports des rails.

BÊTES de trait. — Les bêtes de trait, comme les bes-tiaux, sont enregistrées, aussitôt qu'elles arrivent aux gares expéditrices, sur le livre consacré à ces sortes de transport. — (Voir *Bestiaux.*)

BESTIAUX. — Les animaux transportés par le chemin de fer doivent être amenés à la gare, chargée d'en faire l'ex-pédition au moins vingt minutes avant l'heure indiquée pour le départ du train.

Un livre spécial est consacré à cette nature de transport. Les bestiaux y sont inscrits immédiatement. Des bulletins sont re-mis à l'expéditeur, qui, à l'arrivée, doit les faire représenter par le destinataire.

Le livre à souche dont ces bulletins sont extraits est remis par le conducteur du train au chef de la gare destinataire, qui effectue la livraison des animaux transportés contre la remise des bulletins, qui sont rapprochés du livre de souche par mesure de prudence.

Ces bulletins indiquent si l'expédition est faite en port payé ou en port dû.

Les livres spéciaux consacrés à ces transports ne dispensent pas de les inscrire sur des feuilles de route, comme le sont tous les autres objets transportés.

Si, par un motif quelconque, le destinataire n'effectue pas le retrait des animaux qui lui sont envoyés, ils sont mis immédiatement en fourrière, et le chef de la gare expéditrice ainsi que l'expéditeur en sont informés de suite.

Une déclaration doit être faite par le propriétaire des animaux à transporter, ou, à défaut, par les toucheurs qui les accompagnent. Si ces derniers ne savent pas écrire, leur déclaration doit être remise en présence de deux personnes étrangères à la gare, qui signent comme témoins.

BESTIAUX abandonnés sur la voie. — Tous les bestiaux abandonnés sur une ligne de fer sont saisis et mis en fourrière. (Ord. 15 novembre 1846, art. 68.)

BIDON. — Vase dans lequel le mécanicien met sa provision d'huile, de 4 à 5 kilogrammes, pour graisser la locomotive.

BIELLES d'accouplement. — Ces bielles servent à accoupler ou à coupler les roues motrices avec les autres roues, afin que celles-ci deviennent motrices à leur tour. On augmente ainsi l'adhérence.

BIELLES motrices. — Barres de fer qui transmettent le mouvement du piston à la roue motrice. Si une seule barre forme la bielle, on la nomme *bielle droite ;* formée de deux pièces ou fourches, on l'appelle *bielle à fourche.*

BILLE. — Mot belge qui veut dire *traverse.*

BILLETS de banque. (Transports.) — Diverses lignes transportent ces valeurs dans des sacs cachetés par les expéditeurs. Les destinataires doivent signer récépissé avant d'ouvrir les sacs, si les cachets sont intacts; ensuite nulle réclamation n'est admise.

Plusieurs Compagnies reçoivent les billets de banque à découvert, et les remettent de même à destination.

Jusqu'ici, en exigeant des frais de transport élevés, les Compagnies se sont privées d'une branche de revenu qui sera très-important dans la suite.

BILLETS de place. — Les billets sont distribués sous la responsabilité des receveurs.

Ils doivent indiquer la station qui les délivre, celle pour aquelle ils sont délivrés, le numéro du train, le numéro du jour de l'année.

Les billets de place sont contrôlés à l'entrée des salles d'attente.

En cas de falsification d'un billet, procès-verbal est dressé de suite.

Les voyageurs qui ne peuvent représenter leurs billets sont obligés de payer leur place depuis le point de départ du train.

BILLETS délivrés par les entreprises de correspondance. — Dans plusieurs localités, les voitures qui font la correspondance avec le chemin de fer ne peuvent arriver qu'au moment même du passage des trains.

Ces entreprises sont autorisées à remettre aux voyageurs, aux prix du tarif, des billets qui ont la même valeur que s'ils étaient pris aux gares.

A l'arrivée, ces billets sont reçus, séparés, et donnent lieu à une comptabilité spéciale. Ils sont remis ensuite aux Compagnies qui les ont délivrés, accompagnés d'un bordereau à acquitter, pour que la Compagnie, souvent nantie d'un cautionnement de ses correspondants, ait toujours la même garantie entre les mains.

Pour le transport des bagages, la perception des taxes s'opère d'une manière analogue.

BILLET de retenue. — Quand une expédition n'est plus faite dans les délais indiqués par la lettre de voiture, et que le destinataire retient une partie du prix du transport, il doit signer un billet du montant de sa retenue, admise ainsi comme espèces à la caisse générale.

BILLETS retirés au contrôle à la sortie. — Ces billets doivent être classés par station expéditrice, mis sous bandes, et envoyés à la direction avec les pièces de la journée. Le bureau des taxes en fait la vérification.

BILLETS de voyageurs (aller et retour). — Ces billets sont séparés en deux parties, l'une qui doit être donnée par le voyageur au point d'arrivée, et l'autre qu'il doit rapporter au retour.

Ces billets donnent lieu à une feuille spéciale de voyageurs, parce qu'ils ont une valeur différente des billets simples.

BOITES à étoupe, ou Stuffing Boxes. — Ces pièces, qui sont destinées à empêcher la sortie de la vapeur, se composent généralement d'un anneau en bronze nommé *grain* et d'un chapeau ou presse-étoupe, également en bronze ou en fonte garnie de bronze, dans laquelle se glisse la tige du piston; entre le grain et le chapeau est pressée une garniture de chanvre ou d'étoupe, enduite de suif, qui forme un joint imperméable à la vapeur.

BOITE à feu. — Compartiment de la locomotive où se trouve le foyer; nom donné au foyer.

BOITES à fumée. — Compartiment sur le devant de la locomotive où débouchent les tubes à air chaud, et où passe la fumée pour entrer dans la cheminée; elle est garnie d'une porte qui sert d'entrée pour nettoyer les tubes.

BOITES à graisse. — Ces vases ou récipients, dans lesquels on verse l'huile ou la graisse pour lubrifier les fusées d'essieux, jouent un grand rôle dans l'exploitation des chemins de fer, car de leur entretien dépend en grande partie la sécurité des convois. Une plaque de métal en forme de couvercle les ferme pour empêcher la pénétration de la poussière. La tige qui supporte les ressorts des caisses des wagons repose sur le centre de la boîte à graisse.

BOITE de secours. — Boîte dans laquelle sont déposés des médicaments et les instruments nécessaires aux opérations chirurgicales.

Des boîtes de secours pour les cas d'accidents sont déposées dans les principales gares et stations.

Les chefs de ces établissements sont chargés de la conservation de ces boîtes, et ils sont responsables de leur bon état d'entretien. En cas d'absence, ils remettent à leur remplaçant la clef du local où elles sont déposées.

BOMBEMENT. — La surélévation du ballast au centre de la voie est le bombement. On appelle aussi bombement la partie supérieure du champignon des rails.

BONS de médicament. — Dans chaque circonscription médicale, les chefs de gare ou de station dressent des bons pour la délivrance des médicaments nécessaires au service de santé.

Ces bons sont visés par le médecin de la circonscription, et soumis à l'approbation du médecin principal. Les médicaments sont ensuite délivrés comme les autres approvisionnements.

BORDEREAUX de bagages, — d'expédition, — de mandats. — Ces bordereaux doivent accompagner les articles qui y sont mentionnés, par conséquent être acheminés par les mêmes trains.

Comme pour toutes les autres pièces de service, une couleur particulière leur est réservée à chaque partie du réseau.

BORDEREAU des dépêches transmises ou reçues. — Comme il importe que l'administration soit au courant de ce qui arrive dans les gares et stations, celles-ci lui adressent chaque jour copie des dépêches reçues ou expédiées. S'il n'y a pas de dépêches à signaler, le bordereau doit porter le mot *néant*.

BORDEREAUX de liquidation. — La liquidation des comptes des gares et stations s'opère au moyen de bordereaux. Il y en a de beaucoup de sortes, dont les plus usités sont :

— les bordereaux des débours après avis d'encaissement ;

— factage, camionnage et ports au delà;

— mandats ;

— versements;

— litige ;

— compte courant;

— voyageurs en correspondance ;

— aller et retour.

Tous ces bordereaux sont tenus d'après le même principe, c'est-à-dire que les sommes reçues y provoquent un débit, tandis qu'un crédit résulte de celles versées.

On ne saurait donc trop applaudir les Compagnies de chemins de fer d'avoir, par un système aussi simple, mis leur comptabilité à portée de toutes les intelligences.

Pour faciliter le classement de toutes ces pièces, on leur a attribué une couleur spéciale pour chaque partie du réseau.

Tous ces bordereaux sont résumés en un seul, appelé Bordereau récapitulatif pour la liquidation, et d'un Bordereau de mouvement quand ils voyagent d'une gare à une autre.

BORDEREAU du mouvement des feuilles et plis. — Ce bordereau est d'une couleur spéciale pour chaque partie du réseau. Il doit accompagner le rapport journalier; il sert uniquement à prouver l'envoi régulier et l'arrivée exacte de toutes les pièces qui intéressent le service.

La remise d'une feuille y est constatée dans la colonne *ad hoc*. A l'arrivée, le chef de train, en remettant les plis de service, fait poinçonner le bordereau du mouvement par le chef de gare, comme lui-même l'avait poinçonné en le recevant.

Ces poinçons, différents pour chaque employé, engagent leur responsabilité aussi bien que leur signature.

BORNAGE ou abornement. — C'est une opération faite par les géomètres dans le but de limiter par des bornes le terrain appartenant à un chemin de fer.

BORNES. — Pierres sur lesquelles sont inscrites les distances : bornes kilométriques ou milliaires; on les place de mille mètres en mille mètres. Quand ces pierres limitent les terrains, elles s'appellent *bornes-limites*.

BORNES à timbrer. — Les billets qui sont délivrés au public par les receveurs de Compagnies de chemins de fer sont timbrés.

Dans certaines Compagnies, les bons indiquent sur les billets le numéro d'ordre de délivrance, le numéro du train et le numéro du jour de l'année où le billet est mis en circulation. D'autres Compagnies ont des bornes à timbrer qui inscrivent le jour et le mois de l'émission du billet.

Il y a des gares où le timbre dont nous parlons est imprimé à sec : c'est plus visible, plus solide et préférable pour le contrôle.

On s'étonne donc de voir encore employer pour les bornes à timbrer l'encre humide à l'huile, qui s'efface sous le doigt du voyageur.

BOSSES. — Terme d'atelier qui veut dire : inégalités dans le cours des rails.

BOUCHONS. — On appelle ainsi les tampons en bois qu'on enfonce dans les tubes crevés, afin d'empêcher l'eau de se répandre dans la chaudière.

BOUCHONS ou rondelles fusibles. — (Voir ce dernier mot.)

BOUDIN au rebord ou bourrelet. — C'est la saillie du bandage de la roue qui empêche cette roue de quitter les rails. C'est aussi la partie extérieure du champignon du rail. On dit aussi ressort à boudin : c'est un gros fil de

métal roulé en hélice qui sert à comprimer les soupapes de
sûreté.

BOUILLEURS. — Espèce de tuyaux plats qu'on a quelquefois posés dans le foyer des locomotives pour augmenter
la surface de chauffe. Dans les machines fixes, on appelle
bouilleurs la chaudière formée de petites chaudières ou
bouilleurs qui communiquent entre eux.

BOULONS. — Grosses tringles en fer, munies d'une tête
à un bout et taraudées à l'autre bout, pour recevoir l'écrou.
Les boulons servent à relier deux ou plusieurs pièces de bois
ou de métal.

BOULONS d'attelage. — Ce sont des boulons qui
passent dans les barres d'attelage.

BOULONS de rails. — Les rails sont souvent maintenus en place au moyen de deux coins en bois boulonnés. Les
éclisses ou plaques des joints des rails sont fixées avec des
boulons.

BOULONS de suspension. — Boulons avec lesquels
on attache les ressorts des véhicules.

BOURRELET. — (Voir *Boudin*.)

BOUTISSES et panneresses.—Les pierres de taille
et les briques ont généralement la forme d'un parallélipipède;
quand le côté long est placé dans le court, la pierre s'appelle
boutisse; quand le grand côté est placé le long du mur, la
pierre s'appelle panneresse.

BOUTON de manivelle. — Extrémité du renflement
du moyeu de là roue sur laquelle agit la bielle motrice.

BRANCARDS. -- Longerons dont se compose le châssis
des voitures.

BRANCARDS des châssis. -- Ces brancards ou
longerons reliés par des traverses en fer composent le châssis
des véhicules; ils sont en bois ou en fer.

BRAS.—Rais d'une roue. —Tige articulée qui lie la tige du piston avec le balancier.—Arc-boutant des pièces de machine.

BRIDE de ressort. — C'est une chappe ou cadre en fer forgé qui maintient l'assemblage des feuilles d'acier des ressorts.

BULLETINS d'avarie. — Ils doivent comprendre toutes les dégradations et accidents qui surviennent aussitôt qu'ils sont reconnus.

Ils doivent constater le bris de vitres, le déchirement des rideaux, le numéro des wagons avariés, etc., etc.

Le rapport journalier doit mentionner le bulletin d'avarie comme renseignement. Il est indispensable d'y constater le mauvais état des freins et les surcharges du matériel, en notant les stations expéditrices et la nature des objets qui formaient le chargement.

BULLETINS de bagages. — Les bulletins de bagages sont délivrés gratuitement (sauf un droit d'enregistrement fixe de 10 cent.) par la gare expéditrice jusqu'à concurrence du poids de franchise déterminé.

Au-dessus de ce poids le voyageur doit payer l'excédant.

Ces bulletins ne sont délivrés que sur la présentation d'un billet de place. — Ils doivent porter le nom de la gare qui en fait la délivrance. Les colis ne sont rendus que contre la production de ces bulletins.

BULLETIN de croisement de garage. — Dans l'intérêt de la statistique, et aussi parce que la ponctualité dans le service est la meilleure précaution contre les sinistres, les Compagnies ont ordonné à leurs agents de rendre compte des croisements, garage, etc., sur un bulletin de garage.

Cette pièce explique la presque totalité des retards qui se produisent dans la circulation et l'arrivée des trains.

BULLETINS de garantie pour les marchandises. — Les Compagnies exigent que ces bulletins soient signés par les expéditeurs chaque fois que des emballages défectueux ou que la nature de la chose transportée peuvent faire craindre des avaries ou des coulages en route.

Le bulletin de garantie est donc la déclaration signée de l'expéditeur qui décharge la Compagnie de tout risque.

Cette pièce doit toujours suivre les marchandises auxquelles elle s'applique.

BULLETIN de garantie pour les transports des bestiaux. — Des ordres de service spéciaux fixent les heures auxquelles les bestiaux expédiés sur les lignes de chemins de fer doivent être présentés aux gares expéditrices.

Dans le cas où ils sont amenés aux instants indiqués, les Compagnies garantissent l'arrivée à destination en temps utile.

Si les heures ne sont pas observées, les employés préposés à l'expédition des bestiaux ne délivrent pas de bulletins de garantie.

BULLETIN de parcours des machines expédiées en renfort ou en essai. — Ce bulletin doit être remis avant le départ au mécanicien par le chef de gare.

Le mécanicien est responsable de sa route. Il doit l'exécuter conformément à ce bulletin, dont il reste détenteur.

BULLETIN de transport sur réquisition. — Quand des transports ont lieu sur réquisition, le chef de la gare expéditrice doit remettre au chef du train, qui le donne à la gare destinataire, un bulletin de transport extrait d'un registre à souche.

Pour que ces transports soient valables, il faut que la réquisition en bonne forme accompagne ce bulletin.

BUREAU central. — Le bureau central des lignes d'omnibus, des voitures de factage et de camionnage affectées au service d'un chemin de fer est assimilé aux gares et stations de la voie ferrée.

En conséquence, lui sont applicables toutes les dispositions relatives :

1° A la tenue uniforme des employés ;

2° A l'enregistrement et au transport des voyageurs et des colis;

3° A la confection des feuilles de parcours.

Ces feuilles sont réunies, et remises tous les jours à l'inspecteur général du mouvement avec les rapports quotidiens des gares et des stations.

Il en est de même pour les bureaux succursales de Paris et dans les villes de province, avec cette différence qu'au lieu de relever directement de l'inspecteur général du mouvement, c'est de l'inspecteur principal ou du chef de l'exploitation que relèvent ces bureaux.

Le bureau central n'étant que bureau expéditeur et non destinataire, on ne peut jamais lui adresser aucun colis pour livrer à *destination ou bureau restant*.

En cas de retour, c'est à la gare et non au bureau que le renvoi doit s'effectuer.

BUREAUX des administrations des chemins de fer.— Les administrations des chemins de fer, pour assurer la bonne et prompte exécution des affaires, ont réparti le travail en diverses sections ou bureaux.

Voici le mode généralement suivi :

1° Bureau du mouvement.

2° Exploitation.

3° Service commercial.

4° Contrôle des frais de traction.

5° Vérification des taxes.

6° Récapitulation de produits.

7° Bureau des recettes.

8° Statistique.

Les chefs de bureau sont responsables de la prompte expédition des affaires.

Toutes les propositions relatives à l'avancement et à la discipline du personnel sont faites par eux et adressées au chef de l'exploitation.

BUREAU des études. — Dans ce bureau s'élaborent les projets et les ordres de service relatifs aux travaux et à l'entretien de la voie. Le chef de ce bureau est placé sous les ordres de l'ingénieur en chef de la voie.

BURETTES. — Vases à long col pour graisser à l'huile.

CABLE. — Corde en fer ou en chanvre à laquelle est attaché un train pour être remorqué sur les plans inclinés.

CADRE de voitures. — (Voir *Châssis.*)

CADRE ou support de la grille. — Les barreaux de la grille sont posés sur un cadre qui est supporté par des consoles ou pattes en fer forgé.

CADRE ou guide du tiroir. — Cette pièce en fer forgé est soudée au tiroir et l'embrasse.

CAHIER des charges. — Etat des clauses et conditions imposées par l'Etat à un adjudicataire ou concessionnaire d'un chemin de fer. Les conditions les plus importantes sont celles relatives à la durée de la concession, au délai fixé pour l'achèvement des travaux, à l'exploitation du chemin et aux mesures relatives à la sûreté de la circulation sur la ligne. L'inexécution d'une des clauses contenues dans le cahier des charges constitue une contravention, et peut même quelquefois entraîner la déchéance.

Modèle du cahier des charges.

MINISTÈRE DE L'AGRICULTURE, DU COMMERCE ET DES TRAVAUX PUBLICS.

CAHIER DES CHARGES DE LA CONCESSION.

TITRE PREMIER.

TRACÉ ET CONSTRUCTION.

ARTICLE PREMIER. — La concession d chemin de fer comprend les lignes ci-après . . . .

ART. 2. — Les travaux devront être achevés dans les délais ci-après fixés, savoir :

ART. 3. — Aucun travail ne pourra être entrepris, pour l'établissement d chemin de fer et de dépendances, qu'avec l'autorisation de l'Administration supérieure; à cet effet, les projets de tous les travaux à exécuter seront dressés en double expédition et soumis à l'approbation du ministre, qui prescrira, s'il y a lieu, d'y introduire telles modifications que de droit : l'une de ces expéditions sera remise à la Compagnie avec le visa du ministre, l'autre demeurera entre les mains de l'Administration.

Avant comme pendant l'exécution, la Compagnie aura la faculté de proposer aux projets approuvés les modifications qu'elle jugerait utiles ; mais ces modifications ne pourront être exécutées que moyennant l'approbation de l'Administration supérieure.

ART. 4. — La Compagnie pourra prendre copie de tous les plans, nivellements et devis qui pourraient avoir été antérieurement dressés aux frais de l'Etat.

ART. 5. — Le tracé et le profil du chemin de fer seront arrêtés sur la production de projets d'ensemble comprenant, pour la ligne entière ou pour chaque section de la ligne :

1° Un plan général à l'échelle de 1/10,000 ;

2° Un profil en long à l'échelle de 1/5,000 pour les longueurs et de 1/1,000 pour les hauteurs, dont les cotes seront rapportées au ni-

veau moyen de la mer, pris pour plan de comparaison ; au-dessous
de ce profil, on indiquera, au moyen de trois lignes horizontales
disposées à cet effet, savoir :

— Les distances kilométriques du chemin de fer, comptées à partir de son origine ;

— La longueur et l'inclinaison de chaque pente ou rampe.

— La longueur des parties droites et le développement des parties courbes du tracé, en faisant connaître le rayon correspondant à
chacune de ces dernières ;

3° Un certain nombre de profils en travers, y compris le profil
type de la voie ;

4° Un mémoire dans lequel seront justifiées toutes les dispositions
essentielles du projet et un devis descriptif dans lequel seront re-
produites, sous forme de tableaux, les indications relatives aux déclivités et aux courbes déjà données sur le profil en long.

La position des gares et stations projetées, celle des cours d'eau
et des voies de communication traversés par le chemin de fer,
des passages soit à niveau, soit en dessus, soit en dessous de
la voie ferrée, devront être indiquées tant sur le plan que sur le
profil en long : le tout sans préjudice des projets à fournir pour chacun de ces ouvrages.

Art. 6. — Les terrains seront acquis et les ouvrages d'art seront
exécutés immédiatement pour deux voies ; les terrassements
pourront être exécutés et les rails pourront être posés pour
une voie seulement, sauf l'établissement d'un certain nombre de
gares d'évitement.

La Compagnie sera tenue d'ailleurs d'établir la deuxième voie,
soit sur la totalité du chemin, soit sur les parties qui lui seront
désignées, lorsque l'insuffisance d'une seule voie, par suite du développement de la circulation, aura été constatée par l'Administration.

Les terrains acquis par la Compagnie pour l'établissement de la
seconde voie ne pourront recevoir une autre destination.

Art. 7.—La largeur de la voie entre les bords intérieurs des rails
devra être de un mètre quarante-quatre (1^m,44) à un mètre qua-
rante-cinq centimètres (1^m,45). Dans les parties à deux voies, la
largeur de l'entre-voie, mesurée entre les bords extérieurs des rails,
sera de deux mètres (2^m,00).

La largeur des accotements, c'est-à-dire des parties comprises de chaque côté entre le bord extérieur du rail et l'arête supérieure du ballast, sera de un mètre (1^m,00) au moins.

On ménagera au pied de chaque talus du ballast une banquette de cinquante centimètres (0^m,50) de largeur.

La Compagnie établira le long du chemin de fer les fossés ou rigoles qui seront jugés nécessaires pour l'assèchement de la voie et pour l'écoulement des eaux.

Les dimensions de ces fossés et rigoles seront déterminées par l'Administration, suivant les circonstances locales, sur les propositions de la Compagnie.

ART. 8. — Les alignements seront raccordés entre eux par des courbes dont le rayon ne pourra être inférieur à   mètres. Une partie droite de 100 mètres au moins de longueur devra être ménagée entre deux courbes consécutives, lorsqu'elles seront dirigées en sens contraire.

Le maximum de l'inclinaison des pentes et rampes est fixé à   millimètres par mètre.

Une partie horizontale de 100 mètres au moins devra être ménagée entre deux fortes déclivités consécutives, lorsque ces déclivités se succéderont en sens contraire, et de manière à verser leurs eaux au même point.

Les déclivités correspondant aux courbes de faible rayon devront être réduites autant que faire se pourra.

La Compagnie aura la faculté de proposer aux dispositions de cet article et à celles de l'article précédent les modifications qni lui paraîtraient utiles ; mais ces modifications ne pourront être exécutées que moyennant l'approbation préalable de l'Administration supérieure.

ART. 9. — Le nombre, l'étendue et l'emplacement des gares d'évitement seront déterminés par l'Administration, la Compagnie entendue.

Le nombre des voies sera augmenté, s'il y a lieu, dans les gares et aux abords de ces gares, conformément aux décisions qui seront prises par l'Administration, la Compagnie entendue.

Le nombre et l'emplacement des stations de voyageurs et des gares de marchandises seront également déterminés par l'Administration, sur les propositions de la Compagnie, après une enquête spéciale.

La Compagnie sera tenue, préalablement à tout commencement

d'exécution, de soumettre à l'administration le projet desdites gares, lequel se composera :

1° D'un plan à l'échelle de 1/500, indiquant les voies, les quais, les bâtiments et leur distribution intérieure, ainsi que la disposition de leurs abords ;

2° D'une élévation des bâtiments à l'échelle de un centimètre par mètre ;

3° D'un mémoire descriptif dans lequel les dispositions essentielles du projet seront justifiées.

ART. 10. — A moins d'obstacles locaux, dont l'appréciation appartiendra à l'Administration, le chemin de fer, à la rencontre des routes impériales ou départementales, devra passer soit au-dessus, soit au-dessous de ces routes.

Les croisements à niveau seront tolérés pour les chemins vicinaux, ruraux ou particuliers.

ART. 11. — Lorsque le chemin de fer devra passer au-dessus d'une route impériale ou départementale, ou d'un chemin vicinal, l'ouverture du viaduc sera fixée par l'Administration, en tenant compte des circonstances locales ; mais cette ouverture ne pourra, dans aucun cas, être inférieure à huit mètres (8^m,00) pour la route impériale, à sept mètres (7^m,00) pour la route départementale, à cinq mètres (5^m,00) pour un chemin vicinal de grande communication, et à quatre mètres (4^m,00) pour un simple chemin vicinal.

Pour les viaducs de forme cintrée, la hauteur sous clef, à partir du sol de la route, sera de cinq mètres (5^m,00) au moins. Pour ceux qui seront formés de poutres horizontales en bois ou en fer, la hauteur sous poutre sera de quatre mètres trente centimètres (4^m,30) au moins.

La largeur entre les parapets sera au moins de huit mètres (8^m,00). La hauteur de ces parapets sera fixée par l'Administration, et ne pourra, dans aucun cas, être inférieure à quatre-vingts centimètres (0^m,80).

ART. 12. — Lorsque le chemin de fer devra passer au-dessous d'une route impériale ou départementale, ou d'un chemin vicinal, la largeur entre les parapets du pont qui supportera la route ou le chemin sera fixée par l'Administration, en tenant compte des circonstances locales ; mais cette largeur ne pourra, dans aucun cas, être inférieure à huit mètres (8^m,00) pour la route impériale, à sept mètres (7^m,00) pour la route départementale, à cinq mètres (5^m,00) pour un chemin vicinal de grande communication, et à quatre mètres (4^m,00) pour un simple chemin vicinal.

L'ouverture du pont entre les culées sera au moins de huit mètres (8^m,00), et la distance verticale ménagée au-dessus des rails extérieurs de chaque voie pour le passage des trains ne sera pas inférieure à quatre mètres quatre-vingts centimètres (4^m,80) au moins.

Art. 13. — Dans le cas où des routes impériales ou départementales, ou des chemins vicinaux, ruraux ou particuliers seraient traversés à leur niveau par un chemin de fer, les rails devront être posés sans aucune saillie ni dépression sur la surface de ces routes, et de telle sorte qu'il n'en résulte aucune gêne pour la circulation des voitures.

Le croisement à niveau du chemin de fer et des routes ne pourra s'effectuer sous un angle de moins de 45°.

Chaque passage à niveau sera muni de barrières : il y sera, en outre, établi une maison de garde toutes les fois que l'utilité en sera reconnue par l'Administration.

La Compagnie devra soumettre à l'approbation de l'Administration les projets types de ces barrières.

Art. 14. — Lorsqu'il y aura lieu de modifier l'emplacement ou le profil des routes existantes, l'inclinaison des pentes et des rampes sur les routes modifiées ne pourra excéder trois centimètres (0^m,03) par mètre pour les routes impériales ou départementales, et cinq centimètres (0^m,05) pour les chemins vicinaux. L'Administration restera libre, toutefois, d'apprécier les circonstances qui pourraient motiver une dérogation à cette clause, comme à celle qui est relative à l'angle de croisement des passages à niveau.

Art. 15. — La Compagnie sera tenue de rétablir et d'assurer à ses frais l'écoulement de toutes les eaux dont le cours serait arrêté, suspendu ou modifié par ses travaux.

Les viaducs à construire à la rencontre des rivières, des canaux et des cours d'eau quelconques auront au moins huit mètres (8^m,00) de largeur entre les parapets, sur les chemins à deux voies, et quatre mètres cinquante centimètres (4^m,50) sur les chemins à une voie. La hauteur de ces parapets sera fixée par l'Administration et ne pourra être inférieure à quatre-vingts centimètres (0^m,80).

La hauteur et le débouché du viaduc seront déterminés, dans chaque cas particulier, par l'Administration, suivant les circonstances locales.

Art. 16. — Les souterrains à établir pour le passage du chemin de fer auront au moins huit mètres ($8^m,00$) de largeur entre les pieds-droits au niveau des rails, et six mètres ($6^m,00$) de hauteur sous clef au-dessus de la surface des rails. La distance verticale entre l'intrados et le dessus des rails extérieurs de chaque voie ne sera pas inférieure à quatre mètres quatre-vingts centimètres ($4^m,80$). L'ouverture des puits d'aérage et de construction des souterrains sera entourée d'une margelle en maçonnerie de deux mètres ($2^m,00$) de hauteur. Cette ouverture ne pourra être établie sur aucune voie publique.

Art. 16 *bis*. — Les articles 7, 8, 11, 12, 13, 14, 15 et 16 ci-dessus, relatifs aux conditions d'établissement du chemin de fer, ne s'appliquent pas aux voies, travaux et ouvrages d'art des lignes qui sont actuellement en exploitation ou en construction, et pour lesquelles les dispositions des projets approuvés sont maintenues.

Les parties de seconde voie et autres ouvrages qu'il pourra être nécessaire d'établir ultérieurement sur ces lignes seront exécutées conformément aux dispositions des projets précédemment approuvés pour les mêmes lignes.

Art. 17. — A la rencontre des cours d'eau flottables ou navigables, la Compagnie sera tenue de prendre toutes les mesures et de payer tous les frais nécessaires pour que le service de la navigation ou du flottage n'éprouve ni interruption ni entrave pendant l'exécution des travaux.

A la rencontre des routes impériales ou départementales et des autres chemins publics, il sera construit des chemins et ponts provisoires, par les soins et aux frais de la Compagnie, partout où cela sera jugé nécessaire pour que la circulation n'éprouve ni interruption ni gêne.

Avant que les communications existantes puissent être interceptées, une reconnaissance sera faite par les ingénieurs de la localité à l'effet de constater si les ouvrages provisoires présentent une solidité suffisante et s'ils peuvent assurer le service de la circulation.

Un délai sera fixé par l'Administration pour l'exécution des travaux définitifs destinés à rétablir les communications interceptées.

Art. 18. — La Compagnie n'emploiera dans l'exécution des ouvrages que des matériaux de bonne qualité; elle sera tenue de se conformer à toutes les règles de l'art, de manière à obtenir une construction parfaitement solide.

Tous les aqueducs, ponceaux, ponts et viaducs à construire à la rencontre des divers cours d'eau et des chemins publics ou particuliers, seront en maçonnerie ou en fer, sauf les cas d'exception qui pourront être admis par l'Administration.

Art. 19. — Les voies seront établies d'une manière solide et avec des matériaux de bonne qualité.

Le poids des rails sera au moins de 35 kilogrammes par mètre courant sur les voies de circulation, si ces rails sont posés sur traverses, et de 30 kilogrammes dans le cas où ils seraient posés sur longuerines.

Art. 20. — Le chemin de fer sera séparé des propriétés riveraines par des murs, haies ou toute autre clôture dont le mode et la disposition seront autorisés par l'Administration, sur la proposition de la Compagnie.

Art. 21. — Tous les terrains nécessaires pour l'établissement du chemin de fer et de ses dépendances, pour la déviation des voies de communication et des cours d'eau déplacés, et, en général, pour l'exécution des travaux, quels qu'ils soient, auxquels cet établissement pourra donner lieu, seront achetés et payés par la Compagnie concessionnaire.

Les indemnités pour occupation temporaire ou pour détérioration de terrains, pour chômage, modification ou destruction d'usines, et pour tous dommages quelconques résultant des travaux, seront supportées et payées par la Compagnie.

Art. 22. — L'entreprise étant d'utilité publique, la Compagnie est investie, pour l'exécution des travaux dépendants de sa concession, de tous les droits que les lois et règlements confèrent à l'Administration en matière de travaux publics, soit pour l'acquisition des terrains par voie d'expropriation, soit pour l'extraction, le transport et le dépôt des terres, matériaux, etc.; et elle demeure en même temps soumise à toutes les obligations qui dérivent, pour l'Administration, de ces lois et règlements.

Art. 23. — Dans les limites de la zone frontière et dans le rayon de servitude des enceintes fortifiées, la Compagnie sera tenue, pour l'étude et l'exécution de ses projets, de se soumettre à l'accomplissement de toutes les formalités et de toutes les conditions exigées par les lois, décrets et règlements concernant les travaux mixtes.

ART. 24. — Si la ligne du chemin de fer traverse un sol déjà concédé pour l'exploitation d'une mine, l'Administration déterminera les mesures à prendre pour que l'établissement du chemin de fer ne nuise pas à l'exploitation de la mine, et réciproquement, pour que, le cas échéant, l'exploitation de la mine ne compromette pas l'existence du chemin de fer.

Les travaux de consolidation à faire dans l'intérieur de la mine à raison de la traversée du chemin de fer, et tous les dommages résultant de cette traversée pour les concessionnaires de la mine, seront à la charge de la Compagnie.

ART. 25. — Si le chemin de fer doit s'étendre sur des terrains renfermant des carrières ou les traverser souterrainement, il ne pourra être livré à la circulation avant que les excavations qui pourraient en compromettre la solidité n'aient été remblayées et consolidées. L'Administration déterminera la nature et l'étendue des travaux qu'il conviendra d'entreprendre à cet effet, et qui seront d'ailleurs exécutés par les soins et aux frais de la Compagnie.

ART. 26. — Pour l'exécution des travaux, la Compagnie se soumettra aux décisions ministérielles concernant l'interdiction du travail les dimanches et jours fériés.

ART. 27. — La Compagnie exécutera les travaux par des moyens et des agents à son choix, mais en restant soumise au contrôle et à la surveillance de l'Administration.

Ce contrôle et cette surveillance auront pour objet d'empêcher la Compagnie de s'écarter des dispositions prescrites par le présent cahier des charges et de celles qui résulteront des projets approuvés.

ART. 28. — A mesure que les travaux seront terminés sur des parties de chemin de fer susceptibles d'être livrées utilement à la circulation, il sera procédé, sur la demande de la Compagnie, à la reconnaissance et, s'il y a lieu, à la réception provisoire de ces travaux par un ou plusieurs commissaires que l'Administration désignera.

Sur le vu du procès-verbal de cette reconnaissance, l'Administration autorisera, s'il y a lieu, la mise en exploitation des parties dont il s'agit; après cette autorisation, la Compagnie pourra mettre

lesdites parties en service et y percevoir les taxes ci-après déterminées. Toutefois, ces réceptions partielles ne deviendront définitives que par la réception générale et définitive du chemin de fer.

ART. 29. — Après l'achèvement total des travaux, et dans le
délai qui sera fixé par l'Administration, la Compagnie fera faire à
ses frais un bornage contradictoire et un plan cadastral du chemin de
fer et de ses dépendances. Elle fera dresser également à ses frais, et
contradictoirement avec l'Administration, un état descriptif de tous
les ouvrages d'art qui auront été exécutés ; ledit état accompagné
d'un atlas contenant les dessins cotés de tous lesdits ouvrages.

Une expédition dûment certifiée des procès-verbaux de bornage,
du plan cadastral, de l'état descriptif et de l'atlas, sera dressée aux
frais de la Compagnie et déposée dans les archives du ministère.

Les terrains acquis par la Compagnie postérieurement au bornage
général, en vue de satisfaire aux besoins de l'exploitation, et qui par
cela même deviendront partie intégrante du chemin de fer, donneront lieu, au fur et à mesure de leur acquisition, à des bornages
supplémentaires, et seront ajoutés sur le plan cadastral ; addition sera
également faite sur l'atlas de tous les ouvrages d'art exécutés postérieurement à sa rédaction.

TITRE II.

ENTRETIEN ET EXPLOITATION.

ART. 30. — Le chemin de fer et toutes ses dépendances seront
constamment entretenus en bon état, de manière que la circulation
y soit toujours facile et sûre.

Les frais d'entretien et ceux auxquels donneront lieu les réparations ordinaires et extraordinaires seront entièrement à la charge de
la Compagnie.

Si le chemin de fer, une fois achevé, n'est pas constamment entretenu en bon état, il y sera pourvu d'office à la diligence de l'Administration et aux frais de la Compagnie, sans préjudice, s'il y a lieu,
de l'application des dispositions indiquées ci-après dans l'article 40.

Le montant des avances faites sera recouvré au moyen de rôles
que le préfet rendra exécutoires.

ART. 31. — La Compagnie sera tenue d'établir à ses frais, partout où besoin sera, des gardiens en nombre suffisant pour assurer la sécurité du passage des trains sur la voie et celle de la circulation ordinaire sur les points où le chemin de fer sera traversé à niveau par des routes ou chemins.

ART. 32. — Les machines locomotives seront construites sur les meilleurs modèles ; elles devront consumer leur fumée et satisfaire d'ailleurs à toutes les conditions prescrites ou à prescrire par l'Administration pour la mise en service de ce genre de machines.

Les voitures de voyageurs devront également être faites d'après les meilleurs modèles, et satisfaire à toutes les conditions réglées ou à régler pour les voitures servant au transport des voyageurs sur les chemins de fer. Elles seront suspendues sur ressorts et garnies de banquettes.

Il y en aura de trois classes au moins :

Les voitures de première classe seront couvertes, garnies et fermées à glaces ;

Celles de deuxième classe seront couvertes, fermées à glaces, et auront des banquettes rembourrées ;

Celles de troisième classe seront couvertes, fermées à vitres et munies de banquettes à dossier.

L'intérieur de chacun des compartiments de toute classe contiendra l'indication du nombre des places de ce compartiment.

L'Administration pourra exiger qu'un compartiment de chaque classe soit réservé dans les trains de voyageurs aux femmes voyageant seules.

Les voitures de voyageurs, les wagons destinés au transport des marchandises, des chaises de poste, des chevaux ou des bestiaux, les plates-formes, et, en général, toutes les parties du matériel roulant seront de bonne et solide construction.

La Compagnie sera tenue, pour la mise en service de ce matériel, de se soumettre à tous les règlements sur la matière.

Les machines locomotives, tenders, voitures, wagons de toute espèce, plates-formes composant le matériel roulant, seront constamment entretenus en bon état.

ART. 33. — Des règlements d'administration publique, rendus après que la Compagnie aura été entendue, détermineront les mesures et les dispositions nécessaires pour assurer la police et l'exploitation du chemin de fer, ainsi que la conservation des ouvrages qui en dépendent.

Toutes les dépenses qu'entraînera l'exécution des mesures prescrites en vertu de ces règlements seront à la charge de la Compagnie.

La Compagnie sera tenue de soumettre à l'approbation de l'Administration les règlements relatifs au service et à l'exploitation du chemin de fer.

Les règlements dont il s'agit dans les deux paragraphes précédents seront obligatoires non-seulement pour la Compagnie concessionnaire, mais encore pour toutes celles qui obtiendraient ultérieurement l'autorisation d'établir des lignes de chemin de fer d'embranchement et de prolongement, et, en général, pour toutes les personnes qui emprunteraient l'usage du chemin de fer.

Le ministre déterminera, sur la proposition de la Compagnie, le minimum et le maximum de vitesse des convois de voyageurs et de marchandises et des convois spéciaux des postes, ainsi que la durée du trajet.

ART. 34. — Pour tout ce qui concerne l'entretien et les réparations du chemin de fer et de ses dépendances, l'entretien du matériel et le service de l'exploitation, la Compagnie sera soumise au contrôle et à la surveillance de l'Administration.

Outre la surveillance ordinaire, l'Administration déléguera, aussi souvent qu'elle le jugera utile, un ou plusieurs commissaires pour reconnaître et constater l'état du chemin de fer, de ses dépendances et du matériel.

TITRE III.

DURÉE, RACHAT ET DÉCHÉANCE DE LA CONCESSION.

ART. 35. — La durée de la concession, pour 1 ligne mentionné à l'article premier du présent cahier des charges, sera de quatre-vingt-dix-neuf ans (99 ans). Elle commencera à courir le premier janvier mil huit cent (1ᵉʳ janvier 18   ), et finira le trente et un décembre mil neuf cent (31 décembre 19   ).

ART. 36. — A l'époque fixée pour l'expiration de la concession, et par le seul fait de cette expiration, le gouvernement sera subrogé à tous les droits de la Compagnie sur le chemin de fer et ses depen-

dances, et il entrera immédiatement en jouissance de tous ses produits.

La Compagnie sera tenue de lui remettre en bon état d'entretien le
chemin de fer et tous les immeubles qui en dépendent, quelle qu'en
soit l'origine, tels que les bâtiments de gares et stations, les remises,
ateliers et dépôts, les maisons de garde, etc. Il en sera de même de
tous les objets immobiliers dépendants également dudit chemin, tels
que les barrières et clôtures, les voies, changements de voie,
plaques tournantes, réservoirs d'eau, grues hydrauliques, machines
fixes, etc.

Dans les cinq dernières années qui précéderont le terme de la
concession, le gouvernement aura le droit de saisir les revenus du
chemin de fer et de les employer à rétablir en bon état le chemin
de fer et ses dépendances, si la Compagnie ne se mettait pas en
mesure de satisfaire pleinement et entièrement à cette obligation.

En ce qui concerne les objets mobiliers, tels que le matériel roulant, les matériaux, combustibles et approvisionnements de tout
genre, le mobilier des stations, l'outillage des ateliers et des gares,
l'État sera tenu, si la Compagnie le requiert, de reprendre tous ces
objets sur l'estimation qui en sera faite à dire d'experts, et réciproquement, si l'État le requiert, la Compagnie sera tenue de les céder
de la même manière.

Toutefois, l'État ne pourra être tenu de reprendre que les approvisionnements nécessaires à l'exploitation du chemin pendant six
mois.

Art. 37. — A toute époque après l'expiration des quinze premières années de la concession, le gouvernement aura la faculté de racheter la concession entière du chemin de fer.

Pour régler le prix du rachat, on relèvera les produits nets annuels
obtenus par la Compagnie pendant les sept années qui auront précédé celle où le rachat sera effectué : on en déduira les produits
nets des deux plus faibles années, et l'on établira le produit net au
moyen des cinq autres années.

Ce produit net moyen formera le montant d'une annuité qui sera
due et payée à la Compagnie pendant chacune des années restant à
courir sur la durée de la concession.

Dans aucun cas, le montant de l'annuité ne sera inférieur au
produit net de la dernière des sept années prises pour terme de
comparaison.

La Compagnie recevra, en outre, dans les trois mois qui suivront le rachat, les remboursements auxquels elle aurait droit à l'expiration de la concession, selon l'article 36 ci-dessus.

Art. 38. — Si la Compagnie n'a pas commencé les travaux dans le délai fixé par l'article 2, elle sera déchue de plein droit, sans qu'il y ait lieu à aucune notification ou mise en demeure préalable.

Dans ce cas, la somme de qui aura été déposée, ainsi qu'il sera dit à l'article 68, à titre de cautionnement, deviendra la propriété de l'Etat et restera acquise au Trésor public.

Art. 39. — Faute par la Compagnie d'avoir terminé les travaux dans le délai fixé par l'article 2, faute aussi par elle d'avoir rempli les diverses obligations qui lui sont imposées par le présent cahier des charges, elle encourra la déchéance, et il sera pourvu tant à la continuation et à l'achèvement des travaux qu'à l'exécution des autres engagements contractés par la Compagnie au moyen d'une adjudication que l'on ouvrira sur une mise à prix des ouvrages exécutés, des matériaux approvisionnés et des parties du chemin de fer déjà livrées à l'exploitation.

Les soumissions pourront être inférieures à la mise à prix.

La nouvelle Compagnie sera soumise aux clauses du présent cahier des charges, et la Compagnie évincée recevra d'elle le prix que la nouvelle adjudication aura fixé.

La partie du cautionnement qui n'aura pas encore été restituée deviendra la propriété de l'Etat.

Si l'adjudication ouverte n'amène aucun résultat, une seconde adjudication sera tentée sur les mêmes bases, après un délai de trois mois; si cette seconde tentative reste également sans résultat, la Compagnie sera définitivement déchue de tous droits, et alors les ouvrages exécutés, les matériaux approvisionnés et les parties de chemin de fer déjà livrées à l'exploitation appartiendront à l'Etat.

Art. 40. — Si l'exploitation du chemin de fer vient à être interrompue en totalité ou en partie, l'Administration prendra immédiatement, aux frais et risques de la Compagnie, les mesures nécessaires pour assurer provisoirement le service.

Si, dans les trois mois de l'organisation du service provisoire, la Compagnie n'a pas valablement justifié qu'elle est en état de reprendre et continuer l'exploitation, et si elle ne l'a pas effectivement reprise, la déchéance pourra être prononcée par le ministre. Cette déchéance prononcée, le chemin de fer et toutes ses dépendances seront mis en adjudication, et il sera procédé ainsi qu'il est dit à l'article précédent.

Art. 41.—Les dispositions des trois articles qui précèdent cesseraient d'être applicables, et la déchéance ne serait pas encourue dans le cas où le concessionnaire n'aurait pu remplir ses obligations, par suite de circonstances de force majeure dûment constatées.

TITRE IV.

TAXES ET CONDITIONS RELATIVES AU TRANSPORT DES VOYAGEURS ET DES MARCHANDISES.

Art. 42. — Pour indemniser la Compagnie des travaux et dépenses qu'elle s'engage à faire par le présent cahier des charges, et sous la condition expresse qu'elle en remplira exactement toutes les obligations, le gouvernement lui accorde l'autorisation de percevoir, pendant toute la durée de la concession, les droits de péage et les prix de transports ci-après déterminés :

TARIF.

1° PAR TÊTE ET PAR KILOMÈTRE.

Grande vitesse.

	PRIX		
	de péage.	de transport.	Totaux.
	fr. c.	fr. c.	fr. c.
Voyageurs. Voitures couvertes, garnies et fermées à glaces (1re classe)	0 067	0 033	0 10
Voitures couvertes, fermées à glaces, et à banquettes rembourrées (2e classe)	0 030	0 025	0 075
Voitures couvertes et fermées à vitres (3e classe)	0 037	0 018	0 055

	PRIX		
	de péage.	de transport.	Totaux.
	fr. c.	fr. c.	fr. c.

<table>
<tr><td rowspan="8" style="writing-mode:vertical-rl">Enfants.</td><td>Au-dessous de trois ans, les enfants ne paient rien, à la condition d'être portés sur les genoux des personnes qui les accompagnent.
De trois à sept ans, ils paient demi-place, et ont droit à une place distincte ; toutefois, dans un même compartiment, deux enfants ne pourront occuper que la place d'un voyageur.
Au-dessus de sept ans, ils payent place entière.</td><td></td><td></td><td></td></tr>
</table>

	de péage.	de transport.	Totaux.
Chiens transportés dans les trains de voyageurs .. Sans que la perception puisse être inférieure à 0 fr. 30 c.	0 010	0 005	0 015

Petite vitesse.

	de péage.	de transport.	Totaux.
Bœufs, vaches, taureaux, chevaux, mulets, bêtes de trait...............	0 07	0 03	0 10
Veaux et porcs	0 025	0 015	0 04
Moutons, brebis, agneaux, chèvres........	0 01	0 01	0 02

Lorsque les animaux ci-dessus dénommés seront, sur la demande des expéditeurs, transportés à la vitesse des trains de voyageurs, les prix seront doublés.

2° PAR TONNE ET PAR KILOMÈTRE.

Marchandises transportées à grande vitesse.

	de péage.	de transport.	Totaux.
Huîtres. — Poissons frais. — Denrées. — Excédants de bagage et marchandises de toute classe transportés à la vitesse des trains de voyageurs.	0 20	0 16	0 36

	PRIX		
	de péage.	de transport.	Totaux.
	fr. c.	fr. c.	fr. c.

Marchandises transportées à petite vitesse.

	de péage.	de transport.	Totaux.
1re classe. Spiritueux. — Huiles. — Bois de menuiserie, teinture et autres bois exotiques.— Produits chimiques non dénommés. — OEufs. — Viande fraîche. — Gibier. — Sucre. — Café. — Drogues. — Epiceries. — Tissus.— Denrées coloniales. — Objets manufacturés. — Armes....................................	0 09	0 07	0 16
2e classe. Blés. — Grains. — Farines. — Légumes farineux. — Riz, maïs, châtaignes et autres denrées alimentaires non dénommées. — Chaux et plâtre.— Charbon de bois.— Bois à brûler dit *de corde.* — Perches. — Chevrons. — Planches. — Madriers. — Bois de charpente. — Marbre en bloc. — Albâtre.— Bitume. — Cotons. — Laines. — Vins. — Vinaigres.— Boissons. — Bières. — Levure sèche. — Coke. — Fers. — Cuivres. — Plomb et autres métaux ouvrés ou non. — Fontes moulées...........................	0 08	0 06	0 14
3e classe. Houille. — Marne. — Cendres. — Fumiers et engrais. — Pierres à chaux et à plâtre. — Pavés et matériaux pour la construction et la réparation des routes. —Pierres de taille et produits de carrières. — Minerais de fer et autres. — Fonte brute. — Sel. — Moellons. — Meulières.— Cailloux.— Sable.— Argiles. — Briques. —Ardoises....................	0 06	0 04	0 10

VOITURES ET MATÉRIEL ROULANT TRANSPORTÉS

A PETITE VITESSE.

———

Par pièce et par kilomètre.

	PRIX		
	de péage.	de trans-port.	Totaux.
	fr. c.	fr. c.	fr. c.
Wagon ou chariot pouvant porter 3 à 6 tonnes...	0 09	0 06	0 15
— — pouvant porter plus de 6 tonnes.	0 12	0 08	0 20
Locomotive pesant de 12 à 18 tonnes (ne traînant pas de convoi)	1 80	1 20	3 00
Locomotive pesant plus de 18 tonnes (ne traînant pas de convoi)...........................	2 25	1 50	3 75
Tender de 7 à 10 tonnes......................	0 90	0 60	1 50
Tender de plus de 10 tonnes..................	1 35	0 90	2 25

Les machines locomotives seront considérées comme ne traînant pas de convoi, lorsque le convoi remorqué, soit de voyageurs, soit de marchandises, ne comportera pas un péage au moins égal à celui qui serait perçu sur la locomotive avec son tender marchant sans rien traîner.

Le prix à payer pour un wagon chargé ne pourra jamais être inférieur à celui qui serait dû pour un wagon marchant à vide.

Voitures à 2 ou 4 roues, à un fond et à une seule banquette dans l'intérieur....................	0 15	0 10	0 25
Voitures à 4 roues, à deux fonds et à deux banquettes dans l'intérieur, omnibus, diligences, etc.	0 18	0 14	0 32

Lorsque, sur la demande des expéditeurs, les transports auront lieu à la vitesse des trains de voyageurs, les prix ci-dessus seront doublés.

Dans ce cas, deux personnes pourront, sans supplément de prix, voyager dans les voitures à une banquette, et trois dans les voitures à deux banquettes, omnibus, diligences, etc.; les voyageurs excédant ce nombre paieront le prix des places de 2e classe.

Voitures de déménagement à 2 ou à 4 roues, à vide.	0 12	0 08	0 20

PRIX		
de péage.	de trans- port.	Totaux.
fr. c.	fr. c.	fr. c.

Ces voitures, lorsqu'elles seront chargées, paieront en sus des prix ci-dessus, par tonne de chargement et par kilomètre.................. | 0 08 | 0 06 | 0 14

4° SERVICE DES POMPES FUNÈBRES ET TRANSPORT DES CERCUEILS.

Grande vitesse.

Une voiture des pompes funèbres, renfermant un ou plusieurs cercueils, sera transportée aux mêmes prix et conditions qu'une voiture à 4 roues à deux fonds et à deux banquettes............. | 0 36 | 0 28 | 0 64
Chaque cercueil confié à l'administration du chemin de fer sera transporté, dans un compartiment isolé, au prix de.................. | 0 18 | 0 12 | 0 30

Les prix déterminés ci-dessus pour les transports à grande vitesse ne comprennent pas l'impôt dû à l'État.

Il est expressément entendu que les prix de transport ne seront dus à la Compagnie qu'autant qu'elle effectuerait elle-même ces transports à ses frais et par ses propres moyens ; dans le cas contraire, elle n'aura droit qu'aux prix fixés pour le péage.

La perception aura lieu d'après le nombre de kilomètres parcourus. Tout kilomètre entamé sera payé comme s'il avait été parcouru en entier.

Si la distance parcourue est inférieure à 6 kilomètres, elle sera comptée pour six kilomètres.

Le poids de la tonne est de 1,000 kilogrammes.

Les fractions de poids ne seront comptées, tant pour la grande

que pour la petite vitesse, que par centième de tonne ou par 10 kilogrammes.

Ainsi, tout poids compris entre 0 et 10 kilogrammes paiera comme
10 kilogrammes ; entre 10 et 20 kilogrammes, comme 20 kilogrammes, etc.

Toutefois, pour les excédants de bagages et marchandises à grande
vitesse, les coupures seront établies : 1° de 0 à 5 kilogrammes ;
2° au-dessus de 5 à 10 kilogrammes ; 3° au-dessus de 10 kilogrammes
par fraction indivisible de 10 kilogrammes.

Quelle que soit la distance parcourue, le prix d'une expédition
quelconque, soit en grande, soit en petite vitesse, ne pourra être
moindre de 40 centimes.

Dans le cas où le prix de l'hectolitre de blé s'élèverait sur le marché régulateur à 20 fr. ou au-dessus, le gouvernement pourra exiger
de la Compagnie que le tarif du transport des blés, grains, riz,
maïs, farines et légumes farineux, péage compris, ne puisse s'élever
au maximum qu'à 0 fr. 07 c. par tonne et par kilomètre.

Art. 43. A moins d'une autorisation spéciale et révocable de l'administration, tout train régulier de voyageurs devra contenir des
voitures de toute classe en nombre suffisant pour toutes les personnes qui se présenteraient dans les bureaux du chemin de fer.

Dans chaque train de voyageurs, la Compagnie aura la faculté de
placer des voitures à compartiments spéciaux pour lesquels il sera
établi des prix particuliers, que l'administration fixera sur la proposition de la Compagnie ; mais le nombre des places à donner dans ces
compartiments ne pourra dépasser le cinquième du nombre total
des places du train.

Art. 44. Tout voyageur dont le bagage ne pèsera pas plus de
30 kilogrammes n'aura à payer, pour le port de ce bagage, aucun
supplément du prix de sa place.

Cette franchise ne s'appliquera pas aux enfants transportés gratuitement, et elle sera réduite à 20 kilogrammes pour les enfants
transportés à moitié prix.

Art. 45. Les animaux, denrées, marchandises, effets et autres objets non désignés dans le tarif seront rangés, pour les droits à percevoir, dans les classes avec lesquelles ils auront le plus d'analogie,
sans que jamais, sauf les exceptions formulées aux articles 46 et 47
ci-après, aucune marchandise non dénommée puisse être soumise à

une taxe supérieure à celle de la première classe du tarif ci-
dessus.

Les assimilations de classes pourront être provisoirement réglées
par la Compagnie; mais elles seront soumises immédiatement à
l'admistration, qui prononcera définitivement.

Art. 46. Les droits de péage et les prix de transport déterminés
au tarif ne sont point applicables à toute masse indivisible pesant
plus de trois mille kilogrammes (3,000^k).

Néanmoins, la Compagnie ne pourra se refuser à transporter les
masses indivisibles pesant de trois mille à cinq mille kilogrammes;
mais les droits de péage et les prix de transport seront augmentés
de moitié.

La Compagnie ne pourra être contrainte à transporter les masses
pesant plus de cinq mille kilogrammes (5,000^k).

Si, nonobstant la disposition qui précède, la Compagnie transporte
des masses indivisibles pesant plus de cinq mille kilogrammes, elle
devra, pendant trois mois au moins, accorder les mêmes facilités à
tous ceux qui en feraient la demande.

Dans ce cas, les prix de transport seront fixés par l'administration, sur la proposition de la Compagnie.

Art. 47. Les prix de transport déterminés au tarif ne sont point
applicables :

1° Aux denrées et objets qui ne sont pas nommément énoncés
dans le tarif, et qui ne pèseraient pas deux cents kilogrammes sous
le volume d'un mètre cube ;

2° Aux matières inflammables ou explosibles, aux animaux et objets dangereux, pour lesquels des règlements de police prescriraient
des précautions spéciales ;

3° Aux animaux dont la valeur déclarée excéderait 5,000 fr. ;

4° A l'or et à l'argent, soit en lingots, soit monnayés ou travaillés,
au plaqué d'or ou d'argent, au mercure et au platine, ainsi qu'aux
bijoux, dentelles, pierres précieuses, objets d'art et autres valeurs;

5° Et, en général, à tous paquets, colis ou excédants de bagages,
pesant isolément quarante kilogrammes et au-dessous.

Toutefois, les prix de transport déterminés au tarif sont applicables à tous paquets ou colis, quoique emballés à part, s'ils font partie d'envois pesant ensemble plus de quarante kilogrammes d'objets
envoyés par une même personne à une même personne. Il en sera de

même pour les excédants de bagages qui pèseraient ensemble ou isolément plus de quarante kilogrammes.

Le bénéfice de la disposition énoncée dans le paragraphe précédent, en ce qui concerne les paquets et colis, ne peut être invoqué par les entrepreneurs de messagerie et de roulage et autres intermédiaires de transport, à moins que les articles par eux envoyés ne soient réunis en un seul colis.

Dans les cinq cas ci-dessus spécifiés, les prix de transport seront arrêtés annuellement par l'Administration, tant pour la grande que pour la petite vitesse, sur la proposition de la Compagnie.

En ce qui concerne les paquets ou colis mentionnés au paragraphe 5 ci-dessus, les prix de transport devront être calculés de telle manière qu'en aucun cas un de ces paquets ou colis ne puisse payer un prix plus élevé qu'un article de même nature pesant plus de quarante kilogrammes.

Art. 48. — Dans le cas où la Compagnie jugerait convenable, soit pour le parcours total, soit pour les parcours partiels de la voie de fer, d'abaisser, avec ou sans conditions, au-dessous des limites déterminées par le tarif, les taxes qu'elle est autorisée à percevoir, les taxes abaissées ne pourront être relevées qu'après un délai de trois mois au moins pour les voyageurs et d'un an pour les marchandises.

Toute modification de tarif proposée par la Compagnie sera annoncée un mois d'avance par des affiches.

La perception des tarifs modifiés ne pourra avoir lieu qu'avec l'homologation de l'Administration supérieure, conformément aux dispositions de l'ordonnance du 15 novembre 1846.

La perception des taxes devra se faire indistinctement et sans aucune faveur.

Tout traité particulier qui aurait pour effet d'accorder à un ou plusieurs expéditeurs une réduction sur les tarifs approuvés demeure formellement interdit.

Toutefois, cette disposition n'est pas applicable aux traités qui pourraient intervenir entre le gouvernement et la Compagnie dans l'intérêt des services publics, ni aux réductions ou remises qui seraient accordées par la Compagnie aux indigents.

En cas d'abaissement des tarifs, la réduction portera proportionellement sur le péage et sur le transport.

Art. 49. — La Compagnie sera tenue d'effectuer constamment

avec soin, exactitude et célérité, et sans tour de faveur, le transport des voyageurs, bestiaux, denrées, marchandises et objets quelconques qui leur seront confiés.

Les colis, bestiaux et objets quelconques seront inscrits, à la gare d'où ils partent et à la gare où ils arrivent, sur des registres spéciaux, au fur et à mesure de leur réception ; mention sera faite, sur les registres de la gare de départ, du prix total dû pour leur transport.

Pour les marchandises ayant une même destination, les expéditions auront lieu suivant l'ordre de leur inscription à la gare de départ.

Toute expédition de marchandises sera constatée, si l'expéditeur le demande, par une lettre de voiture dont un exemplaire restera aux mains de la Compagnie et l'autre aux mains de l'expéditeur. Dans le cas où l'expéditeur ne demanderait pas de lettre de voiture, la Compagnie sera tenue de lui délivrer un récépissé qui énoncera la nature et le poids du colis, le prix total du transport et le délai dans lequel ce transport devra être effectué.

Art. 50. — Les animaux, denrées, marchandises et objets quelconques seront expédiés et livrés de gare en gare, dans les délais résultant des conditions ci-après exprimées :

1° Les animaux, denrées, marchandises et objets quelconques, à grande vitesse, seront expédiés par le premier train des voyageurs comprenant des voitures de toutes classes, et correspondant avec leur destination, pourvu qu'ils aient été présentés à l'enregistrement trois heures avant le départ de ce train.

Ils seront mis à la disposition des destinataires, à la gare, dans le délai de deux heures après l'arrivée du même train.

2° Les animaux, denrées, marchandises et objets quelconques, à petite vitesse, seront expédiés dans le jour qui suivra celui de la remise ; toutefois, l'Administration supérieure pourra étendre ce délai à deux jours.

Le maximum de durée du trajet sera fixé par l'Administration, sur la proposition de la Compagnie, sans que ce maximum puisse excéder vingt-quatre heures par fraction indivisible de 125 kilomètres.

Les colis seront mis à la disposition des destinataires dans le jour qui suivra celui de leur arrivée effective en gare.

Le délai total résultant des trois paragraphes ci-dessus sera seul obligatoire pour la Compagnie.

Il pourra être établi un tarif réduit, approuvé par le ministre, pour tout expéditeur qui acceptera des délais plus longs que ceux déterminés ci-dessus pour la petite vitesse.

Pour le transport des marchandises, il pourra être établi, sur la proposition de la Compagnie, un délai moyen entre ceux de la grande et de la petite vitesse. Le prix correspondant à ce délai sera un prix intermédiaire entre ceux de la grande et de la petite vitesse.

L'Administration supérieure déterminera, par des règlements spéciaux, les heures d'ouverture et de fermeture des gares et stations tant en hiver qu'en été, ainsi que les dispositions relatives aux denrées apportées par les trains de nuit et destinées à l'approvisionnement des marchés des villes.

Lorsque la marchandise devra passer d'une ligne sur une autre, sans solution de continuité, les délais de livraison et d'expédition au point de jonction seront fixés par l'Administration, sur la proposition de la Compagnie.

ART. 51. — Les frais accessoires non mentionnés dans les tarifs, tels que ceux d'enregistrement, de chargement, de déchargement et de magasinage dans les gares et magasins du chemin de fer, seront fixés annuellement par l'Administration, sur la proposition de la Compagnie.

ART. 52. — La Compagnie sera tenue de faire, soit par elle-même, soit par un intermédiaire dont elle répondra, le factage et le camionnage, pour la remise au domicile des destinataires de toutes les marchandises qui lui seront confiées.

Le factage et le camionnage ne seront point obligatoires en dehors du rayon de l'octroi, non plus que pour les gares qui desserviraient soit une population agglomérée de moins de cinq mille habitants, soit un centre de population de cinq mille habitants situé à plus de cinq kilomètres de la gare du chemin de fer.

Les tarifs à percevoir seront fixés par l'Administration, sur la proposition de la Compagnie. Ils seront applicables à tout le monde sans distinction.

Toutefois, les expéditeurs et destinataires resteront libres de faire eux-mêmes et à leurs frais le factage et le camionnage des marchandises.

ART. 53. — A moins d'une autorisation spéciale de l'Administration, il est interdit à la Compagnie, conformément à l'article 14 de

la loi du 15 juillet 1845, de faire directement ou indirectement avec
des entreprises de transport de voyageurs ou de marchandises par
terre ou par eau, sous quelque dénomination ou forme que ce puisse
être, des arrangements qui ne seraient pas consentis en faveur
de toutes les entreprises desservant les mêmes voies de communication.

L'administration, agissant en vertu de l'article 33 ci-dessus, prescrira les mesures à prendre pour assurer la plus complète égalité
entre les diverses entreprises de transport dans leurs rapports avec
le chemin de fer.

TITRE V.

STIPULATIONS RELATIVES A DIVERS SERVICES PUBLICS.

Art. 54. Les militaires ou marins voyageant en corps, aussi bien
que les militaires ou marins voyageant isolément pour cause de
service, envoyés en congé limité ou en permission, ou rentrant
dans leurs foyers après libération, ne seront assujettis, eux, leurs
chevaux et leurs bagages, qu'au quart de la taxe du tarif fixé par
le présent cahier des charges.

Si le gouvernement avait besoin de diriger des troupes et un
matériel militaire ou naval sur l'un des points desservis par le
chemin de fer, la Compagnie sera tenue de mettre immédiatement
à sa disposition, pour la moitié de la taxe du même tarif, tous ses
moyens de transport.

Art. 55. Les fonctionnaires ou agents chargés de l'inspection,
du contrôle et de la surveillance du chemin de fer seront transportés gratuitement dans les voitures de la Compagnie.

La même faculté est accordée aux agents des contributions indirectes et des douanes, chargés de la surveillance des chemins de
fer dans l'intérêt de la perception de l'impôt.

Art. 56. Le service des lettres et dépêches sera fait comme il
suit :

1° A chacun des trains de voyageurs et de marchandises circu-
lant aux heures ordinaires de l'exploitation, la Compagnie sera tenue de réserver gratuitement deux compartiments spéciaux d'une

voiture de deuxième classe, ou un espace équivalent, pour recevoir
les lettres, les dépêches et les agents nécessaires au service des
postes, le surplus de la voiture restant à la disposition de la Compagnie.

2° Si le volume des dépêches ou la nature du service rend insuffisante la capacité de deux compartiments à deux banquettes, de sorte qu'il y ait lieu de substituer une voiture spéciale aux wagons ordinaires, le transport de cette voiture sera également gratuit.

Lorsque la Compagnie voudra changer les heures de départ de ces convois ordinaires, elle sera tenue d'en avertir l'administration des postes quinze jours à l'avance.

3° Un train spécial régulier, dit *train journalier de la poste*, sera mis gratuitement chaque jour, à l'aller et au retour, à la disposition du ministre des finances, pour le transport des dépêches sur toute l'étendue de la ligne.

4° L'étendue du parcours, les heures de départ et d'arrivée, soit de jour, soit de nuit, la marche et les stationnements de ce convoi, sont réglés par le ministre de l'agriculture, du commerce et des travaux publics et le ministre des finances, la Compagnie entendue.

5° Indépendamment de ce train, il pourra y avoir tous les jours, à l'aller et au retour, un ou plusieurs convois spéciaux, dont la marche sera réglée comme il est dit ci-dessus. La rétribution payée à la Compagnie pour chaque convoi ne pourra excéder soixante et quinze centimes par kilomètre parcouru pour la première voiture, et vingt-cinq centimes pour chaque voiture en sus de la première.

6° La Compagnie pourra placer dans les convois spéciaux de la poste des voitures de toutes classes, pour le transport, à son profit, des voyageurs et des marchandises.

7° La Compagnie ne pourra être tenue d'établir des convois spéciaux ou de changer les heures de départ, la marche ou le stationnement de ces convois, qu'autant que l'administration l'aura prévenue, par écrit, quinze jours à l'avance.

8° Néanmoins, toutes les fois qu'en dehors des services réguliers l'administration requerra l'expédition d'un convoi extraordinaire, soit de jour, soit de nuit, cette expédition devra être faite immédiatement, sauf l'observation des règlements de police. Le prix sera ul-

térieurement réglé, de gré à gré ou à dire d'experts, entre l'administration et la Compagnie.

9° L'administration des postes fera construire à ses frais les voitures qu'il pourra être nécessaire d'affecter spécialement au transport et à la manutention des dépêches. Elle réglera la forme et les
dimensions de ces voitures, sauf l'approbation, par le ministre de
l'agriculture, du commerce et des travaux publics, des dispositions
qui intéressent la régularité et la sécurité de la circulation. Elles
seront montées sur châssis et sur roues. Leur poids ne dépassera pas
huit mille kilogrammes, chargement compris. L'administration des
poste fera entretenir à ses frais ses voitures spéciales; toutefois,
l'entretien des châssis et des roues sera à la charge de la Compagnie.

10° La Compagnie ne pourra réclamer aucune augmentation des
prix ci-dessus indiqués, lorsqu'il sera nécessaire d'employer des
plates-formes au transport des malles-postes ou des voitures spéciales en réparation.

11° La vitesse moyenne des convois spéciaux mis à la disposition
de l'administration des postes ne pourra être moindre de quarante
kilomètres à l'heure, temps d'arrêt compris; l'administration pourra
consentir une vitesse moindre, soit à raison des pentes, soit à raison des courbes à parcourir, ou bien exiger une plus grande
vitesse, dans le cas où la Compagnie obtiendrait plus tard dans la
marche de son service une vitesse supérieure.

12° La Compagnie sera tenue de transporter gratuitement, par
tous les convois de voyageurs, tout agent des postes chargé d'une
mission ou d'un service accidentel et porteur d'un ordre de service
régulier, délivré à Paris par le directeur général des postes. Il sera
accordé à l'agent des postes en mission une place de voiture de
deuxième classe, ou de première classe, si le convoi ne comporte
pas de voitures de deuxième classe.

13° La Compagnie sera tenue de fournir à chacun des points extrêmes de la ligne, ainsi qu'aux principales stations intermédiaires
qui seront désignées par l'administration des postes, un emplacement sur lequel l'administration pourra faire construire des bureaux
de poste ou d'entrepôt des dépêches et des hangars pour le chargement et le déchargement des malles-postes. Les dimensions de
cet emplacement seront au maximum de soixante-quatre mètres
carrés dans les gares des départements, et du double à Paris.

14° La valeur locative du terrain ainsi fourni par la Compagnie
lui sera payée de gré à gré ou à dire d'experts.

15° La position sera choisie de manière que les bâtiments qui y
seront construits aux frais de l'administration des postes ne puissent
entraver en rien le service de la Compagnie.

16° L'administration se réserve le droit d'établir à ses frais, sans
indemnité, mais aussi sans responsabilité pour la Compagnie, tous
poteaux ou appareils nécessaires à l'échange des dépêches sans arrêt
de train, à la condition que ces appareils, par leur nature ou leur
position, n'apportent pas d'entraves aux différents services de la
ligne ou des stations.

17° Les employés chargés de la surveillance du service, les agents
préposés à l'échange ou à l'entrepôt des dépêches, auront accès
dans les gares ou stations pour l'exécution de leur service, en se
conformant aux règlements de police intérieure de la Compagnie.

Art. 57.— La Compagnie sera tenue, à toute réquisition, de faire
partir, par convoi ordinaire, les wagons ou voitures cellulaires employés au transport des prévenus, accusés ou condamnés.

Les wagons ou les voitures employés au service dont il s'agit, seront construits aux frais de l'Etat ou des départements ; leurs formes
et dimensions seront déterminées de concert par le ministre de l'intérieur et par le ministre de l'agriculture, du commerce et des travaux publics, la Compagnie entendue.

Les employés de l'Administration, les gardiens et les prisonniers
placés dans les wagons ou voitures cellulaires ne seront assujettis
qu'à la moitié de la taxe applicable aux places de troisième classe,
telle qu'elle est fixée par le présent cahier des charges.

Les gendarmes placés dans les mêmes voitures ne paieront que
le quart de la même taxe.

Le transport des wagons et des voitures sera gratuit.

Dans le cas où l'Administration voudrait, pour le transport des
prisonniers, faire usage des voitures de la Compagnie, celle-ci serait tenue de mettre à sa disposition un ou plusieurs compartiments
spéciaux de voitures de deuxième classe à deux banquettes. Le prix
de location en sera fixé à raison de vingt centimes (0 fr. 20 c.) par
compartiment et par kilomètre.

Les dispositions qui précèdent seront applicables au transport des
jeunes délinquants recueillis par l'Administration pour être trans-
férés dans les établissements d'éducation.

Art. 58. — Le gouvernement se réserve la faculté de faire, le long des voies, toutes les constructions, de poser tous les appareils nécessaires à l'établissement d'une ligne télégraphique, sans nuire au service du chemin de fer.

Sur la demande de l'Administration des lignes télégraphiques, il sera réservé, dans les gares des villes et des localités qui seront désignées ultérieurement, le terrain nécessaire à l'établissement des maisonnettes destinées à recevoir le bureau télégraphique et son matériel.

La Compagnie concessionnaire sera tenue de faire garder par ses agents les fils et appareils des lignes électriques, de donner aux employés télégraphiques connaissance de tous les accidents qui pourraient survenir, et de leur en faire connaître les causes. En cas de rupture du fil télégraphique, les employés de la Compagnie auront à raccrocher provisoirement les bouts séparés, d'après les instructions qui leur seront données à cet effet.

Les agents télégraphiques voyageant pour le service de la ligne électrique auront le droit de circuler gratuitement dans les voitures du chemin de fer.

En cas de rupture du fil télégraphique ou d'accidents graves, une locomotive sera mise immédiatement à la disposition de l'inspecteur télégraphique de la ligne pour le transporter sur le lieu de l'accident avec les hommes et les matériaux nécessaires à la réparation. Ce transport sera gratuit, et il devra être effectué dans des conditions telles qu'il ne puisse entraver en rien la circulation publique.

Dans le cas où des déplacements de fils, appareils ou poteaux deviendraient nécessaires par suite des travaux exécutés sur le chemin, ces déplacements auraient lieu, aux frais de la Compagnie, par les soins de l'Administration des lignes télégraphiques.

La Compagnie pourra être autorisée et au besoin requise par le ministre de l'agriculture, du commerce et des travaux publics, agissant de concert avec le ministre de l'intérieur, d'établir à ses frais les fils et appareils télégraphiques destinés à transmettre les signaux nécessaires pour la sûreté et la régularité de son exploitation.

Elle pourra, avec l'autorisation du ministre de l'intérieur, se servir des poteaux de la ligne télégraphique de l'Etat, lorsqu'une semblable ligne existera le long de la voie.

La Compagnie sera tenue de se soumettre à tous les règlements d'administration publique concernant l'établissement et l'emploi de ces appareils, ainsi que l'organisation, aux frais de la Compagnie, du contrôle de ce service par les agents de l'Etat.

TITRE VI.

CLAUSES DIVERSES.

Art. 59. — Dans le cas où le gouvernement ordonnerait ou autoriserait la construction de routes impériales, départementales ou vicinales, de chemins de fer ou de canaux qui traverseraient la ligne, objet de la présente concession, la Compagnie ne pourra s'opposer à ces travaux ; mais toutes les dispositions nécessaires seront prises pour qu'il n'en résulte aucun obstacle à la construction ou au service du chemin de fer, ni aucuns frais pour la Compagnie.

Art. 60. — Toute exécution ou autorisation ultérieure de route, de canal, de chemin de fer, de travaux de navigation dans la contrée où est situé le chemin de fer, objet de la présente concession, ou dans toute autre contrée voisine ou éloignée, ne pourra donner ouverture à aucune demande d'indemnité de la part de la Compagnie.

Art. 61. — Le gouvernement se réserve expressément le droit d'accorder de nouvelles concessions de chemins de fer s'embranchant sur le chemin qui fait l'objet du présent cahier de charges, ou qui seraient établis en prolongement du même chemin.

La Compagnie ne pourra mettre aucun obstacle à ces embranchements, ni réclamer, à l'occasion de leur établissement, aucune indemnité quelconque, pourvu qu'il n'en résulte aucun obstacle à la circulation ni aucuns frais particuliers pour la Compagnie.

Les Compagnies concessionnaires de chemins de fer d'embranchement ou de prolongement auront la faculté, moyennant les tarifs ci-dessus déterminés et l'observation des règlements de police et de service établis ou à établir, de faire circuler leurs voitures, wagons et machines, sur le chemin de fer, objet de la présente concession, pour lequel cette faculté sera réciproque à l'égard desdits embranchements et prolongements.

Dans le cas où les diverses Compagnies ne pourraient s'entendre entre elles sur l'exercice de cette faculté, le gouvernement statuerait sur les difficultés qui s'élèveraient entre elles à cet égard.

Dans le cas où une Compagnie d'embranchement ou de prolongement joignant la ligne qui fait l'objet de la présente concession n'userait pas de la faculté de circuler sur cette ligne, comme aussi dans le cas où la Compagnie concessionnaire de cette dernière ligne ne voudrait pas circuler sur les prolongements et embranchements, les Compagnies seraient tenues de s'arranger entre elles, de manière que le service de transport ne soit jamais interrompu aux points de jonction des diverses lignes.

Celle des Compagnies qui se servira d'un matériel qui ne serait pas sa propriété paiera une indemnité en rapport avec l'usage et la détérioration de ce matériel. Dans le cas où les Compagnies ne se mettraient pas d'accord sur la quotité de l'indemnité ou sur les moyens d'assurer la continuation du service sur toute la ligne, le gouvernement y pourvoirait d'office et prescrirait toutes les mesures nécessaires.

La Compagnie pourra être assujettie, par les décrets qui seront ultérieurement rendus pour l'exploitation des chemins de fer de prolongement ou d'embranchement joignant celui qui lui est concédé, à accorder aux Compagnies de ces chemins une réduction de péage ainsi calculée :

1° Si le prolongement ou l'embranchement n'a pas plus de 100 kilomètres, dix pour cent (10 0/0) du prix perçu par la Compagnie ;

2° Si le prolongement ou l'embranchement excède 100 kilomètres, quinze pour cent (15 0/0) ;

3° Si le prolongement ou l'embranchement excède 200 kilomètres, vingt pour cent (20 0/0) ;

4° Si le prolongement ou l'embranchement excède 300 kilomètres, vingt-cinq pour cent (25 0/0).

Art. 62.— La Compagnie sera tenue de s'entendre avec tout propriétaire de mines ou d'usines, qui, offrant de se soumettre aux conditions prescrites ci-après, demanderait un nouvel embranchement ; à défaut d'accord, le gouvernement statuera sur la demande, la Compagnie entendue.

Les embranchements seront construits aux frais des propriétaires de mines et d'usines, et de manière à ce qu'il ne résulte de leur établissement aucune entrave à la circulation générale, aucune

cause d'avarie pour le matériel, ni aucuns frais particuliers pour la
Compagnie.

Leur entretien devra être fait avec soin aux frais de leurs propriétaires et sous le contrôle de l'Administration. La Compagnie aura
le droit de faire surveiller par ses agents cet entretien, ainsi que
l'emploi de son matériel sur les embranchements.

L'Administration pourra, à toutes époques, prescrire les modifications qui seraient jugées utiles dans la soudure, le tracé ou l'établissement de la voie desdits embranchements, et les changements seront opérés aux frais des propriétaires.

L'Administration pourra même, après avoir entendu les propriétaires, ordonner l'enlèvement temporaire des aiguilles de soudure,
dans le cas où les établissements embranchés viendraient à suspendre en tout ou en partie leurs transports.

La Compagnie sera tenue d'envoyer ses wagons sur tous les embranchements autorisés destinés à faire communiquer des établissements de mines ou d'usines avec la ligne principale du chemin de
fer.

La Compagnie amènera ses wagons à l'entrée des embranchements.

Les expéditeurs ou destinataires feront conduire les wagons
dans leurs établissements pour les charger ou décharger, et les ra-
mèneront au point de jonction avec la ligne principale, le tout à leurs
frais.

Les wagons ne pourront, d'ailleurs, être employés qu'au transport
d'objets et marchandises destinés à la ligne principale du chemin
de fer.

Le temps pendant lequel les wagons séjourneront sur les embranchements particuliers pourra excéder six heures lorsque l'embranchement n'aura pas plus d'un kilomètre. Le temps sera augmenté d'une demi-heure par kilomètre en sus du premier, non
compris les heures de la nuit, depuis le coucher jusqu'au lever du
soleil.

Dans le cas où les limites de temps seraient dépassées nonobstant l'avertissement spécial donné par la Compagnie, elle pourra
exiger une indemnité égale à la valeur du droit de loyer des wagons,
pour chaque période de retard après l'avertissement.

Les traitements des gardiens d'aiguille et des barrières des embranchements autorisés par l'Administration seront à la charge des

propriétaires des embranchements. Ces gardiens seront nommés et payés par la Compagnie, et les frais qui en résulteront lui seront remboursés par lesdits propriétaires.

En cas de difficulté, il sera statué par l'Administration, la Compagnie entendue.

Les propriétaires d'embranchements seront responsables des avaries que le matériel pourrait éprouver pendant son parcours ou son séjour sur ces lignes.

Dans le cas d'inexécution d'une ou de plusieurs des conditions énoncées ci-dessus, le préfet pourra, sur la plainte de la Compagnie et après avoir entendu le propriétaire de l'embranchement, ordonner par un arrêté la suspension du service et faire supprimer la soudure, sauf recours à l'Administration supérieure et sans préjudice de tous dommages-intérêts que la Compagnie serait en droit de répéter pour la non-exécution de ces conditions.

Pour indemniser la Compagnie de la fourniture et de l'envoi de son matériel sur les embranchements, elle est autorisée à percevoir un prix fixe de douze centimes (0 fr. 12 c.) par tonne pour le premier kilomètre, et, en outre, quatre centimes (0 fr. 04 c.) par tonne et par kilomètre en sus du premier, lorsque la longueur de l'embranchement excédera un kilomètre.

Tout kilomètre entamé sera payé comme s'il avait été parcouru en entier.

Le chargement et le déchargement sur les embranchements s'opéreront aux frais des expéditeurs ou destinataires, soit qu'ils les fassent eux-mêmes, soit que la Compagnie du chemin de fer consente à les opérer.

Dans ce dernier cas, ces frais seront l'objet d'un règlement arrêté par l'Administration supérieure, sur la proposition de la Compagnie.

Tout wagon envoyé par la Compagnie sur un embranchement devra être payé comme wagon complet, lors même qu'il ne serait pas complétement chargé.

La surcharge, s'il y en a, sera payée, au prix du tarif légal et au prorata du poids réel. La Compagnie sera en droit de refuser les chargements qui dépasseraient le maximum de trois mille cinq cents kilogrammes déterminé en raison des dimensions actuelles des wagons.

Le maximum sera revisé par l'Administration de manière à être toujours en rapport avec la capacité des wagons.

Les wagons seront pesés à la station d'arrivée, par les soins et aux frais de la Compagnie.

Art. 63. — La contribution foncière sera établie en raison de la surface des terrains occupés par le chemin de fer et ses dépendances; la cote en sera calculée, comme pour les canaux, conformément à la loi du 26 avril 1803.

Les bâtiments et magasins dépendant de l'exploitation du chemin de fer seront assimilés aux propriétés bâties de la localité. Toutes les contributions auxquelles ces édifices pourront être soumis seront, aussi bien que la contribution foncière, à la charge de la Compagnie.

Art. 64. — Les agents et gardes que la Compagnie établira, soit pour la perception des droits, soit pour la surveillance et la police du chemin de fer et de ses dépendances, pourront être assermentés et seront, dans ce cas, assimilés aux gardes-champêtres.

Art. 65. — Un règlement d'administration publique désignera, la Compagnie entendue, les emplois, dont la moitié devra être réservée aux anciens militaires de l'armée de terre et de mer libérés du service.

Art. 66. — Il sera institué près de la Compagnie un ou plusieurs inspecteurs ou commissaires, spécialement chargés de surveiller les opérations de la Compagnie, pour tout ce qui ne rentre pas dans les attributions des ingénieurs de l'Etat.

Art. 67. — Les frais de visite, de surveillance et de réception des travaux, et les frais de contrôle de l'exploitation seront supportés par la Compagnie. Ces frais comprendront le traitement des inspecteurs ou commissaires dont il a été question dans l'article précédent.

Afin de pourvoir à ces frais, la Compagnie sera tenue de verser chaque année à la caisse centrale du Trésor public une somme de 120 francs par chaque kilomètre de chemin de fer concédé. Toutefois, cette somme sera réduite à 50 francs par kilomètre pour les sections non encore livrées à l'exploitation.

Dans lesdites sommes n'est pas encore comprise celle qui sera déterminée, en exécution de l'article 58 ci-dessus, pour frais de contrôle du service télégraphique de la Compagnie par les agents de l'Etat.

Si la Compagnie ne verse pas les sommes ci-dessus réglées aux époques qui auront été fixées, le préfet rendra un rôle exécutoire, et le montant en sera recouvré comme en matière de contributions publiques.

Art. 68. — Avant la signature du décret qui ratifiera l'acte de concession, la Compagnie déposera au Trésor public une somme de   francs, en numéraire ou en rentes sur l'Etat, calculées conformément à l'ordonnance du 19 janvier 1825, ou en bons du Trésor ou autres effets publics, avec transferts au profit de la Caisse des dépôts et consignations, de celles de ces valeurs qui seraient nominatives ou à ordre.

Cette somme formera le cautionnement de l'entreprise.

Elle sera rendue à la Compagnie par cinquième et proportionnellement à l'avancement des travaux. Le dernier cinquième ne sera remboursé qu'après leur entier achèvement.

Art. 69. — La Compagnie devra faire élection de domicile à Paris.

Dans le cas où elle ne l'aurait pas fait, toute notification ou signification à elle adressée sera valable lorsqu'elle sera faite au secrétariat général de la préfecture de la Seine.

Art. 70. — Les contestations qui s'élèveraient entre la Compagnie et l'Administration au sujet de l'exécution et de l'interprétation des clauses du présent cahier des charges seront jugées administrativement par le conseil de préfecture du département de la Seine, sauf recours au conseil d'Etat.

Art. 71. — Le présent cahier des charges, ne ser passible que du droit fixe de un franc.

Arrêté à Paris, le

Le Ministre de l'Agriculture, du Commerce
et des Travaux publics.

CAILLOUTAGE, cailloutis. — Empierrement qu'on applique aux chemins de fer exploités au moyen de chevaux.

CAISSE à eau, ou réservoir d'eau du ten-

der. — Cette caisse a la forme d'un fer à cheval ; ses parois sont consolidées par des cornières ; elle est garnie d'un couvercle, et elle reçoit un panier conique en cuivre percé de trous pour arrêter les menus objets que l'eau peut entraîner.

CAISSE de retraite. — Certaines compagnies de chemins de fer, la Compagnie d'Orléans entre autres, ont créé une caisse de retraite pour les employés.

Sur la part revenant à chaque employé des bénéfices résultant de l'exploitation, un tiers est versé à la caisse de retraite pour la vieillesse, de façon à constituer à l'employé, à cinquante ans, une pension viagère. Les employés qui, à l'époque de la répartition des bénéfices, ont déjà droit à une pension de 600 fr. sur la caisse de retraite à cinquante ans, sont dispensés de verser à cette caisse le tiers de leur part de bénéfices.

Les employés âgés de cinquante ans au 1er janvier de l'année où a lieu la répartition des bénéfices sont également dispensés de verser à la caisse de retraite.

CAISSE de secours. — Depuis que la solidarité s'est étendue à presque toutes les classes de travailleurs, et que les associations de secours mutuels se sont multipliées, un grand nombre de compagnies de chemins de fer ont institué des caisses de secours pour leurs employés. Ces caisses sont alimentées par une subvention spéciale de la compagnie et par les souscriptions volontaires de tous ses agents.

Dans les compagnies où il n'existe pas de caisses de secours, il est d'usage que tout employé malade par suite d'un accident survenu dans l'exercice de ses fonctions reçoive les soins gratuits du médecin de l'administration, soit défrayé par la compagnie de tous les frais de pharmacie nécessaires à son traitement, et touche ses appointements sans aucune retenue pendant toute la durée de sa maladie.

Cependant, aucune disposition réglementaire ou législative n'oblige la compagnie à agir ainsi lorsqu'un accident est dû à l'imprudence de celui qui en a été victime. Dans le cas contraire, il peut obtenir, même judiciairement, une indemnité proportionnée à la gravité de l'accident.

CAISSE du wagon. — Les caisses sont rectangulaires dans les wagons à marchandises, et généralement arrondies dans les voitures à voyageurs ; on les construit tant en bois qu'en fer.

CAISSE - Finances. — Les caisses qui servent à envoyer à Paris les recettes des diverses stations d'une ligne se nomment caisses-finances.

Elles doivent être plombées, sinon les conducteurs sont autorisés à les refuser, et à constater leur refus sur leur rapport.

A l'arrivée, les facteurs chefs doivent reconnaitre l'intégrité du plombage et en donner décharge.

CALAGE. — Opération qui consiste à chasser entre deux pièces d'une machine des cales pour maintenir ces pièces à une distance voulue. On dit surtout : *calage des roues*, où cette opération a une haute importance. — On cale avec des coins en bois les maçonneries pour les mettre d'aplomb ; mais elles s'affaissent dès que les cales n'exercent plus leur effet. Dans les machines on ne se sert que de cales en fer.

CALAGE DES WAGONS. — Opération très-importante eu égard à la sécurité de la voie, et qui consiste à maintenir les wagons arrêtés sur les voies d'évitement au moyen de cales spéciales. Cette précaution empêche les wagons d'être déplacés par le vent.

CAMION. — Petite voiture à bras qui sert pour le transport des matériaux sur les chantiers ; on y attèle aussi un cheval dans les travaux de terrassements. On transporte avec des camions les marchandises entre les gares et les magasins.

CAMIONNAGE. — Transport en ville des marchandises à petite vitesse.

CANTONNIERS. — Agents chargés de la surveillance et de l'entretien de la voie.

Ils doivent veiller à la circulation des trains et maintenir l'intervalle réglementaire des convois. Ils doivent tenir la main à la conservation de la ligne et de ses dépendances. Les cantonniers doivent empêcher toute personne étrangère à l'administration du chemin de fer de circuler sur la voie sans permission.

Les agents sont responsables de tous les faits de leur service.

CAPUCHON ou clapet. — (Voir *Clapet.*)

CARNAUX. — Partie du foyer des machines à vapeur fixes dans laquelle circule la flamme.

CARNET. — Livret tenu par les chefs de sections et par leurs employés, dans lequel sont consignées les observations relatives au service de la ligne.

CAVALIERS. — (Voir *Banquette.*)

CAUTIONNEMENT des conducteurs, des graisseurs, etc. — Les conducteurs, graisseurs, etc., sont généralement tenus de verser à la caisse de la Compagnie un cautionnement. Le cautionnement est, en général, de 1,200 francs pour les conducteurs, et de 100 francs pour les graisseurs.

Les sommes versées produisent ordinairement, au profit des déposants, intérêt de 5 0/0 par an, et ne leur sont remboursables en général que trois mois après la cessation de leur service.

CENDRIER. — Il est destiné à arrêter les escarbilles et les morceaux de coke incandescents qui tombent à travers la grille. Le cendrier est composé d'une plaque de tôle, à bords relevés, suspendue au-dessous du foyer.

CERTIFICATS, — Il y en a de plusieurs sortes : 1º le certificat de décharge ; 2º le certificat de descente ; 3º le certificat d'origine ; 4º le certificat de franchise.

Le certificat de décharge indique l'entrée et le déchargement des acquits-à-caution.

Le certificat de descente se met d'ordinaire derrière l'acquit-à-caution pour attester que les marchandises ont été visitées par les employés des contributions indirectes.

Le certificat d'origine, comme le nom l'indique, doit mentionner l'espèce, la quantité et la provenance des marchandises étrangères qu'il accompagne.

Le certificat de franchise, qui exempte de droits les articles auxquels il s'applique.

CERTIFICATS délivrés aux employés quittant la Compagnie. — Ces certificats ne peuvent être délivrés sans l'avis du chef de l'exploitation, au visa duquel ils doivent être présentés.

CESSION d'actions. — Les actions peuvent se transmettre comme des effets de commerce.

Les actions au porteur, par la seule cession du titre.

Les actions nominatives ont besoin d'être transférées ; quelques Compagnies exigent que mention soit faite du transfert sur un registre *ad hoc* sur timbre.

D'autres actions peuvent se transférer par voie d'endossement.

Le mode le plus employé est l'achat ou la vente par ministère d'agent de change.

CHAINE d'attelage. — C'est un bout de chaîne attaché à un crochet sur la traverse d'avant de la locomotive. Les deux chaînes sur la traverse d'arrière s'appellent chaînes de sûreté.

CHAINES de connexion. — Ces chaînes n'ont été employées qu'une seule fois dans une grande expérience ; c'est à l'occasion de l'accouplement des roues des machines locomotives qu'on a essayées dans les petites courbes et sur les fortes pentes du chemin de fer du Semmering. Ces chaînes se sont cassées, et on les a abandonnées. Cette question semble donc jugée définitivement. En 1815, déjà, on a fait, en Angleterre, des essais avec ce système, mais sans résultat.

CHAINES de sûreté. — Ce sont des chaînes qui attachent les voitures les unes aux autres, et qui doivent fonctionner en cas de rupture des barres d'attelage. Ces chaînes n'offrent pas encore toute sécurité. Des hommes ingénieux ont imaginé une chaîne d'attelage qui correspond à un appareil calant les wagons quand la traction cesse de se produire.

CHAIR. — Ancien mot, venant de l'anglais, qui signifie : coussinet de rail. Ce terme est abandonné aujourd'hui.

CHAMBRES d'emprunt. — Ce sont des trous qu'on fait dans les terres voisines du chemin de fer pour emprunter des remblais quand les déblais sont insuffisants.

CHAMPIGNON. — C'est la partie arrondie des rails, sur laquelle doit porter le boudin ou le rebord des roues des véhicules.

CHANGEMENT de marche. — C'est la manœuvre qui consiste à faire avancer ou à faire reculer la locomotive , c'est à-dire à changer le sens du mouvement; dans ce but, on se sert de deux excentriques distincts pour chaque cylindre et commandés par un mécanisme particulier, appelé : appareil de changement de marche.

CHANGEMENTS des points de croisements des trains. — Aucun train ne doit partir d'un point où un autre train doit le croiser, avant l'arrivée de ce train, sauf entendement avec les chefs de gare.

CHANGEMENTS de voie, croisements de voie. — Disposition des rails pour passer d'une voie sur une autre. Les rails sont coupés et peuvent tourner en dehors de la voie pour s'appliquer sur celle qu'il s'agit de prendre. Ces morceaux de rails s'appellent des aiguilles. Si les voies se coupent, le point d'intersection s'appelle croisement de voie ; la disposition est différente des changements de voie . les croisements sont formés de plaques, sur charpente, qui portent les rails et contre-rails en saillie.

CHANTIER. — Atelier en plein air.

CHAPE. — Poulie creuse dans laquelle roule une poulie pleine. On appelle aussi une chape, la couverture en bitume, en ciment ou en béton, avec laquelle on recouvre les maçonneries des ponts et viaducs.

CHAPE de bielles. — Disposition de la tête des bielles motrices ; elle renferme les coussinets de la bielle.

CHAPEAU. — Couvercle d'une boîte à graisse.

CHAPELLE de la soupape d'aspiration. — Pièce fondue avec le corps de pompe ou rapportée, dans l'intérieur de laquelle fonctionne la soupape qui peut être visitée.

CHARGE des trains, unités de transport. — Dans la charge des trains, il faut avoir égard à la puissance de la machine, aux pentes ou rampes que l'on doit franchir, et aussi à l'état de l'atmosphère.

L'unité de transport représente d'ordinaire un tiers de wagon moyennement chargé.

Exemple : un wagon vide, chargé de moins de 1,000 kil., compte pour 2 unités.

Un wagon chargé de 12 à 15 tonneaux, pour 5 unités.

Une machine à voyageurs peut remorquer jusqu'à 45 unités. — Deux machines à voyageurs, 80 unités.

Les machines à marchandises, de 80 à 84 ; et en faisant remorquer un train par une machine à voyageurs et une à marchandises, on peut élever la charge à 120 unités.

Dans aucun cas, on ne doit mettre plus de 60 wagons dans un train de marchandises.

CHARGEMENT des charbons, écorces, etc., sur wagons découverts. — Les plateaux destinés à ces transports doivent être munis de chevilles en fer destinées à assujettir les chargements.

Chaque cadre ne peut contenir plus de 17 à 20 sacs. Les cadres doivent être liés les uns aux autres.

Les Compagnies recommandent la plus grande attention pour ces chargements.

CHARGEMENT des marchandises à petite vitesse. — Les wagons bien nettoyés, on procède au chargement en ayant soin de mettre les colis les plus lourds sous ceux d'un moindre poids.

Les verres, glaces, tableaux, doivent être placés sur champ.

On ne doit jamais assujettir les tonneaux avec des sacs.

CHARGEMENT des marchandises à grande vitesse. — La valeur des marchandises expédiées par grande vitesse les recommande à l'attention des Compagnies.

Tous ces objets sont chargés avec le plus grand soin.

Les espèces, valeurs, dentelles, etc. doivent être reconnues par le chef de train, qui les met dans un coffre fermant à clef.

Les tableaux, marbres, glaces, sont chargés *sur champ*.

La marée, les huîtres, sont aussi transportées par grande vitesse ; mais, pour éviter les avaries, on consacre des wagons spéciaux à ces transports.

CHARGEMENTS extraordinaires. — Ils sont complétement interdits, à moins que l'inspecteur principal n'ait fait prendre les dispositions utiles.

CHARGES et conditions de la concession d'un chemin de fer. — (Voir *Cahier des charges*.)

CHARIOTS roulants, appelés chariots de service, en termes d'atelier. — Ce sont des espèces de trucs placés dans une fosse avec des rails, et qui traversent perpendiculairement les voies. Ces chariots se composent de roues portant une plate-forme avec des rails sur lesquels on pousse les voitures ou les machines ; on fait rouler ensuite ce chariot devant la voie sur laquelle on veut passer.

CHARRONNAGE. — Dans les ateliers de charronnage,

on fabrique les trains des voitures et leurs caisses. Les roues
sont confectionnées dans des ateliers spéciaux.

CHASSE-PIERRE. — Barre de fer disposée à l'avant
de la locomotive, un peu au-dessus des rails; les chasse-
pierres servent à écarter les objets qui peuvent se trouver
sur les rails.

CHASSIS, cadre ou bâti. — C'est un cadre rectan-
gulaire en bois, en fer ou en fonte, sur lequel reposent les
caisses des voitures de chemins de fer. Il sert à relier et à
maintenir toutes les parties d'une locomotive. Il se compose
de brancards ou longerons reliés entre eux par des traverses.
Il y a des châssis intérieurs placés en dedans des roues. Les
châssis extérieurs sont placés en dehors des roues.

CHATEAU d'eau. — C'est un réservoir d'eau placé
au-dessus du sol dans les gares pour l'alimentation des locomotives Des tuyaux de conduite établissent la communication entre ces réservoirs et les grues hydrauliques.

CHAUDIÈRE. — Dans les locomotives, elle est composée d'un foyer qui communique avec les tubes. Le tout est
compris dans une enveloppe en tôle, ou chaudière proprement dite; elle renferme l'eau qui produit la vapeur, ainsi
que la vapeur produite.

CHAUFFAGE de l'eau d'alimentation. — L'eau
pour les locomotives est chauffée pour l'empêcher de geler
dans les réservoirs et dans les conduites. On la chauffe aussi
en toute saison avec du combustible de qualité inférieure avant
de l'introduire dans le tender.

CHAUFFAGE des boîtes. — Si une boîte graissée
chauffe légèrement, il faut y introduire de petits morceaux
de suif et arroser l'essieu en y versant de l'eau entre le
moyeu et la boîte à graisse.

Quand la boîte chauffe fortement, il faut la laver, la nettoyer, et mettre au fond un mélange de suif et d'huile. On
a vu de ces boîtes s'enflammer.

CHAUFFAGE des gares et stations. — Les plaintes, d'ordinaire très-fondées, du public, ont fait recommander aux agents, par les directeurs des Compagnies, d'apporter la plus grande attention à ce service.

Les salles d'attente doivent toujours être bien chauffées en hiver et surtout pendant la nuit.

CHAUFFAGE des voitures de 1re classe. — Ce chauffage a lieu au moyen de boules remplies d'eau chaude. Le 1er novembre est généralement l'époque à laquelle les Compagnies mettent les boules d'eau chaude dans les compartiments.

Toute voiture arrivant à une gare sans être munie de ses boules doit être signalée au rapport.

CHAUFFEURS. — Les chauffeurs sont quelquefois des apprentis mécaniciens; ils sont chargés de l'entretien des machines.

Ils doivent les préparer au départ, et pendant toute la route ils sont tenus d'obéir aux ordres que leur donnent les mécaniciens, sous la surveillance immédiate desquels ils sont placés.

Ils doivent être très-attentifs à leur service et le remplir avec célérité et ponctualité.

CHAUFFEUR de nuit. — C'est un ouvrier chauffeur qui surveille pendant la nuit les machines allumées, et qui prépare et allume celles qui doivent entrer en service le matin.

CHEF de dépôt. — Comme son nom l'indique, cet agent a la direction du dépôt à la tête duquel il est placé.

Ses fonctions sont très-étendues et très-importantes.

Lorsqu'un train arrive, le chef de dépôt visite la machine, vérifie la situation dans laquelle elle se trouve et en fait la constatation.

Il aide, s'il y a lieu, le mécanicien à réparer les avaries qui peuvent être survenues.

Les chefs de dépôts fournissent aux mécaniciens, en en tenant note, l'eau, le coke, l'huile et les divers articles dont ils peuvent avoir besoin.

Si une machine de secours doit être lancée à la recherche d'un train en retard ou en détresse, le chef de dépôt doit se munir de l'autorisation du chef de gare ou du chef de service, et, accompagné de l'un d'eux, procéder aux opérations de sauvetage nécessaires.

C'est généralement dans le corps des mécaniciens que les chefs de dépôts sont choisis. C'est la récompense donnée aux plus méritants par leur conduite et leurs services.

Quand une machine quitte le dépôt pour remorquer un train, le chef de ce dépôt doit remettre au mécanicien un bulletin portant le numéro de la locomotive, l'état de la machine, l'heure du départ et le nom des employés qui la dirigent.

Le mécanicien doit rendre ce bulletin au chef de gare ou de station.

CHEF de gare ou de station. — Ces deux titres sont donnés, selon l'importance du service, aux agents chargés de la direction des stations ; ils sont sous les ordres du chef du mouvement ; dans leurs fonctions ils peuvent être remplacés par les sous-chef de gare.

Le chef de gare représente la Compagnie vis à-vis des voyageurs et expéditeurs. Il est responsable de toutes les opérations qui sont faites à sa gare.

CHEF de gare de marchandises. — Le chef de gare est le directeur des différents services et des affaires de la gare où il est placé. Son poste a une importance bien plus grande que dans une gare de voyageurs.

Il est responsable de tous ses agents, du service actif et du service des bureaux ou de la clientèle. Ces fonctions ne sont généralement bien remplies que par des hommes auxquels le commerce et les affaires sont parfaitement connus.

Au départ, il est responsable du chargement des colis et de

leur bon conditionnement, de la composition des trains; il doit faire les réserves près des expéditeurs pour les colis dont l'emballage paraît défectueux, il doit s'assurer que les pièces de douane ou autres nécessaires accompagnent le colis qui ont été remis à sa gare, il doit veiller à l'application des tarifs.

A l'arrivée, il doit exercer son contrôle comme il l'a fait au départ, et répondre aux réclamations qui lui sont adressées et aux renseignements qui lui sont demandés. Il ne faut pas oublier qu'à ses attributions s'ajoutent la surveillance du travail des bureaux et la responsabilité des fonds de roulement et des encaissements, toujours importants.

CHEF de l'exploitation ou du mouvement. — Les attributions de ce fonctionnaire supérieur sont réglées par les conseils d'administration des Compagnies.

Quelques-uns sont chargés à la fois de la partie commerciale et administrative de l'exploitation ; d'autres réunissent à ces fonctions l'emploi du chef du mouvement général.

Mais dans les grandes Compagnies la multiplicité des affaires, la fréquence des relations exigent que ces fonctions soient départies entre plusieurs chefs de service.

Le directeur de l'exploitation, car ce titre lui est également applicable, organise le service des trains ordinaires en toute saison, et des trains spéciaux quand il y a nécessité. Il a la haute surveillance de toutes les affaires et de tout le personnel placé sous ses ordres. Il étudie et propose les mesures ou améliorations qui lui paraissent utiles; il rédige les ordres de service, reçoit les rapports des agents de tous les services et les transmet à l'administration avec ses observations personnelles.

La direction des affaires commerciales lui est confiée. Il propose au conseil tous les marchés nécessaires pour les approvisionnements, ou les accords avec les Compagnies ou les particuliers.

Il doit posséder une connaissance parfaite des divers services de l'exploitation, afin de s'assurer qu'ils sont bien exécutés.

C'est par son entremise que les ordres de l'administration arrivent aux agents placés sous ses ordres.

Il propose aux emplois, y nomme lui-même dans certaines Compagnies, et est toujours consulté pour le choix des agents qui doivent faire exécuter ses décisions.

Ces fonctions présentent d'immenses difficultés.

La régularité parfaite des divers services, la ponctualité dans les départs et les arrivées, la sécurité même des voyageurs, dépendent de l'expérience du chef de l'exploitation et de son habileté.

Ajoutons que la prospérité des Compagnies est due pour la plus grande part au tact et à la capacité qu'apportent ces hauts fonctionnaires dans l'accomplissement de leurs laborieuses fonctions.

CHEFS d'équipe. — Agents qui font préparer les wagons pour les trains, et qui doivent se conformer aux ordres du chef du mouvement.

CHEF du matériel et de la traction. — Ces deux fonctions sont quelquefois réunies dans la même personne, et quelquefois séparées ; cela dépend des Compagnies.

Un chef du matériel et de la traction a la haute main sur tout ce qui concerne la conduite des machines locomotives, leur construction, leur réparation, leur entretien. Il a la direction de tous les ateliers de construction, de réparation, etc.

Il est chargé de veiller à ce que le matériel roulant soit toujours maintenu dans un parfait état d'entretien et de propreté. Cet agent ou ces agents sont sous les ordres de l'ingénieur en chef.

CHEF de transport. — C'est l'employé qui accompagne les trains de matériaux ou de ballastage ; généralement c'est le chef de section qui est chargé de ces fonctions.

CHEF du petit entretien. — Le chef du petit entretien surveille la répartition du matériel nécessaire au transport des voyageurs et à celui des marchandises entre les différentes gares et stations de la ligne, et pourvoit à tous les besoins du service sous ce rapport.

Quand le matériel d'une gare est insuffisant, le chef du petit entretien en est responsable.

Inutile d'énumérer ici tous les détails de ce service très-important, puisqu'il pourvoit aux nécessités de la circulation quotidienne, et qui exige comme qualité indispensable une assiduité et une exactitude éprouvées.

CHEF de section. — Agent chargé de la direction et de la surveillance ou de l'entretien des travaux de la voie.

Il a sous ses ordres immédiats les conducteurs d'arrondissement.

CHEF de service. — Cette dénomination s'applique d'une manière générale à tous ceux qui dirigent un service, tels que inspecteurs et sous-inspecteurs, chefs de gare et de station, etc.

Mais elle désigne aussi une fonction particulière qui ne se confond avec aucune de celles que nous venons d'énumérer. Le Chef de service, dans les Compagnies où cette fonction existe, reçoit et transmet aux divers agents des gares de voyageurs et de marchandises les ordres du Chef de l'exploitation, et aux divers agents du service de la voie ceux du Chef du mouvement général. Ils suppléent ces fonctionnaires dans les cas urgents, pour l'organisation des trains spéciaux par exemple; ils participent à la surveillance de la comptabilité générale, à l'application des taxes.

CHEMINÉE de la locomotive. — Tuyau cylindrique en tôle qui surmonte la chaudière sur le sommet de la boîte à fumée. L'évasement supérieur de la cheminée n'est qu'un ornement. La cheminée est surmontée d'un capuchon ou clapet. — (Voir ce dernier mot).

CHEMIN de fer, chemin ferré. — Un chemin de fer est un chemin avec des rails; un chemin ferré veut dire une chaussée empierrée, à surface plane et dure comme du fer. C'est donc par erreur qu'on applique ce dernier mot à nos nouvelles voies de communication.

CHEMINS de fer. — Les divers systèmes de voie en usage comprennent : les chemins à rails saillants (railways) ; les chemins à rails creux (chemins américains ou tramways) ; les rails plats dans les chemins d'exploitation des mines ou autres établissements industriels ; les chemins atmosphériques avec un tube au milieu de la voie. — Les systèmes proposés sont : les chemins à rails saillants intérieurs et à rails plats extérieurs dans les courbes (système Laignel) ; les chemins avec un troisième rail sur lequel agissent des roues motrices horizontales ; les chemins avec un tube à eau (chemins hydrauliques).

Il y a deux systèmes de matériel : le matériel rigide, dans lequel les essieux ne peuvent pas tourner horizontalement ; et le système articulé, dans lequel les essieux se placent normalement à l'axe du chemin dans les courbes.

CHEMINS de fer américains ou tramways. — Ils sont composés de rails creux placés sur les routes empierrées ou sur les rues.

En Amérique, d'où ils sont originaires, on les appelle tramways ; on y emploie des locomotives et des chevaux. En Europe on les appelle chemins américains ; on n'y emploie que des chevaux.

CHEMINS de fer statiques. — Nouveau mot appliqué aux chemins de fer à un seul cours de rails (chemins à la Palmer) et sur lesquels la traction doit s'opérer par une machine locomotive.

CHEVAL-VAPEUR. — Terme de mécanique introduit dans les chemins de fer pour mesurer la force des machines. Un cheval-vapeur est égal à 75 kilogrammes élevés à une hauteur d'un mètre dans une seconde.

CHEVAUX (transport des). — Le transport des chevaux a lieu au moyen de wagons particuliers appelés boxes.

Les animaux doivent être amenés à la station de départ vingt minutes au moins avant l'heure indiquée pour le départ des trains.

Les transports de chevaux sont inscrits sur des livres à souche dont les bulletins sont délivrés aux expéditeurs. La livraison est faite contre la remise des bulletins. En cas d'absence du destinataire, ou sur leur refus d'en prendre livraison, les chevaux sont conduits en fourrière.

Les Compagnies accordent une place gratuite à l'expéditeur d'un certain nombre de chevaux ou bestiaux, de sorte que la livraison, à l'arrivée, s'opère sans la moindre difficulté.

CHEVILLE-OUVRIÈRE.—Nous empruntons à M. Félix Tourneux la définition suivante : Forte cheville verticale en fer, autour de laquelle peut tourner l'avant-train d'une voiture et qui le réunit à l'arrière-train. Le tender est uni à la locomotive par deux chevilles-ouvrières, dont l'une traverse le plancher du tender. Ces deux chevilles sont unies par un double chaînon en fer qui maintient l'écartement de ces deux voitures.

CHEVILLETTES. — Chevilles ou clous en fer ou en bois pour fixer les coussinets sur les supports. Les chevilles en fer peuvent faire éclater les supports ; on leur substitue souvent des chevilles en bois.

CIEL ou plafond du foyer. — C'est la partie supérieure du foyer soutenue par des armatures.

CINTRAGE des bandages.—Cette opération consiste à mettre en cercle la barre de fer qui doit former le bandage des roues. Le cintrage terminé, on soude exactement les extrémités du bandage.

CIRCULATION des machines envoyées en essai. — Nulle machine d'essai ne peut être lancée sans l'ordre du chef de gare, qui remet au mécanicien un bulletin de parcours déterminant la longueur du chemin et l'heure du retour.

Toute machine ainsi expédiée doit être munie des agrès et des signaux nécessaires pour se couvrir en cas d'arrêt.

Les mécaniciens sont responsables de leur service dans les ordres prescrits par la gare.

CIRCULATION frauduleuse de la part des voyageurs. — Les Compagnies sont souvent lésées par des individus qui prennent des billets pour une classe inférieure à celle de la voiture dans laquelle ils montent, ou qui prennent des billets pour une station plus rapprochée que celle où ils descendent.

On ne conçoit pas comment certains individus essaient de tromper le contrôle des Compagnies, car en consultant les procès-verbaux des contraventions, on est fondé à penser qu'il en est peu qui y réussissent.

CIRCULATION gratuite. — Nul voyageur ne peut être admis dans les voitures d'une Compagnie sans carte, billet ou permis de circulation. Il y a trois classes de permis de circulation : 1° les permis permanents; 2° les permis à temps limité; 3° les permis journaliers.

Les permis de circulation sont personnels.

La circulation gratuite est accordée aux membres du conseil d'administration de la Compagnie, fonctionnaires et agents dépendants du ministère des travaux publics, porteurs d'une carte de service, délivrée et signée par le ministre;

Aux employés de la Compagnie, voyageant pour le service ou changeant de résidence; dans ce dernier cas, il pourra être délivré des billets de parcours gratuits à leurs parents;

Aux employés des postes, porteurs d'une carte délivrée par leur administration, et qu'ils doivent présenter à toute réquisition.

Les préfets en tournée de service ont droit au transport gratuit, mais seulement sur la partie de la ligne comprise dans leur département.

Les Compagnies délivrent des permis de circulation aux ouvriers voyageant pour le service de la voie.

Les ouvriers avec leurs outils ne peuvent être admis que dans les voitures de troisième classe.

Les chefs de gare délivrent ordinairement un billet gratuit aux expéditeurs de chevaux par chaque douze chevaux.

Ce billet donne droit à une place de troisième, et si c'est un train de marchandises, le palefrenier est obligé de se tenir près des chevaux. — (Voir *Palefrenier*.)

La même faveur est généralement accordée aux expéditeurs de bestiaux.

CIRCULATION sur la voie unique. — Ce service est placé sous la surveillance et la responsabilité d'un agent spécial autorisé à apporter dans la marche des trains toutes les modifications qu'il juge utile.

Aucun convoi ne peut s'engager sans qu'on soit assuré que la voie est libre, en consultant par le télégraphe les stations où le train doit se diriger.

Des signaux protègent la marche.

Quand deux trains vont en sens inverse, on fait stationner au point de station celui qui y arrive le premier.

CIRCULATION sur les machines. — Certains agents de l'administration supérieure peuvent prendre place sur les machines, près du mécanicien, mais nul n'y doit être admis sans une autorisation spéciale.

CLAPET ou Capuchon. — C'est un disque en métal, en tôle, mobile, autour d'une charnière, servant pour fermer la cheminée.

CLASSEMENT des colis et des feuilles à l'arrivée. — Les lignes sont divisées en plusieurs sections qui, chacune, mettent une étiquette de couleurs différentes aux colis qu'elles ont à transporter ; de sorte que, quand les bagages sont arrivés, on groupe les colis par couleur d'étiquettes, et le classement se trouve en quelque sorte opéré.

CLAVETTES, clefs, contre-clavettes. — Petites barres de fer méplat, qui servent à réunir deux plus grandes pièces de fer en passant dans un œil commun.

CLEF. — Nom donné à un outil pour serrer les écrous.

Dans les clefs ordinaires il n'y a qu'une ouverture ; elle ne sert que pour une seule espèce d'écrou ; elle agit d'une manière efficace, car elle embrasse les quatre côtés d'un écrou. Dans la clef anglaise l'ouverture est variable ; elle sert pour tous les écrous ; mais son action est faible, elle n'embrasse que deux côtés. — Clef, synonyme de clavette. — Dans les ponts, la clef est le voussoir du milieu qui ferme la voûte.

CLEFS de serrage. — Petits coins en métal intercalés entre la boîte à graisse et les guides.

CLOTURES.— Ce sont des haies, des poteaux reliés entre eux, des palissades, destinés à fermer la voie d'un chemin de fer.

COIN. — C'est un morceau de bois ou de fer, légèrement taillé en coin, qu'on place dans le coussinet pour maintenir le rail en place.

COINSAGE. — C'est l'opération qui consiste à placer les coins en bois ou en fer dans les coussinets pour maintenir les rails. Cette opération est très-importante ; elle se répète très-fréquemment ; c'est par cette raison qu'on a inventé ce nouveau mot.

COKE. — Houille carbonisée, ou calcinée. Le coke renferme peu de gaz et brûle difficilement, mais il ne laisse pas échapper de fumée ; c'est par cette dernière raison qu'on l'emploie pour les convois de voyageurs. Le coke *poreux* s'appelle coke *boursouflé*, non poreux, il s'appelle coke *fritté*. Le coke *pulvérulent* est le moins poreux de tous.

COLIS. — Nom donné aux caisses-malles, et même, par extension, aux balles ou paquets.

COLIS en souffrance. — On place ces colis dans les dépôts de la compagnie.

Ce sont généralement ceux qui ont été refusés pour un motif quelconque, ou dont le destinataire était inconnu ou absent.

On doit avoir soin d'empêcher ces colis de s'avarier.

Ils sont passibles de frais de magasinage, et au bout de six mois la Compagnie a le droit de les faire vendre pour acquitter les frais de transport.

COLIS en trop, objets trouvés ou délaissés. — Tous ces colis doivent être adressés aux magasins généraux avec toutes les indications possibles pour que les destinataires soient trouvés.

Après six mois de séjour dans ces magasins, ils doivent être versés au domaine.

COLIS sonnant la casse. — Ils ne doivent être acceptés qu'aux risques et périls du destinataire, qui doit signer un bulletin de garantie.

Autrement les gares refusent le transport.

COLLET. — C'est une saillie placée à l'extrémité des axes, des arbres, des tourillons, etc., dont la sortie du pallier ou coussinet est ainsi empêchée.

COLLIER d'excentrique. — C'est l'anneau mobile qui entoure l'essieu fixe.

COMBUSTIBLES. — On emploie dans les chemins de fer : le bois, la houille, le coke, la tourbe, le charbon de tourbe, l'anthracite.

On choisit pour les locomotives des trains de voyageurs les combustibles de la meilleure qualité : le bois sec et le coke. Les combustibles de mauvaise qualité et les résidus sont employés dans les machines fixes et quelquefois dans les locomotives des trains de marchandises ; on les emploie aussi pour chauffer d'avance l'eau destinée à l'alimentation des chaudières des locomotives.

COMMISSAIRES de police. — Les commissaires spéciaux de police, et les inspecteurs de police ont été créés par décret impérial du 22 février 1855.

Ces agents, placés sous l'autorité du ministre de l'intérieur, sont préposés à la surveillance et à la police des chemins de fer et de leurs dépendances. Ils ont dans leurs attributions

tout ce qui regarde les mesures de sûreté et de police générale, et les mesures de police ordinaire qui ne se rattachent
pas au service de l'exploitation des chemins de fer; ils doivent
rendre compte aux préfets de tous les faits relatifs à leur
service. Un double de tous leurs rapports doit toujours être
adressé au ministère de l'intérieur.

COMMISSAIRES de surveillance. — Agents du
gouvernement préposés à la surveillance administrative des
chemins de fer.

Les commissaires de surveillance sont placés sous les ordres
des ingénieurs de l'Etat chargés du contrôle de l'exploitation
des chemins de fer.

Ils sont chargés de veiller au maintien du bon ordre
dans les gares où ils résident, de recueillir les plaintes auxquelles le service ou les employés du chemin de fer peuvent
donner lieu.

Ces fonctionnaires ont aussi pour mission de constater les
accidents, crimes et délits, et contraventions qui peuvent avoir
lieu dans l'enceinte des gares ou sur le parcours des chemins
de fer.

Ils ont les pouvoirs d'officiers de police judiciaire, et en
cette qualité ils adressent directement leurs procès-verbaux au
parquet du procureur impérial.

Ils ont le droit de requérir la force publique, et au besoin
de procéder aux arrestations.

L'uniforme de ces agents est brodé d'argent. Ils ont une
écharpe tricolore.

COMITÉ consultatif des chemins de fer. —
Ce comité, qui a été institué par arrêté ministériel du 30 novembre 1852, est présidé par le ministre de l'agriculture,
du commerce et des travaux publics.

Les attributions du comité consultatif comprennent l'étude
et le choix des tracés, l'établissement des voies ferrées, l'exploitation technique et commerciale, les lois et cahiers des
charges des concessions, les règlements de police.

COMMISSION permanente des chemins de fer. — Cette commission, instituée par le décret du 17 juin 1854, est chargée de l'examen de toutes les questions concernant l'exploitation commerciale, ou la question financière des Compagnies.

Elle se réunit sous la présidence du ministre, ou, à son défaut, du directeur général des ponts et chaussées et des chemins de fer.

La commission est composée des inspecteurs généraux des chemins de fer et de deux auditeurs au conseil d'État, dont l'un remplit les fonctions de secrétaire.

COMMUNICATION entre le mécanicien et les gardes-convoi. — C'est généralement une corde placée le long du convoi et attachée par un bout au dernier wagon, et par l'autre bout au sifflet de la locomotive ou à une cloche. Cette communication ne s'emploie qu'exceptionnellement.

COMPAGNIE. — Synonyme de Société.— (Voir *Société*.)

COMPARTIMENT réservé aux dames. — Les Compagnies doivent réserver un compartiment spécial pour les dames dans tous les trains, conformément à une décision ministérielle.

A chaque station les agents doivent indiquer ce compartiment aux dames.

COMPTABILITÉ de l'exploitation. — La comptabilité dont il s'agit en ce moment est une comptabilité spéciale tenue dans les gares et stations pour résumer le mouvement des recettes des dépenses et les affaires de chaque jour.

Etablie sur des pièces et bordereaux signés des agents dont ils émanent, cette comptabilité ne présente aucune difficulté.

Elle est rendue plus facile encore par les méthodes simplifiées que les Compagnies ont adoptées et par l'emploi de livres spéciaux où les indications imprimées s'opposent à toute erreur.

A l'appui de cette comptabilité se trouvent jointes toutes les pièces comptables envoyées chaque jour, et résumées pour chaque station en un bordereau spécial.

La réunion de ces bordereaux en un seul chiffre donne le mouvement général des affaires d'un jour sur toute la ligne.

COMPTABILITÉ du matériel. — La bonne administration des chemins de fer exige qu'on puisse se rendre un compte exact du mouvement du matériel et des services qu'il rend.

La comptabilité du matériel fournit ces renseignements.

Cette comptabilité n'offre aucune difficulté quand le matériel ne parcourt que la voie concédée à la Compagnie; elle se réduit alors à une statistique des plus simples.

Mais elle acquiert des proportions plus vastes quand il s'agit du service que fait le matériel d'une ligne sur un autre réseau.

On doit alors établir un compte très-exact du service du matériel entre les Compagnies intéressées.

La comptabilité dont nous parlons a lieu au moyen des feuilles dont chaque train est porteur. Ces feuilles servent à établir le livre-journal du mouvement.

COMPTABILITÉ générale. — C'est la centralisation des écritures faites par les différents services de comptabilité ou quelquefois le résumé des produits de ces différentes branches.

La comptabilité générale présente l'actif et le passif de la Compagnie; c'est d'après ses résultats que les conseils d'administration proposent aux assemblées générales les répartitions de dividende.

Le mouvement de la caisse du portefeuille des actions, des emprunts, est constaté par la comptabilité générale qui indique toujours le chiffre exact des sommes encaissées et déboursées, des titres émis, et de ceux qui restent en portefeuille.

Des extraits de la comptabilité générale doivent être adressés aux ministères, préfectures, ou tribunaux et chambres de commerce dans les formes voulues par la loi.

COMPTEURS de nuit. — Les compteurs de nuit sont destinés au contrôle de la surveillance de nuit; les appareils sont une sorte de pendule à laquelle un bouton est adapté. Ce bouton indique l'heure quand on le pousse.

Ainsi se constate chaque demi-heure la présence du surveillant de nuit.

Ces appareils doivent être remontés tous les quinze jours.

CONCESSION. — On appelle concession l'acte par lequel le ministre, agissant au nom de l'Etat, accorde à un particulier ou à une Compagnie un monopole quelconque pendant un temps donné à des conditions que détermine le cahier des charges.

Les lignes de chemin de fer, les canaux, et tout ce qui constitue une aliénation du domaine public, ou un monopole quelconque doit être l'objet d'une concession. Une concession de chemin de fer doit être demandée au ministre des travaux publics. Il faut que la demande soit accompagnée d'un avant projet complet propre à l'étude de la ligne demandée.

CONDENSATION. — C'est l'état dans lequel la vapeur d'eau se liquéfie; elle se réduit en eau par suite d'un abaissement de température.

CONDENSEUR. — C'est le récipient d'une machine à vapeur dans lequel la vapeur subit la condensation.

CONDITIONNEMENT extérieur des colis. — Quand les emballages sont en mauvais état, les colis ne doivent pas être acceptés sans que l'expéditeur ait donné garantie par écrit.

Si une avarie survient en route, il faut faire réparer l'emballage au frais du destinataire, quand ce n'est point par la faute de la Compagnie que l'emballage s'est avarié.

CONDUCTEUR. — Titre donné dans les travaux aux employés, qu'on qualifie généralement de chefs de section, qui ont la direction immédiate des travaux. — Dans l'exploitation on nomme conducteurs, les surveillants des wagons.

CONDUCTEURS chefs de train. — Ils sont chargés de la sûreté et de la surveillance des trains et de la manœuvre des freins.

Ils relèvent du service du mouvement, et sont sous les ordres des chefs de gare. Ils sont entièrement responsables de tous les faits de leur service ; ils ont autorité sur les autres conducteurs et sur le mécanicien et chauffeur relativement aux manœuvres à faire.

CONDUCTEURS d'arrondissement. — Ils sont placés sous les ordres des chefs de section pour l'entretien d'une section de la voie et la surveillance des employés placés sous leurs ordres.

Ils adressent, visées par le chef de section, leurs demandes au magasin général d'approvisionnement.

Ils proposent les punitions à infliger et transmettent les demandes de permis, etc.

CONDUCTEUR de la locomotive. — On dit plus souvent le mécanicien ; il conduit de concert avec le chauffeur, la machine locomotive.

CONDUCTEURS des travaux. — Agents placés sous les ordres de l'ingénieur de la voie et chargés d'un minutieux service.

Pendant les travaux de réparations, ils doivent faire observer toutes les mesures de prudence qui sont prescrites. Ils doivent veiller à ce que les signaux qui recommandent aux mécaniciens de ralentir leur marche soient régulièrement faits le jour et la nuit.

Ils sont également tenus de parcourir au moins une fois par jour la section de la voie qui leur est attribuée, et d'examiner si tout est en bon état.

Ils doivent signaler les réparations devenues nécessaires et les indiquer avec la plus grande précision.

CONDUCTEURS gardes-frein. — Placés sous les ordres du chef de train, auquel ils doivent obéissance absolue, ces employés doivent être rendus aux gares une heure avant le départ pour émarger sur le livre de présence.

Ils sont chargés du service des voyageurs pendant les arrêts. Avant le départ ils doivent ouvrir les portières, et s'assurer si leur frein est en bon état.

Ils doivent vérifier si chaque voyageur a son billet de parcours, et s'il se trouve bien dans la voiture afférente à son billet. Après l'arrivée, ils doivent refermer les voitures et regagner leur place, après avoir donné le signal du départ, afin que le matériel soit reconduit en gare.

CONGÉ. — Permission que donnent les contributions indirectes de transporter d'un lieu à un autre tous liquides dont les droits sont acquittés.

CONGÉS de convalescence. — Tout employé qui sollicite un congé pour cause de convalescence doit être muni d'un certificat à lui délivré par le médecin de la Compagnie, et certifiant l'urgence du congé demandé.

Nul congé pour cause de convalescence ne peut se prolonger au delà d'un mois, sans entraîner une réduction de traitement.

CONICITÉ des jantes. — Les bandages des roues sur les chemins de fer ne sont pas cylindriques, mais coniques. Cette inclinaison, qu'on appelle la conicité, facilite le jeu des boudins ou rebords des roues.

CONNAISSEMENT. — C'est la lettre de voiture maritime. Cette pièce est signée par le capitaine du navire sur lequel les colis sont chargés.

Elle indique le nom du consignataire expéditeur, le prix du fret, et le nom du destinataire au port de débarquement.

CONSEIL d'administration. — Réunion d'un certain nombre d'actionnaires d'une société anonyme chargés d'administrer la Société.

Les membres du conseil d'administration sont nommés par l'assemblée générale. Leurs pouvoirs sont réglés par les statuts.

Ils s'assemblent aussi souvent que les besoins de la société l'exigent; souvent l'un deux a le titre d'administrateur délégué et pourvoit à l'expédition des affaires urgentes.

CONSEIL de surveillance. — Tous les actes d'une compagnie pour une entreprise quelconque constituée en société en commandite sont contrôlés par un conseil de surveillance. Ce conseil se compose d'un certain nombre d'actionnaires possesseurs d'une quantité d'actions déterminée par les statuts, et nommés par l'assemblée générale. Les fonctions de ce conseil sont ordinairement périodiques et temporaires.

Les membres d'un conseil de surveillance n'ont aucun traitement fixe; ils reçoivent à chaque réunion un jeton de présence.

Un jeton de présence vaut d'ordinaire de 20 à 100 fr.

CONSERVATION des bois. — Cette opération consiste à injecter dans les traverses et les longerons, des sels métalliques ou des huiles pour préserver ces bois de la pourriture.

CONSIGNATAIRE. — Nom donné à la personne qui reçoit des marchandises en consignations.

CONSIGNATION. — Envoi de marchandises à un intermédiaire chargé de sa vente ou réexpédition.

On consigne pour obtenir une avance de fonds, ou pour avoir une vente plus facile.

CONSIGNATIONS de marchandises faites aux gares par les négociants ou correspondants de la Compagnie. — Ces consignations donnent lieu à un livre spécial où elles sont enregistrées.

Si le bordereau de consignation ne balance pas par un crédit au profit de l'expéditeur, la consignation ne peut être acceptée.

Dans le cas contraire on accompagne la lettre de voiture d'une fiche, dont le montant est acquitté quand la Compagnie livre les marchandises consignées. L'excédant des frais de transport revient aux consignataires, et leur est versé par les gares expéditrices.

CONSTRUCTEURS. — On ne désigne guère sous ce titre aujourd'hui que les fabricants de machines.

CONSTRUCTIONS dangereuses. — Ce sont des ponts tournants, des ponts en longerons de fonte, des ponts suspendus, des lignes à simple voie dans des tranchées profondes en courbe et les passages à niveau. Ces constructions donnent trop souvent lieu à des accidents.

CONTRE-PENTE. — Synonyme de rampe.

CONTRE-POIDS. — Poids attaché au levier de l'arbre de relevage.

CONTRE-POIDS des roues de locomotives.— Ce sont des masses de métal attachées aux roues motrices pour équilibrer la vitesse de la manivelle et de la bielle d'accouplement.

CONTRE-RAILS. — Ce sont des bandes de fer qu'on place à côté des rails pour éviter les déraillements ou pour garantir les rails. A l'origine des chemins de fer on employait les contre-rails dans les courbes, sur les ponts. Dans les passages à niveau on place toujours des contre-rails, de même que sur les croisements de voie.

CONTROLE — Le contrôle et la surveillance des chemins de fer en exploitation sont réglés par l'arrêté ministériel du 15 avril 1850, ci-après :

ARTICLE PREMIER. — Le contrôle et la surveillance des chemins de fer exploités par les Compagnies sont exercés directement par le ministre des travaux publics, pour tout ce qui concerne le service de l'exploitation proprement dite, l'ensemble de la circulation, les mesures générales de police et de sûreté, l'application des tarifs, la surveillance des opérations commerciales et les mesures générales d'intérêt public.

ART. 2. — Les mesures d'intérêt local concernant la conservation des bâtiments, ouvrages d'art, terrassements et clôtures, des abords des gares et stations, des passages à niveau, des ponts, rivières ou canaux traversant les chemins de fer, y compris la police des cours dépendant des stations, et, en général, toutes les questions relatives à l'exécution des titres Ier et II de la loi du 15 juillet 1845, sur la police des chemins de fer, sont dans les attributions des préfets des départements traversés.

Chaque préfet prend, en outre, dans l'étendue de son département, les mesures nécessaires pour rendre exécutoires les règlements et instructions ministérielles concernant le public.

ART. 3. — Les ingénieurs en chef des ponts et chaussées ou des mines, chargés du contrôle et de la surveillance des chemins de fer, adressent directement leurs rapports et leurs propositions au ministre, pour tout ce qui concerne l'exploitation proprement dite, comprenant l'exploitation commerciale et technique, la traction, l'entretien du matériel, les signaux, la surveillance et l'entretien de la voie.

Ils correspondent avec les préfets des départements traversés pour toutes les affaires qui se rattachent au premier paragraphe de l'article 2 ci-dessus. Ils leur adressent leurs rapports et leurs propositions, et surveillent l'exécution de leurs arrêtés.

ART. 4.— Le contrôle et la surveillance s'exercent, sous les ordres des ingénieurs en chef, 1° pour le service d'entretien des terrassements et ouvrages de toute nature, de la voie de fer, du matériel, et pour le service de l'exploitation technique, par les ingénieurs ordinaires des ponts et chaussées et des mines, les conducteurs et gardes-mines placés sous leurs ordres; 2° pour la vérification des tarifs, la surveillance des opérations commerciales, ainsi que pour l'établissement de la statistique des recettes et dépenses et du mouvement de la circulation, par les inspecteurs de l'exploitation commerciale.

ART. 5. — Les commissaires et les sous-commissaires de surveillance administrative sont chargés de surveiller les détails de l'exploitation technique et commerciale; ils sont placés sous les ordres des ingénieurs ordinaires et des inspecteurs de l'exploitation commerciale, et correspondent avec eux pour tout ce qui concerne leurs attributions respectives.

Ils résident dans les gares ou stations qui leur sont assignées et où un local leur est réservé ; ils constatent les crimes, délits et contraventions commis dans l'enceinte des chemins de fer et dans leurs dépendances, ainsi que les infractions aux règlements d'exploitation, par des procès-verbaux dressés conformément aux dispositions de la loi du 27 février 1850.

CONTROLE des billets de voyageurs. — Opération qui consiste à demander à chaque voyageur la présentation du billet de place, et à voir s'il est régulier.

Le contrôle se fait soit à l'arrivée des trains dans les gares, soit pendant la marche des trains.

A l'arrivée le contrôle s'effectue par le retrait des billets.

Le contrôle de route a pour but d'empêcher les voyageurs des stations de voyager sans billet, et de constater que les voyageurs ne sont pas dans une voiture de classe supérieure à celle indiquée sur les billets.

Ce dernier contrôle est fait par les contrôleurs de l'exploitation.

CONTROLE des permis de circulation. — Ce contrôle a lieu au départ et à l'arrivée.

Les porteurs de permis irréguliers ou périmés doivent payer leur place.

Sur quelques lignes, les gares envoient chaque jour au chef du mouvement la note des permis contrôlés, et en gardent copie sur un livre *ad hoc*.

Les porteurs de permis doivent du reste être assujettis aux mêmes règles que les porteurs de billets ordinaires.

CONTROLEURS-surveillants. — Les agents connus sous le nom de contrôleurs-surveillants sont chargés du contrôle et de la réception des billets de place des voyageurs.

Il n'y a de contrôleurs que dans les gares importantes ; ces fonctions sont exercées dans les stations par les employés préposés à la surveillance.

Les contrôleurs-surveillants sont placés sous les ordres des chefs ou sous-chefs de gare.

Ils vérifient au départ les billets que les voyageurs leur présentent pour être admis dans les salles d'attente.

Ils doivent avoir soin de faire placer les voyageurs dans les compartiments des salles d'attente assignés aux billets dont ils sont porteurs.

A l'arrivée, ils reçoivent les billets soit dans les voitures, soit après la descente des voyageurs sur le quai de la gare.

Ils exigent des voyageurs qui ne peuvent représenter leurs billets le paiement intégral du parcours effectué par le train qui les a amenés. Ils reçoivent aussi tous les suppléments que doivent les voyageurs à raison du parcours qu'ils ont effectué au delà de la destination pour laquelle ils avaient pris leurs billets de place.

En cas de résistance ou de refus de paiement, ils doivent prévenir de suite les chefs de gare, dont la mission est de prendre dans ce cas les mesures de droit.

Il est encore dans leurs attributions de ne laisser entrer dans les salles d'attente aucune personne en état d'ivresse. Les chiens et les paquets qui peuvent incommoder le public ne doivent pas être tolérés dans les salles d'attente.

Les contrôleurs-surveillants doivent inviter les voyageurs à remettre leurs chiens et paquets au bureau des bagages.

CONTROLEURS de l'exploitation. — Ces agents sont assimilés aux chefs de gares.

Ils ont autorité sur tous les employés.

Leurs fonctions consistent à seconder les inspecteurs dans leur surveillance.

Ils sont directement responsables de la marche des trains qu'ils accompagnent.

CONVENTIONS internationales. — Règlement entre deux puissances, qui fixe le service des chemins de fer aux frontières. — (Voir le règlement du 14 décembre 1852.)

COQUILLE ou crosse du piston. — Tête du piston qui s'engage dans les glissières pour maintenir le piston dans une ligne droite.

CORNIÈRE. — Fer d'angle ou équerre en fer servant à relier les tôles ou des barres de fer méplat.

CORPS cylindrique de la chaudière. — Il se compose de feuilles de tôles rivées, et il s'assemble avec la boîte à feu au moyen de cornières.

CORRESPONDANCE pour le service. — Les lettres concernant spécialement le service du chemin de fer peuvent, par autorisation spéciale du gouvernement, être transportées par la Compagnie elle-même ; mais elles doivent porter à un de leurs angles le mot *service* imprimé en toutes lettres ; de plus elles doivent être revêtues du timbre du bureau expéditeur ou des initiales de leur auteur. Le chef de gare est responsable de l'accomplissement de ces formalités.

Toute lettre concernant le service pour laquelle on aurait oublié une seule de ces prescriptions, pourrait être ouverte par les agents de l'administration des postes, et rendrait la Compagnie passible des peines portées par la loi contre la correspondance frauduleuse.

COTE. — Dans les travaux on désigne par ce nom toute mesure de hauteur inscrite sur un dessin. Dans les nivellements, la cote est la hauteur d'un point du chemin de fer au-dessus du niveau de la mer.

COUDE. — Changement brusque dans la direction d'une conduite de vapeur ou d'eau, dans toute espèce de machine.

COULAGES et déchets de route. — D'ordinaire, les coulages et déchets de route s'élèvent à environ 1 0/0 pour les vins et spiritueux pour 200 kilomètres ; à 2 0/0 pour les huiles ; mais pour les essences et huiles essentielles, les déchets sont beaucoup plus élevés.

Quand il y a déchet reconnu imputable à la Compagnie, on déduit, en réglant ce déchet, le coulage ci-dessus mentionné.

COULISSAUX ou patins. — Pièces dont la

coquille du piston est armée, et qui portent directement sur les glissières. Ces patins sont faits d'un métal moins dur que les glissières.

COULISSE de Stephenson. — C'est une des pièces du mécanisme de la locomotive destinée au changement de marche et à la détente.

COUP de piston. — Synonyme avec course de piston. C'est l'accomplissement du trajet du piston dans le cylindre.

COUP de sifflet. — Signal donné par le mécanicien, au moyen du sifflet à vapeur placé sur la locomotive. Un coup de sifflet prolongé appelle l'attention. Deux coups de sifflet saccadés commandent de serrer les freins. Un coup de sifflet bref commande de desserrer les freins.

COUP de tampon. — Sous ce mot on comprend le choc entre les véhicules, ou entre les wagons et la locomotive.

COUPÉ. — Terme de messagerie introduit dans les chemins de fer. Ce sont les places de luxe.

COUSSINETS. — Les coussinets des rails ou chairs sont des supports en fonte destinés à recevoir les rails; placés aux joints, on les nomme coussinets de joint; vers le milieu, on les désigne sous le nom de coussinets intermédiaires.

COUSSINETS des machines. — Ce sont les paliers dans lesquels tournent les axes ou les essieux; on les fait généralement en bronze.

CRACHER ou Primer. — (Voir le mot *Primer.*)

CRAMPONS. — Clous à tête recourbée servant à attacher les rails américains sur les traverses.

CRAPAUDINE. — Palier ou morceau de métal dans lequel tourne un pivot.

CRÉMAILLÈRE. — Barre de fer dentée qu'on avait

placée autrefois sur la voie pour y faire marcher la locomotive dont les roues motrices étaient dentées.

CRIC. — Machine pour soulever les fardeaux; il s'en
trouve toujours avec les outils du tender et dans les wagons
de secours.

CROISEMENT. — Intersection de deux chemins de fer.
(Voir *Changements de voie.*)

CROISEMENTS des trains. — Les tableaux de service déterminent les points de croisements des trains. Si deux
trains doivent se croiser, les signaux seront retournés dix
minutes avant l'arrivée du premier train, et ils seront effacés
au fur et à mesure de l'arrivée des trains.

CROSSE du piston. — (Voir *Coquille.*)

CUVETTES ou pistons à cuvettes. — C'est une
disposition des pistons des cylindres qui consiste à faire presser
par des ressorts des bandes de fer contre les segments du
piston; ce mode commence à être abandonné.

CYLINDRES. — Épais tuyau en fonte dans lequel se
meut le piston. Il est fermé par des couvercles ou plateaux au
fond. Dans les locomotives les cylindres sont placés intérieurement ou extérieurement; ils sont horizontaux ou inclinés.

DÉ. — Pierre de taille cubique qui sert de support aux
coussinets. Abandonnés fort longtemps, on les réemploie
aujourd'hui partiellement. Il existe également des dés en fonte
ayant la forme de cloche ou de calotte sphérique; c'est le
système Greaves, employé sur le chemin de fer d'Egypte.

DÉBARCADÈRE, Embarcadère. — Termes de marine introduits au commencement dans les chemins de fer; ils sont remplacés par le mot unique *gare*.

DÉBLAIS. — Terres qui proviennent des tranchées, et qui servent pour faire des remblais.

DÉBOURS. — Frais qui accompagnent un colis au moment où on en fait la remise au chemin de fer.

On ne saurait trop recommander aux gares et aux stations de se bien rendre compte de la raison des sommes réclamées.

Les débours partout ne sont pas immédiatement exigibles; ils ne sont souvent payables qu'après avis d'encaissement et par mandat.

DÉBOURS après avis d'encaissement. — Quand un colis est grevé d'un remboursement ou d'un débours, il n'est remis au destinataire que contre le paiement de la somme à rembourser.

La gare expéditrice est prévenue de suite et avise l'expéditeur aussitôt, afin qu'il se présente pour toucher ce qui lui est dû. D'autres fois, les facteurs vont à domicile solder le remboursement.

DÉCALAGE. — Quand on enlève, en cas de réparation, les cales ou clavettes des pièces de machines, on décale ces pièces. Si ce décalage a lieu de lui-même, il produit un accident, par exemple quand les cales des bielles tombent.

DÉCAPAGE. — On décape les métaux en enlevant avec un acide la couche d'oxyde qui les recouvre.

DÉCÈS par suite d'accident. — Tout décès arrivé sur la voie, par suite d'un accident de chemin de fer, doit être immédiatement constaté par procès-verbal. Puis le corps de la victime est transporté et déposé, sous la garde d'une personne responsable, dans un local dépendant de la commune dans laquelle s'est produit l'accident.

A la requête des parties intéressées, ou lorsque des circonstances particulières l'exigent, le corps peut être immédiatement transporté soit au domicile du défunt, soit à la gare ou station la plus voisine.

DÉCHARGEMENT des matériaux du service de la voie. — Pendant tout le temps que les voitures qui font ce service stationnent sur la voie pour décharger les matériaux, un homme muni d'un drapeau rouge est posté à 1,000 mètres en avant pour arrêter au besoin les trains qui arriveraient.

Les matériaux doivent être déposés à au moins 1^m,50 des rails extérieurs, et rangés en talus de deux de base pour un de hauteur. Cette disposition empêche l'éboulement des matériaux sur la voie, et les met hors de l'atteinte des locomotives et des voitures.

DÉCHÉANCE. — Il se présente plusieurs cas de déchéance contre les Compagnies de chemins de fer :

1° Lorsque les travaux ne sont pas commencés et terminés dans les délais fixés par le cahier des charges ;

2° Lorsque les Compagnies ne remplissent pas les diverses obligations qui leur sont imposées.

Dans ces cas, on pourvoit soit à l'achèvement des travaux, soit à l'exécution des autres engagements.

Le porteur d'actions ou d'obligations qui n'exécute pas les versements appelés est également déchu de ses droits dans un délai fixé, et la Compagnie a le droit de faire vendre par agent de change d'autres actions portant le même numéro que celles déchues, le tout sous la responsabilité du premier souscripteur en cas de perte.

DÉCLANCHEMENT. — On déclanche deux pièces de machines en les séparant quand elles sont *enclanchées*. Le déclanchement fortuit est un accident.

DÉCLARATION de douane. — Formalité qu'on est dans l'obligation de remplir auprès de la douane ou de l'octroi pour donner libre circulation aux marchandises soumises aux droits.

DÉCROCHAGE. — (Voir *Machine à décrocher.*)

DÉDOUBLEMENT d'un train. — S'il faut diviser un train en deux parties, la première partie, ou le premier train, doit porter un drapeau vert pendant le jour et un feu vert pendant la nuit; le second train pourra suivre à dix minutes d'intervalle en s'arrêtant aux mêmes gares.

DÉFENSE de fumer. — Cette défense s'applique aux employés et aux voyageurs.

On ne doit fumer ni dans les wagons ni dans les gares. (Art. 63, ordonnance du 15 novembre 1846.)

Quelques lignes montrent une grande sévérité, d'autres au contraire laissent enfreindre ce règlement jusqu'à la première réclamation des ayants droit. — Quelques autres réservent à chaque train des compartiments pour les fumeurs.

DÉGRADATION. — Il est rendu compte au chef du matériel par les chefs de gare des dégradations survenues dans leur gare au matériel roulant. Toutes les fois qu'un wagon arrive en mauvais état, le chef de gare doit constater les dégradations survenues en présence du conducteur du train, qui est tenu d'en justifier, faute de quoi il en demeure responsable.

Toute voiture servant soit au transport des voyageurs, soit au transport des marchandises, qui éprouve une dégradation susceptible d'en interrompre le service, doit être immédiatement envoyée aux ateliers de réparation par le chef de gare, qui ne doit laisser stationner sur·la voie aucun wagon hors de service.

DÉGRADATIONS commises par les voyageurs dans les voitures. — Toute dégradation ou avarie commise dans les voitures pendant le trajet est constatée par les conducteurs du train, qui en exigent le prix immédiatement. Ce prix est fixé d'après un tarif spécial. Les sommes perçues sont remises au chef de gare à l'arrivée du train, puis aux agents de la régie de traction à ce désignés.

En cas de contestation ou de refus de payer de la part du
voyageur auteur du dégât, procès-verbal doit être dressé par
le conducteur chef du train, qui fait certifier les faits par
témoins. Ce procès-verbal sert plus tard de titre pour intenter,
s'il y a lieu, une action judiciaire.

DÉLAIS. — Temps accordé pour effectuer un transport.
Le jour de départ n'est pas compris, mais on compte celui de
la livraison.

DÉMARRAGE de la locomotive. — Le mécanicien
ne doit pas démarrer en partant d'une station sans avoir reçu
le signal de départ. Si le démarrage de la machine ne peut
pas s'exécuter par la machine même, il faut y aider avec des
pinces qui agissent sous les roues.

DEMI-PLACE. — (Voir *Réduction sur le prix des places.*)

DÉPÊCHES du gouvernement. — Les Compa-
gnies, d'après le cahier des charges, sont obligées de transporter
gratuitement les dépêches du gouvernement accompagnées
des agents nécessaires au service.

DÉPÔT des bagages. — L'arrêté ministériel du
24 juillet 1860 prescrit ce qui suit : « Les administrations
de chemins de fer percevront pour la garde des bagages
déposés dans les gares, sous la responsabilité des Compagnies
soit avant le départ, soit après l'arrivée des trains :

« Un droit de 5 centimes par article et par jour.

» Le minimum de la perception est fixé à 10 centimes.

» Le dépôt sera constaté avant le départ, par la délivrance
d'un bulletin; après l'arrivée, par la conservation, entre les
mains du voyageur, du bulletin délivré au départ.

» Les Compagnies pourront être autorisées, sur leur demande,
à étendre la taxe et les dispositions ci-dessus à leurs bureaux
d'omnibus placés dans l'intérieur des villes. Les autorisations
précédemment accordées sont maintenues.

» Sont exempts de tout droit de garde ou de dépôt les bagages
des voyageurs forcés de s'arrêter dans les gares de bifurca-

tion pour attendre le départ du premier train qui doit les conduire à destination. »

DÉPÔT des machines. — Il y a deux espèces de ces dépôts : les dépôts principaux fournissant les machines toutes prêtes à conduire les trains, et les dépôts intermédiaires où s'alimentent les machines à leur passage, et où sont remisées les machines de réserve et de renfort qui servent de machines-pilotes. Les dépôts principaux contiennent des bâtiments de remisage pour les machines et le tender, des voies de service et de stationnement pour les machines en feu, des plaques tournantes, des réservoirs et des dépôts de coke.

DÉRAILLEMENT. — Le déraillement a lieu lorsqu'une machine, une voiture ou un train quittent les rails sur lesquels ils circulaient, par suite d'un choc, ou du mauvais état de la voie. Lorsqu'un train vient à dérailler, le chef de ce train doit immédiatement requérir du secours à la station ou au dépôt le plus voisin. Si la machine n'est point hors d'état de marcher, il l'expédie, pour que le secours arrive plus promptement.

Dans ce cas, tous les employés disponibles sont tenus de prêter leur concours pour remettre le train sur les rails. Un déraillement est considéré comme accident lorsqu'il a occasionné des blessures ou une détérioration du matériel, ou qu'il a intercepté la voie assez longtemps pour interrompre le service ; autrement, c'est un simple retard.

DÉRAYAGE. — Ancien terme remplacé aujourd'hui par celui de déraillement.

DÉSEMBATTAGE des bandages. — C'est une opération qui consiste à enlever des roues les bandages usés afin qu'ils soient remplacés.

DÉSEMBRAYER. — C'est intercepter momentanément le mouvement entre deux pièces d'une machine qui se commandent.

DÉSTINATAIRE. — Celui à qui est adressé un colis. Il arrive souvent que le destinataire est inconnu ou absent.

Dans le premier cas, on doit rapporter le colis en gare, et demander des instructions au bureau expéditeur.

Dans le second, on doit retourner le lendemain effectuer la livraison.

Parfois le destinataire se trouve dans l'impossibilité de payer un colis à la livraison.

Dans cette situation, les camionneurs doivent rapporter le colis à la gare, où il est classé parmi les objets en souffrance, en attendant les instructions de la gare expéditrice.

DÉTENTE. — C'est la faculté laissée à la vapeur de se dilater ou de se détendre dans le cylindre. La détente est fixe ou variable. La détente fixe est produite par avance et par recouvrement dans les locomotives ; la détente variable se fait au moyen d'appareils de distribution comprenant deux tiroirs. La coulisse de Stephenson offre une détente variable, imparfaite peut-être au point de vue théorique, mais très-convenable pour l'application. La détente variable est réglée par le mécanicien, suivant les obstacles qui sont à vaincre dans la conduite de la machine, ou elle est réglée par un mécanisme spécial qui a pour but de fixer un maximum de vitesse sans égard aux résistances. Le surplus de résistance est vaincu par un surplus de vapeur ; avec les détentes on économise la vapeur et par conséquent le combustible.

DIAPHRAGME. — C'est une cloison qui intercepte la communication entre deux parties d'un récipient.

DILATATION de la chaudière de la locomotive. — Pour éviter les effets de cette dilatation, on ovalise les trous des boulons qui rattachent les supports de la chaudière aux longerons du cadre.

DILATATION des rails. — On laisse un intervalle entre les rails afin que leur dilatation produite par la chaleur du soleil puisse avoir lieu. Si cet intervalle n'était pas suffisant, les rails pourraient s'arc-bouter les uns contre les autres et sortir de la voie, ce qui entraînerait de graves accidents.

DILIGÉNCE. — Wagon de première classe ; ce terme emprunté comme tant d'autres aux messageries, commence à se perdre. On désigne les diverses voitures généralement par l'indication de la classe.

DIRECTEUR. — Chef supérieur d'une administration agissant d'après les statuts de la Compagnie qu'il représente.

DIRECTEUR général des ponts et chaussées et des chemins de fer. — Fonctionnaire supérieur chargé, sous l'autorité du ministre de l'agriculture, du commerce et des travaux publics, de toutes les questions relatives aux ponts et chaussées et aux chemins de fer.

DIRECTION générale des ponts et chaussées et des chemins de fer- — La direction générale des chemins de fer, créée par décret du 14 novembre 1853, a été supprimée en 1875. Un décret du 12 juin de la même année a réuni le service des chemins de fer à celui des ponts et chaussées, en créant la direction générale des ponts et chaussées et des chemins de fer.

DISQUE. — Plaque ronde montée sur une tige ou sur un poteau ; le disque sert de signal sur la voie.

DISQUE. — Pièce mobile en fer, fermant la communication dans le tube d'admission de la vapeur d'une locomotive.

DISTRIBUTION de la vapeur — Ce mécanisme a pour but de régler la marche du tiroir dont le mouvement est pris sur l'essieu moteur.

DIVIDENDE. — Indépendamment des intérêts que produisent les actions, elles donnent droit à un dividende.

Le dividende est ce qui reste à distribuer des bénéfices, après avoir assuré le service des intérêts des actions et obligations émises, et prélevé la part du fonds de réserve.

Le dividende contribue à déterminer le cours des actions à la Bourse; c'est sa perspective et sa probabilité qui occasionnent d'ordinaire les variations sérieuses qu'éprouve la valeur des titres.

Quelques actions ne donnent droit à aucun intérêt; on distribue un à-compte de dividende; puis un coupon est détaché ensuite pour solder les bénéfices de l'exercice écoulé.

DOME de prise de vapeur. — La chaudière des locomotives est surmontée d'un corps cylindrique ou prismatique en tôle et terminé par une calotte sphérique; ce dôme sert de récipient pour la vapeur. Anciennement on a donné à ces dômes la forme carrée.

DOUBLE champignon. — C'est la forme ordinaire des rails des chemins de fer français; on les appelle aussi rails à double T ou rails symétriques.

DOUELLE. — L'enveloppe de la chaudière est composée de douelles ou de petites planches de bois. Dans l'appareil des voûtes, on nomme douelle les courbures de l'intrados et de l'extrados.

DOUILLE. — Petit entonnoir ou morceau de fer creux dans lequel entre une pièce dont on veut assurer la position. La tige du régulateur passe dans une douille fixée dans la paroi de la chaudière.

DRESSAGE. — Cette opération s'applique principalement aux rails; elle consiste à les placer sur une table, à les frapper ou à les presser, quand ils sont encore chauds, pour leur donner la forme voulue. On sait que quand les rails sortent du laminoir ils présentent des ondulations; comme c'est une des premières conditions à remplir par les rails d'être entièrement droits, on les soumet à cette opération, qui n'altère en rien la qualité du fer tant qu'il est encore chaud.

DROITS. — (Voir *Tarif* et *Péage*.)

DURÉE des locomotives. — Comme chiffre rond, on peut admettre un parcours de 300,000 kilomètres après lequel une locomotive peut être considérée comme arrivée à un degré d'usure qui demande son remplacement ou sa reconstruction. Ce chiffre n'a cependant rien d'absolu.

DURÉE d'une concession. — Elle est en général de quatre-vingt-dix-neuf ans. — (Voir *Cahier des charges.*)

DYNAMOMÈTRE. — Instrument destiné à mesurer directement la force ou le travail utile d'une machine. On l'intercale entre la locomotive et le tender.

EAU d'alimentation. — On doit chercher à alimenter les chaudières des locomotives avec de l'eau pure et chaude. Pour chauffer l'eau à l'avance, on se sert de la vapeur en excès, qu'on fait sortir de la chaudière pour l'envoyer dans le tender. On la chauffe également d'avance avec des combustibles de rebut. En se servant d'eau chaude on régularise la marche de la machine. Les eaux chargées de sels forment des incrustations.

EAU séléniteuse. — Eau qui renferme du sulfate de chaux de dissolution et qui forme des incrustations.

ÉBOULEMENTS. — Les éboulements des terres ou enrochements des talus, des portions de roche et des maçonneries, sont très à craindre dans les chemins de fer; ils interceptent la circulation, et peuvent, quand ils ont lieu inopinément, occasionner des accidents; le service de la voie doit prévenir ces éboulements. Dans ce but, de fréquentes visites ont lieu, et les réparations nécessaires sont ordonnées immédiatement. Les talus sont gazonnés ou ensemencés; les roches qui n'offrent pas une stabilité suffisante sont abattues; les maçonneries dégradées sont rejointoyées et consolidées.

ÉCHAPPEMENT. — C'est la sortie de la vapeur après son travail dans les cylindres. Cet échappement, qui a lieu par la cheminée de la locomotive, est rendu variable par suite de la disposition de l'orifice du tuyau d'échappement, dont on peut faire varier la section.

ÉCLAIRAGE des gares et stations. — Les Compagnies ont compris que, puisque maintenant elles se trouvaient sans concurrence pour le transport des voyageurs, elles devaient agir de manière à éviter que le public n'ait à se plaindre d'elles et à souffrir du monopole dont elles jouissent.

Aussi ont-elles recommandé à leurs employés de recevoir de leur mieux les voyageurs, et de faire entretenir les gares et stations d'une manière irréprochable.

L'éclairage a donné lieu à des recommandations toutes particulières.

Le compte de l'éclairage est d'ordinaire divisé en trois parties : appareils, approvisionnements, compte avec l'économat.

Cette comptabilité est tenue comme toutes les comptabilités de matières; il est donc inutile d'en parler.

ÉCLAIRAGE des trains et des voitures. — Cet éclairage est généralement fait sous la surveillance et la responsabilité des chefs de trains.

Les préposés à l'éclairage doivent toujours tenir les lampes et appareils en bon état et toujours prêts à fonctionner, les allumer d'avance, puis en prendre soin et les éteindre à l'arrivée du convoi.

ÉCLISSES. — Ce sont des plaques de fer ou d'acier boulonnées contre les joues des rails aux points de leur jonction. Ces pièces ont été inventées en Allemagne où elles sont connues sous le nom de *Laschen*; ce mot a été traduit par plaques vissées ou boulonnées. Généralement on dit aujourd'hui éclisse, ce qui exprime effectivement mieux cette chose, du moment qu'on sait qu'en chirurgie on place des bandelettes de bois ou éclisses contre les membres fracturés; un joint dans les rails est considéré comme une fracture; appliquées sur les deux côtés contre les joues des rails et fortement boulonnées, ces éclisses maintiennent les rails dans leur position et empêchent toute déviation soit dans le sens vertical, soit dans le sens horizontal.

ÉCONOMAT. — L'économat fournit aux différentes gares et stations les meubles, ustensiles, accessoires nécessaires pour les besoins du service. Ces objets sont délivrés par le chef de l'économat sur des bons des chefs de gare ou de station visés par l'inspecteur principal.

Il est de bonne administration que l'économat d'une Compagnie soit toujours assez abondamment fourni des objets du service ordinaire pour être en mesure de les livrer à la première réquisition.

Le chef de l'économat doit exiger un reçu des objets par lui fournis, le lendemain de leur livraison.

ÉCRANS. — (Voir *Lunettes*.)

EFFET utile des machines locomotives. — On calcule la force d'une machine locomotive en multipliant la pression de la vapeur sur les pistons avec l'espace parcouru par les pistons dans un temps donné. On mesure le travail ou l'effet utile avec un dynamomètre intercalé entre la locomotive et le tender.

ÉLECTION de domicile. — Choix, par le concessionnaire d'une ligne de fer, du lieu où les actes relatifs à la concession doivent être adressés.

Quand une concession est accordée, si les concessionnaires n'ont pas fait élection de domicile, les notifications leur sont faites au secrétariat général de la préfecture, dans le ressort de laquelle ils habitent.

Pour les actionnaires d'une Compagnie, élection de domicile est faite, par les statuts, au siége même de la Société.

EMBALLAGES vides. — Sont admis comme vides par la régie de la traction tous les wagons servant au renvoi en retour, *franco*, des colis d'emballage, tels que sacs, paniers, etc., ainsi qu'au transport de certains objets de service, tels que bâches, prolonges, cordes, et tous les ustensiles qui servent à l'approvisionnement des gares et stations.

EMBARCADÈRE. — (Voir *Débarcadère.*)

EMBARQUEMENT des voyageurs. — Les voyageurs doivent arriver aux gares assez à temps avant le départ pour prendre leurs billets et faire enregistrer leurs bagages.

Une fois les billets de place pris aux guichets spéciaux et les bagages échangés contre les bulletins, ils doivent entrer dans les salles d'attente, et se placer dans les compartiments qui sont réservés aux billets dont ils sont porteurs.

L'heure du départ arrivée, les agents préposés à ce service ouvrent les portes des salles d'attente, en commençant par celles de première classe. Les voyageurs traversent le quai et vont se placer dans les voitures où les billets qui leur ont été délivrés leur donnent droit de prendre place.

EMBATTAGE. — C'est l'opération qui consiste à placer les bandages chauffés au rouge sur les roues qu'ils étreignent fortement par le retrait. Le diamètre des bandages est plus petit que celui de la jante; mais par la dilatation il devient plus grand.

EMPIERREMENT. — Terme emprunté aux ponts et chaussées; c'est le massif de pierres cassées qui forme la chaussée : on le dit aussi du ballast, quand il est formé de pierres concassées en place de sable.

EMPLOYÉS des postes. — Les courriers et estafettes, porteurs de dépêches expédiées par l'administration des postes, ont droit au transport gratuit sur toutes les lignes de chemins de fer.

Le cahier des charges des différentes Compagnies renferment à cet égard une stipulation expresse.

EMPLOYÉ-PILOTE. — C'est un agent qui accompagne les trains pendant la circulation temporaire sur une portion de voie unique libre, en cas d'interruption de la seconde voie.

EMPRUNT. — Les Compagnies de chemins de fer, pour l'achèvement des travaux ou le perfectionnement apporté à leur service et l'accroissement de leur matériel, et les embranchements nouveaux, ont vu leurs capitaux insuffisants.

Il a fallu faire des emprunts.

L'État, pour faciliter l'émission des titres nouveaux des Compagnies, a garanti, dans certains cas, un minimum d'intérêt aux porteurs d'obligations. — (Voir *Obligations*.)

Un emprunt ne peut avoir lieu sans une délibération du conseil de surveillance, autorisée par l'assemblée générale des actionnaires et approuvée par autorisation ministérielle.

La Banque de France s'est chargée, en 1857 et 1860, de l'émission des obligations.

ENQUÊTE. — L'établissement d'un chemin de fer ou d'un ouvrage d'utilité publique quelconque est précédé d'une enquête, où les intéressés sont admis à consigner leurs observations.

La forme et la durée de ces enquêtes sont fixées par la loi du 18 avril 1834 et par celle du 3 mai 1841.

Le législateur, en soumettant la déclaration d'utilité publique à des enquêtes où chacun peut combattre le projet, a voulu réserver pour tous le droit de s'opposer aux innovations et aux changements qui peuvent porter atteinte aux intérêts établis. Ceux qui voient dans l'adoption d'un projet un progrès à réaliser peuvent exprimer leurs opinions pendant que l'enquête a lieu.

ENREGISTREMENT. — Inscription sur des livres d'ordre spéciaux des articles confiés, à une Compagnie.

Il y a des livres consacrés à l'enregistrement des bagages, valeurs, articles de grande et de petite vitesse, recouvrements, etc.

Les Compagnies de chemins de fer perçoivent pour l'enregistrement de toutes les marchandises, soit à grande vitesse, soit à petite vitesse, un droit fixe de 10 centimes par expédition.

« Lorsque les marchandises emprunteront plusieurs lignes concédées à des Compagnies différentes, ce droit sera perçu seulement à la gare expéditrice. » (Arrêté ministériel du 24 juillet 1860.)

ENREGISTREMENT des marchandises. — Les marchandises sont enregistrées au moment de leur chargement. L'employé chargé de ce chargement écrit sur les feuilles de route et sur le livre d'entrée en gare l'heure de départ du train par lequel le transport doit être effectué, le numéro de ce train, celui du wagon sur lequel chaque colis est chargé.

Ces indications sont transmises au bureau des départs, transcrites sur le livre d'expédition, et complètent l'enregistrement définitif des marchandises. Cet enregistrement se fait par ordre de numéros. Chaque article est immédiatement marqué d'une étiquette portant son numéro d'enregistrement.

A l'arrivée, ce numéro est reproduit sur le livre de réception de la gare destinatrice, avec toutes les autres indications relatives à l'enregistrement transcrites sur la feuille de route ou bulletin de transport.

ENROCHEMENTS. — Amas de pierres jetées dans l'eau devant les fondations des ouvrages d'art et les talus des rives, pour les protéger contre les érosions ou les affouillements.

ENSABLEMENT. — (Voir *Ballast.*)

ENTRAINEMENT de l'eau. — Si le courant de vapeur passe trop près de l'eau, celle-ci est entraînée dans le régulateur, passe en partie dans les cylindres, et s'échappe, sous forme de pluie, par la cheminée de la locomotive ; on dit alors que la machine *crache* ou *prime*.

ENTRÉE des marchandises en gare. — Tout expéditeur qui dirige sur une gare les marchandises destinées au transport, doit les accompagner d'un bulletin indiquant : le nombre des colis, le poids des marchandises, leur nature, la date de leur départ, si elles doivent être déposées à la gare de destination ou remises au domicile même du destinataire. Ce bulletin contient également le nom de l'expéditeur et celui du destinataire.

L'oubli de l'une ou de plusieurs de ces précautions suffit pour ajourner le départ des marchandises expédiées.

L'employé chargé de la réception des marchandises vérifie le bulletin d'expédition et l'état dans lequel les colis sont arrivés.

ENTREPOSEUR.. — Agent chargé d'échanger les dépêches avec les courriers de l'administration des postes transportés par les trains du chemin de fer.

ENTREPOT. — Magasin public où les négociants ont la faculté de déposer les marchandises qu'ils veulent réexpédier sans payer de droit, ou qu'ils peuvent laisser en n'acquittant les droits qu'au moment de la vente.

L'entrepôt réel reçoit, sous la surveillance de l'administration, toutes les marchandises. On nomme entrepôt fictif, le magasin du négociant où sont les marchandises dont il se rend garant sous sa propre responsabilité.

ENTREPOT des dépêches dans les gares et stations. — Dans chaque gare et station est établi un coffre fermant à clef, appelé entrepôt des dépêches, dans lequel sont déposées les dépêches pendant l'intervalle de leur réexpédition.

ENTREPRENEUR. — C'est celui qui entreprend à forfait un ouvrage sur les chemins de fer.

ENTREPRENEURS des travaux du service de la voie. — Les entrepreneurs des travaux du service de la voie, qui sont sous les ordres de l'ingénieur d'arrondissement, exécutent leurs travaux sous le contrôle et sous la surveillance immédiate du chef de section, qui peut seul les autoriser à entreprendre les travaux de grosse réparation nécessaires.

Il est expressément défendu aux entrepreneurs de négliger aucune des précautions, aucun des signaux usités pour éloigner toute chance d'accident pendant que les travaux de réparations ou d'entretien s'exécutent sur la voie. Ils sont personnellement responsables des négligences commises par leurs ouvriers sous ce rapport. Les ustensiles, outils, voitures et chevaux employés aux réparations et qui encombrent la voie doivent être garés au moins vingt minutes avant le passage des trains attendus, quelque perte de temps qui doive en résulter.

ENTRETIEN de la voie, ou travaux de surveillance. — Ces travaux comprennent le redressement des talus et du ballast, l'entretien des maçonneries et des ouvrages d'art, la pose exacte des supports des rails, la mise en état des plaques tournantes, des évitements, des gares, des quais, en un mot tout ce qui concerne la superstructure d'un chemin de fer ou le service de la construction.

ENTRETIEN des machines locomotives. — Les mécaniciens entretiennent leurs machines de manière à ne les faire rentrer dans les dépôts qu'à de longs intervalles, ou bien ils prennent les machines toutes prêtes dans les dépôts, et les y ramènent pour qu'elles y soient réparées d'après leurs indications.

ENTRETIEN intérieur des gares et stations. — Les parquets des salles d'attente doivent être cirés et frottés journellement.

Les vestibules, bureaux, trottoirs doivent être lavés ou balayés plusieurs fois par jour.

Les chefs de gare sont responsables de l'exécution de ces mesures.

ENTRETOISES. — Barres de fer qui servent à relier les parois latérales du foyer des locomotives avec l'enveloppe extérieure, pour pouvoir résister à la pression de la vapeur.

ENTRE-VOIE. — Espace libre compris entre deux voies.

ENVELOPPE. — On entoure la chaudière et le cylindre d'une enveloppe de feutre, de bois et de tôle peints, afin d'empêcher autant que possible son refroidissement, qui diminuerait la production de la vapeur.

ÉQUIPE. — Elle se compose d'un chef d'équipe et de poseurs ; elle est munie des outils et objets nécessaires pour l'entretien et le service de la voie et pour la transmission de signaux : sifflet d'appel, voyant sur un jalon ferré, drapeau, lanterne, brouettes, pelles, marteaux, niveaux, piquets, etc., etc.

ESCARBILLES. — Cendres et flammèches qui sortent de la cheminée des locomotives.

ESPACE NUISIBLE. — Vide qui existe entre le fond du cylindre et le piston, arrivé à la fin de sa course. Il existe dans les cylindres un deuxième espace nuisible : c'est la capacité des lumières qui se remplit de vapeur à chaque coup de piston.

ESSAI des machines neuves ou réparées. — On fait faire un voyage d'essai avec ces machines, afin de reconnaître s'il n'y a pas de défauts de montage qui les rendent impropres au service. Ce voyage comprend un parcours de 10 à 20 kilomètres sous la surveillance du chef des ateliers. Ces essais sont prescrits par les règlements administratifs.

ESSIEU. — C'est un cylindre en fer forgé ou en acier sur lequel sont fixées les roues. — On distingue trois parties dans un essieu : le corps ou la partie du milieu ; les portées de colage vers les extrémités, qui entrent dans le moyeu, enfin les fusées ou parties extrêmes qui entrent dans la boîte à graisse ou le palier.

ESSIEU coudé. — C'est l'essieu de la locomotive qui a la forme d'une manivelle, et qui sert à faire manœuvrer directement les roues. Cette manivelle est placée entre les deux roues.

ESSIEU moteur. — C'est l'essieu qui porte les roues motrices.

ÉTAT de statistique de l'éclairage et du chauffage. — Cet état est divisé en trois parties : la première est relative aux appareils ; la seconde comprend les approvisionnements ; la troisième forme le compte courant de ces objets avec l'économat.

Il suffit donc de relater tout ce que l'économat envoie soit comme matériel, soit comme approvisionnement d'une part, et d'indiquer de l'autre la consommation de combustible et d'huile pour que cet état soit irréprochablement tenu.

ÉTAT du mouvement du matériel. — Cet état est dressé par inspection. Chaque jour les inspecteurs doivent envoyer cet état à l'administration, afin qu'elle avise si un besoin de matériel devenait urgent.

ÉTAT du service des correspondances. — Cet état a pour but d'indiquer à l'administration, aussitôt qu'on en a la connaissance, tous les changements introduits dans le service des correspondances, soit comme prix, heures ou itinéraires. Les chefs de gare doivent y apporter tous leurs soins.

ÉTAT du transport des bagages et des chiens. — Ce bordereau, dont le titre indique suffisamment l'objet, doit être fait en double expédition : l'une reste à la gare ; l'autre est expédiée à l'administration. Comme tous les autres états sa confection est facile. Une seule observation vient en surplus, c'est que les envois militaires ne payant généralement que la moitié du tarif, doivent être portés dans une colonne spéciale de cet état.

ÉTAT par nature des marchandises expédiées. — L'état par nature des marchandises expédiées doit en général être fait par périodes de dix jours et envoyé à la direction.

Cet état est d'une certaine importance ; c'est la base de la statistique, et, en consultant les chiffres que fournissent ces états, les Compagnies savent si elles doivent modifier leurs tarifs.

EXCENTRIQUE. — On appelle ainsi un disque métallique calé sur l'essieu dans une position excentrique et enveloppé d'un collier. L'excentrique commande la bielle de distribution ou barre d'excentrique ; il remplace actuellement la manivelle qui commandait le tiroir.

EXCÈS de charge. —Un train de marchandises en retard par suite d'un excès de charge ou par suite de l'état de l'atmosphère, peut laisser à une station de garage les wagons qui ne sont pas indispensables.

EXÉCUTION des travaux neufs ou d'entretien sur les parties du chemin de fer en exploitation. — Ces travaux, quand ils doivent interrompre le service, ne peuvent être commencés sans que le chef de l'exploitation les ait autorisés.

Ils sont exécutés sous la responsabilité des agents que désigne l'ingénieur de la voie.

La circulation des trains a lieu dans cette circonstance sous la responsabilité d'un agent nommé par le chef de l'exploitation.

EXPÉDITEURS de bestiaux. — Les bestiaux peuvent être accompagnés par leur propriétaire ou par des toucheurs envoyés par lui.

Il est délivré généralement aux susdites personnes des billets de circulation gratuite en 3ᵉ classe aller et retour pour un chargement déterminé.

Souvent un *demi-chargement* de bestiaux fait obtenir un billet au propriétaire pour les accompagner, mais non pour revenir.

Un double chargement fait obtenir un billet de 3ᵉ à un toucheur et un billet de 2ᵉ au propriétaire.

Les bestiaux doivent être rendus aux gares ou stations expéditrices aux heures indiquées par leurs règlements spéciaux; en dehors de ces heures, les Compagnies ne garantissent pas l'arrivée des chargements à destination en temps utile.

EXPÉDITEURS de chevaux. — Ils sont autorisés à faire accompagner leurs chevaux par des palefreniers.

Un bulletin de parcours gratuit est remis ordinairement à chaque palefrenier qui accompagne douze chevaux, mais sous la condition expresse de non-garantie de la part de la Compagnie.

Dans ce cas, les expéditeurs, en cas d'accident de route, n'ont aucun recours à exercer contre les Compagnies.

EXPÉDITION. — Synonyme d'envoi. On entend aussi par ce mot toutes les opérations qui suivent l'acceptation d'un colis, et son chargement.

EXPLOITATION. — Lorsque tous les travaux nécessaires à l'établissement d'un chemin de fer sont terminés, et que le matériel nécessaire au transport des voyageurs et des marchandises a été mis sur la voie, on dit que le chemin de fer est en état d'exploitation.

EXPLOSION de machines locomotives. — La détérioration des armatures, les vices dans la confection de la chaudière, la descente du niveau de l'eau et le mauvais fonctionnement des soupapes, peuvent produire l'explosion. Elle est toujours le résultat de la négligence de l'ingénieur qui laisse sortir du dépôt une mauvaise machine, et de la part du mécanicien qui n'est pas attentif à ses devoirs.

EXPRESS ou train express. — Mot anglais qui signifie courrier à grande vitesse. Ces trains ne s'arrêtent qu'aux stations importantes. Les express parcourent en général 80 kilomètres à l'heure.

EXPROPRIATION pour cause d'utilité publique. — L'expropriation pour cause d'utilité publique a lieu en France conformément à la loi du 3 mai 1841.

Après l'accomplissement des diverses mesures administratives nécessaires en pareille matière, l'expropriation est prononcée quand il y a lieu.

Le propriétaire dépossédé a droit à une indemnité de la part de la Compagnie qui motive son expropriation.

Cette indemnité peut être réglée de gré à gré, ou, dans le cas contraire, le chiffre en est fixé par le jury.

Le cadre de notre ouvrage ne nous permettant pas d'entrer dans des détails de jurisprudence, nous nous bornons à renvoyer nos lecteurs au texte de la loi sus-énoncée.

EXTINCTION des locomotives. — Après le service, la machine est placée sur la voie ordinaire au-dessus d'une fosse dans laquelle descend le chauffeur pour sortir du cendrier le feu que le mécanicien y fait tomber.

FACTAGE. — Distribution en ville de la messagerie à grande vitesse, des finances et articles de valeur.

FACTEURS. — Placés sous les ordres des chefs de gare, ces employés sont chargés du service des bagages.

Les facteurs se décomposent en trois classes :

    1° facteurs chefs ;

    2° facteurs enregistrants ;

    3° facteurs ordinaires.

Les facteurs reçoivent les colis à leur arrivée en gare, en examinent le conditionnement extérieur. Les bordereaux d'enregistrement et les feuilles de route sont dressés par leurs soins.

Ils font reconnaître les articles aux conducteurs des trains, et leur remettent les feuilles de route dont il s'agit.

A l'arrivée des trains, les facteurs reçoivent les feuilles de route des conducteurs de trains, procèdent à la reconnaissance des colis, et les délivrent aux voyageurs contre la remise des bulletins de bagages qui ont été remis par la gare expéditrice.

FACTEURS du mouvement. — Il y a dans chaque gare un certain nombre d'employés spécialement affectés à la manœuvre des plaques tournantes ou plates-formes, au moyen desquelles on fait passer les wagons et les locomotives d'une voie sur une autre. Leur service demande une grande pratique et de l'intelligence. On les appelle facteurs du mouvement.

Ces facteurs sont sous les ordres des chefs de gares ou de stations. Ils doivent entretenir avec soin les plaques tournantes, veiller à ce que rien ne s'introduise à l'intérieur, enlever, en un mot, tout obstacle qui pourrait en empêcher la libre évolution.

Dans le mouvement de la plaque tournante, souvent un choc dangereux peut résulter de l'arrêt trop brusque de la partie mobile : aussi les facteurs doivent-ils tourner ces plaques avec précaution.

FACTURE de transport. — Pièce servant à toucher les sommes dues pour tous transports.

La facture de transport doit toujours être sur timbre, à moins qu'une lettre de voiture timbrée n'accompagne cette pièce.

FACTURES de transport non timbrées. —

Une amende frappe tout bulletin de transport non revêtu de timbre.

Exception est faite pour les transports accompagnés d'ordres administratifs, les sables de la Compagnie et les retours d'emballages vides.

FACTURES de transport versées en compte courant. — Elles ne doivent pas être versées en compte courant sans porter au dos le reçu du destinataire et sa qualité ; autrement le versement serait refusé.

FOISONNEMENT. — Les déblais employés pour faire des remblais augmentent de volume ; au fur et à mesure qu'on jette les terres les unes sur les autres, elles se divisent et forment des vides qui sont le surplus du volume primitif : c'est cette augmentation qu'on désigne sous le nom de foisonnement. On y a toujours égard dans le calcul des remblais, car cette différence peut aller jusqu'à un septième, suivant la nature des terres employées.

FANAUX d'arrière-train. — (Voir *Signaux*.)

FASCINAGE. — Travaux en fascines ou en paquets de menus bois pour garantir le pied des talus des chemins de fer contre l'érosion des eaux ou les affouillements.

FAUX-CERCLE. — Cercle en fer qui enveloppe la jante, et sur lequel on pose le bandage.

FEUILLES de marche des trains. — On doit apporter beaucoup de soin à la rédaction de ces feuilles.

Elles doivent indiquer les wagons qui composent le train, le chargement de chacun, la vitesse et les arrêts qui peuvent arriver pendant le trajet.

Il est aussi nécessaire qu'elles mentionnent l'état du temps.

Afin de faciliter le travail de vérification et le classement de ces pièces, elles sont faites sur du papier d'une couleur variée pour chaque partie des réseaux exploités.

FEUILLE de route. — Copie du livre d'expédition. C'est l'analyse de la lettre de voiture.

FEUILLES du mouvement du matériel. — Elles réclament beaucoup d'attention de la part des employés préposés à leur rédaction.

Une exactitude ponctuelle est requise. On y inscrit les numéros des locomotives, tenders et wagons qui composent les trains, les marques de séries et le nom des Compagnies qui les possèdent.

Elles doivent indiquer l'endroit où sont pris les wagons et la station à laquelle ils sont laissés.

Une colonne spéciale est ordinairement réservée dans ces feuilles pour l'inscription des articles qui font l'objet du service de la traction.

Une couleur spéciale, suivant chaque partie du réseau, distingue ces feuilles, afin d'activer le classement et le travail des bureaux.

FINANCES. — (Voir *Articles de finance*.)

FLAMMÈCHES, — Divers systèmes ont été imaginés pour arrêter les flammèches qui s'échappent de la cheminée et qui pourraient occasionner des incendies. On emploie généralement une grille formée de petites tringles de fer dans la boîte à fumée ; en Allemagne, on place dans la cheminée une espèce de papillon qui arrête au passage les flammèches des charbons de bois.

FLEXION des rails. — Les rails posés sur des traverses n'ayant pas de point d'appui entre les deux traverses, sont fléchis par les trains qui y passent. Il est constaté que plus la vitesse de marche est grande, plus cette flexion augmente ; dans aucun cas elle n'est nuisible, si les rails sont assez forts ; étant élastiques, ils se redressent dès qu'ils ne sont plus chargés.

FONDATIONS tubulaires. — Nouveau mode de fonder les piles des ponts de chemins de fer. C'est une invention anglaise qui consiste à enfoncer des cylindres-tubes en fer dans le sol des fondations.

Cette opération a lieu de trois manières différentes : à l'aide d'une action mécanique directe; par le vide ou la pression atmosphérique, enfin par l'air comprimé. Dans le premier cas, on place sur le terrain de la fondation une série de tubes annulaires qui descendent par leur propre poids ou qu'on presse, afin de hâter leur descente; on enlève la terre qui se trouve dans les cylindres et on les remplit de béton.

Le deuxième procédé, appelé le procédé Pott (nom de l'inventeur), consiste à mettre sur le sol des tubes fermés par le haut; une machine pneumatique y fait le vide et le poids de l'atmosphère les fait descendre. Enfin le troisième procédé comprend l'application de l'air comprimé; il repose sur le principe de la cloche à plongeur. On comprime, au moyen d'une pompe foulante, l'air dans le cylindre, afin de chasser l'eau; les ouvriers travaillent alors à sec, déblaient le sol et produisent ainsi l'enfoncement successif des tubes.

FONDS d'assurance des conducteurs. — Dans certaines Compagnies de chemins de fer, il est constitué entre les conducteurs un fonds d'assurance mutuelle.

Les amendes augmentent ce fonds, que le comité de direction administre. Quand un conducteur quitte la Compagnie, il n'a droit qu'à son versement originaire. Quand un conducteur a une perte à combler, le comité de direction décide s'il y a lieu de supporter une partie de cette perte.

FONDS de réserve. — Le fonds de réserve est destiné à faire face aux dépenses imprévues, aux pertes qui pourraient survenir et au remboursement des emprunts. L'emploi de la réserve est réglé chaque année par l'assemblée générale sur la proposition du conseil d'administration.

Il est formé d'après les prescriptions des statuts.

Dans le cas où l'année n'aurait pas produit de bénéfices, l'assemblée peut voter une répartition à prendre sur ce fonds.

FONDS de roulement. — Partie du capital consacrée à l'alimentation de la caisse de la Société, et qui varie suivant les affaires de l'entreprise.

FORMALITÉS pour la constatation des fausses déclarations de la part des expéditeurs.—En cas de présomption de fraude, les agents doivent à l'arrivée faire prévenir le destinataire et le commissaire de surveillance.

En leur présence, il sera procédé à l'ouverture des colis et procès-verbal sera dressé.

Si le destinataire refusait d'assister à l'ouverture des colis, une sommation devra lui être faite avant de passer outre.

FOSSES à piquer le feu. — Ce sont des fosses établies dans les dépôts sous chaque locomotive, qui permettent de passer facilement sous la machine et d'y travailler.

FOURGON. — Wagon dans lequel se trouvent les bagages des voyageurs.

FOYER. — Le foyer ou la boîte à feu d'une locomotive est composé d'une caisse renversée, formée généralement par l'assemblage de feuilles de cuivre; à sa partie inférieure le foyer reçoit la grille.

FRACTIONNEMENT des trains. — Parfois il arrive qu'un train se trouve arrêté dans sa marche soit à cause de son excessive longueur, soit à cause du poids trop considérable qu'il doit entraîner, soit par manque de combustible, et que la machine de secours elle-même est impuissante à le remorquer.

Si ce stationnement forcé se produit trop loin d'une station de dépôt, et qu'il soit indispensable de remettre le convoi en marche, le chef de train est autorisé à fractionner le train en deux ou plusieurs parties : il se met à la tête de la fraction qui doit marcher; quant à la partie laissée sur la voie, il en confie la surveillance à un garde-frein. Arrivé à la plus prochaine station de dépôt, il expédie sans retard du secours à la fraction de train détachée du convoi.

Mais de pareils cas sont rares, et le fractionnement des trains, qui, malgré toutes les précautions, peut toujours amener des accidents, n'est autorisé qu'à la dernière extrémité.

FRAIS de bureau des gares et stations. — Il est généralement alloué 2 0/0 du traitement des employés pour couvrir les frais de bureaux.

Moyennant cet excédant, les Compagnies, du moins le plus grand nombre agit ainsi, sont dispensées de fournir les articles de bureaux aux employés, à l'exception du papier à lettres et des imprimés qui sont faits par ordre de l'administration.

FRAIS de déplacement des conducteurs et employés gardes-freins. — Une indemnité de déplacement est allouée aux conducteurs de trains et aux gardes-freins et hommes d'équipe.

Cette indemnité est proportionnelle à la durée du voyage, c'est-à-dire à la durée de l'absence du lieu de résidence des employés.

Quelques Compagnies ont accordé une allocation de 150 fr. par an aux chefs de train pour toute indemnité de déplacement.

L'usage semble s'établir maintenant de payer chaque fois les indemnités dues.

FRAISIL. — Cendres de la houille.

FREINS. — Ce sont des appareils appliqués contre les roues des véhicules et destinés à ralentir leur mouvement. On en distingue plusieurs espèces : les freins qui agissent sur les bandages des roues; les freins-sabots ou patins qui pèsent sur les rails et soulèvent la caisse des voitures. Les freins sont mis en mouvement par la force de l'homme garde-frein qui agit sur des leviers, ou par la vapeur qui fait fonctionner un piston auquel sont attachés des leviers, ou par l'impulsion du convoi (freins automoteurs) qui, en poussant les wagons les uns contre les autres, met les leviers en mouvement. Le nombre des freins nécessaires pour assurer la sécurité d'un train est fixé ainsi qu'il suit :

Trains de voyageurs :

   1 frein pour 7 voitures.
   2 freins pour 15 voitures.
   3 freins pour 24 voitures.

Trains de marchandises :

   1 frein pour 12 wagons.
   2 freins pour 24 wagons.
   3 freins au-dessus de 25.

FRETTAGE des moyeux. — Opération qui consiste à fretter un moyeu, ou à y mettre des frettes (cercles en fer) en cas de rupture de ce moyeu.

FUITE de vapeur dans les locomotives. — Ces fuites peuvent se déclarer aux rivures, aux joints par des fissures, sur les parois de la chaudière et sur les plaques tubulaires ; on y remédie, si elles ne sont pas trop fortes, en les encollant ou en les empâtant par l'introduction dans l'eau du tender d'un mélange de son et de farine.

FUSÉES ou tourillons des essieux. — Extrémités amincies des essieux ; les fusées sont intérieures lorsque le châssis est extérieur.

GABARIT. — Modèle ou chablon qui donne le profil d'une pièce, d'un rail par exemple ; on les fait avec des morceaux de fer-blanc, de carton, de bois.—On appelle aussi gabarit le cadre dans lequel tous les véhicules d'un chemin de fer doivent passer, afin qu'on s'assure si leurs dimensions leur permettent de circuler par tous les ouvrages d'art de la ligne.

Ce cadre est suspendu à des poteaux dans une voie de garage.

Dès que le chargement dépasse ce gabarit, il le fait mouvoir et touche à une sonnette.

Dans ce cas on règle le chargement, afin qu'il ne dépasse plus la limite voulue.

GALETS d'alimentation. — C'est une paire de roues avec essieu placées au-dessous de la voie ; le cercle des roues est tangent aux rails. On y amène les locomotives qui ont besoin de renouveler l'eau après un long stationnement dans les gares, ou, en cas de fuites, dans la chaudière. La locomotive est calée et les roues motrices reposent uniquement sur ces galets. Avec un peu de vapeur on peut faire tourner ces roues qui font marcher des pompes alimentaires. Ce système n'est applicable qu'aux locomotives à roues motrices indépendantes.

GALETS directeurs. — Ce sont de petites roues attachées à la première voiture et à la locomotive d'un train articulé.

GALOP des locomotives.—Mouvement autour d'un axe horizontal.

GARAGE des trains. — Faire entrer des trains dans une voie qui s'embranche sur la voie principale. Cette opération a pour but de rendre la voie principale libre, afin que les trains de voyageurs puissent dépasser les autres trains qui ne marcheraient pas aussi vite.

GARANTIE. — Les Compagnies de chemins de fer répondent toujours des bagages enregistrés, mais ne répondent que de ceux-là.

Elles ne répondent pas des valeurs d'or, d'argent, etc., qui se trouveraient dans un bagage perdu ; à moins toutefois que la valeur de ces objets n'ait été déclarée à l'enregistrement.

GARANTIE d'intérêt. — Les garanties d'intérêts peuvent être de plusieurs natures :

1º Promesse par l'État aux actionnaires ou porteurs d'obligations d'une Compagnie qu'ils recevront annuellement, pendant un temps déterminé, une somme fixée représentant un intérêt qui peut être de 3, 4, 5 0/0;

2º Garantie donnée aux actions ou obligations d'une Compagnie par une autre Compagnie plus solvable ou jouissant d'un plus grand crédit.

GARDES-BARRIÈRES. — Ils sont chargés d'entretenir la voie sur une certaine longueur, de tenir les barrières en bon état, de les ouvrir et de les refermer quand cela est nécessaire.

Les barrières doivent toujours rester fermées; elles ne peuvent être ouvertes au public que quand il reste au moins cinq minutes avant le passage du train attendu.

Le garde-barrière est chargé du service des signaux, le jour avec un drapeau, la nuit avec une lanterne à verres de couleurs différents.

Quand un train ou une locomotive vient à passer, il doit venir faire sur la voie le signal de passage ou d'arrêt.

Ce système est malheureusement vicieux, car le brouillard ne permet pas toujours de distinguer les signaux et peut par conséquent donner lieu à des catastrophes. Il y a lieu de penser que l'administration aura bientôt comblé cette lacune.

GARDE-CORPS. — (Voir le mot *Balustrade*.)

GARDES-LIGNES. Cantonniers. — Ce sont des ouvriers employés d'une manière permanente; ils ont la surveillance d'une partie ou d'un canton de chemin de fer; ils ont à réparer la voie et à donner les signaux aux trains; ils sont en outre chargés de la police du chemin de fer. Dans ce dernier but ils peuvent être assermentés et être assimilés aux gardes champêtres. Les gardes-lignes sont sous les ordres du chef garde-ligne et des conducteurs chefs de section de la voie.

GARDES de nuit. — Ces agents, qui sont assimilés aux gardes champêtres, sont comme eux assermentés, et peuvent, en conséquence, dresser procès-verbal de tout délit ou contravention qu'ils constatent.

Munis d'une lanterne à verres rouges et blancs, ils parcourent la ligne pendant la nuit, en surveillent les abords, s'assurent que toutes les prescriptions du service sont bien exécutées.

Si, par une circonstance quelconque, la voie se trouve interceptée, le garde de nuit doit se porter en avant dans la direction des trains qui arrivent, pour donner le signal d'arrêt.

La ligne est divisée en sections d'une longueur déterminée, sur chacune desquelles s'exerce la surveillance d'un garde de nuit. De proche en proche tous les gardes de nuit peuvent ainsi communiquer entre eux.

GARDES-FREINS. (Voir *Conducteurs gardes-freins*.)

GARDIENS. — (Voir *Cantonniers*).

GARE. — C'est un nouveau mot qu'on applique aux bâtiments du chemin de fer dans les villes principales; dans les petites localités on nomme ces bâtiments *stations*. Autrefois on disait : *embarcadère, débarcadère*. Ces termes sont entièrement passés de mode aujourd'hui. On distingue les gares par classes suivant leur importance ; en outre, on admet les gares de voyageurs, les gares de marchandises, les gares mixtes ; enfin les gares d'évitement sur les chemins à simple voie où il se trouve un nombre de voies suffisant pour laisser passer les trains.

GARE centrale. — On appelle ainsi une gare qui renferme plusieurs têtes de chemins ; ces gares sont usitées en Angleterre ; les chemins de fer pénètrent au centre des villes et se centralisent dans une gare commune. Sur le continent, on réunit généralement les lignes par un chemin de ceinture ou par des raccordements.

GARNITURES. — Ce sont des mèches en chanvre enduit de suif ; elles servent dans les boîtes à étoupes.

GAZONNEMENT. — On place du gazon sur les talus des remblais et des déblais ; cette opération est utile en ce qu'elle empêche les éboulements, mais elle est coûteuse ; aussi n'est-elle pas usitée généralement.

GLISSIÈRES ou guides du piston. — Ce sont deux barres métalliques destinées à maintenir la tige du piston dans sa direction rectiligne et à résister à la poussée oblique de la manivelle.

GODETS graisseurs. — Ce sont des vases en métal qui versent l'huile goutte à goutte au moyen d'une mèche sur les pièces à graisser.

GRAISSE. — On emploie de la graisse jaune pour les essieux, du suif pour les pistons, et de l'huile pour les mécanismes délicats de la locomotive. Ces divers emplois n'ont rien d'absolu.

GRAISSEUR. — Ouvrier chargé du graissage des roues des voitures ; pour opérer ce travail il accompagne ou il attend le convoi.

GRAISSEURS de gare. — Graisseurs à poste fixe dans les gares ; ils ont à graisser les trains aux points de départ.

GRAISSEURS de route. — Ils sont chargés de la surveillance et du graissage des voitures et wagons d'un train en marche ; ils accompagnent ce train et se font aider dans les stations par les graisseurs à poste fixe, ou graisseurs de gare. Ils tiennent en outre les feuilles de rapport sur les changements opérés dans la composition du train, et ils notent les voitures ajoutées et celles retranchées. Ils prennent note également des accidents et de leurs causes, ainsi que des retards.

GRAISSEURS des trains. — Synonyme avec graisseurs de route.

GRILLE. — Des barreaux de fer, placés sur un cadre, constituent dans une locomotive la grille qui est destinée à soutenir le combustible.

GRILLE fumivore. — C'est une grille à gradins, ou avec barreaux posés en escalier, destinée à brûler la fumée provenant du combustible.

GRIPPEMENT. — Le frottement des essieux, ou autres pièces mobiles mal graissées, finit par attaquer le métal ; il produit le grippement.

GROUPAGE. — Réunion de plusieurs articles en un seul pour profiter des taxes qui sont moindres sur un seul groupe que sur de petits articles séparés.

GRUE hydraulique. — Colonne en fonte avec un bec ou un tuyau d'où coule l'eau dans le compartiment du tender réservé à cet usage.

On adapte à l'orifice de cette colonne un tube ou tuyau en cuir ou simplement en toile.

L'eau est prise en dehors de la voie dans un réservoir d'alimentation, et c'est au moyen d'une soupape qu'on règle l'écoulement.

GUIDE ou cadre. — (Voir *Cadre du tiroir*.)

GUIDES du piston. — (Voir *Glissière*.)

H

HAIES. — Elles se placent contre les clôtures des chemins de fer; beaucoup de chemins de fer n'ont ni haies ni clôtures.

HEURTOIRS. — Ce sont des tampons ou cylindres élastiques, semblables aux tampons des véhicules, fixés à chaque extrémité d'un chemin de fer, aux gares extrêmes. Leur but est d'amortir le choc d'un convoi qui entrerait en gare sans que la vitesse ait été suffisamment modérée, et qui se heurterait alors contre le mur. Dans les voies accessoires on place une traverse sur les rails, ou on recourbe les rails afin que les voitures ne passent pas par-dessus. Tels sont les heurtoirs fixes. Les heurtoirs mobiles sont des calles placées sous les wagons pour empêcher le vent de mettre ces véhicules en mouvement.

HOMMES d'équipe. — Employés chargés de la formation des trains, du chargement et du déchargement des marchandises.

HOMOLOGATION. — Le *Dictionnaire général d'administration* s'exprime ainsi :

« L'homologation est une formule par laquelle le ministre de
» l'agriculture, du commerce et des travaux publics, fait connaître
» que les tarifs que la Compagnie se propose de percevoir n'ont
» rien de contraire au cahier des charges. Mais avant d'adopter
» cette formule, il doit apprécier l'économie des tarifs, voir s'ils
» ne changent pas les conditions d'existence des centres de pro-
» duction et de consommation. Ainsi le gouvernement, dans un
» but fiscal ou de protection pour l'industrie nationale, a établi des
» droits à l'entrée de certaines marchandises en France. Eh bien,
» peut-on admettre que les Compagnies puissent, au moyen des
» tarifs différentiels, et sans que le ministre puisse s'y opposer

» parce qu'elles restent au-dessous de leurs *maxima*, bouleverser
» tout le système économique du pays ? Non ; avec le droit d'exa-
» men, le droit de *veto* qu'exerce le gouvernement, rien de pareil
» ne se produira : le ministre refuse son homologation et tout
» est dit. En résumé, l'homologation est toujours précédée d'un
» examen. Cet examen peut amener le refus d'homologation, et
» nous pouvons dire que, dans ces termes, l'homologation n'est pas
» simplement un enregistrement des propositions des Compagnies. »

HUILE. — Le mécanicien porte avec lui une certaine quantité d'huile pour lubrifier sa machine.

IMPOT du dixième sur le prix des places.

« L'impôt du dixième sur le prix des places a été établi par as-
» similation à l'impôt perçu sur les voitures publiques. Seulement,
» au lieu d'un abonnement que la régie des contributions indi-
» rectes passe avec ces dernières entreprises, et au moyen duquel
» la redevance annuelle est fixe et porte sur les deux tiers du
» prix total des places que contient la voiture, pour les chemins
» de fer le décompte est fait par dizaine de jours et comprend toutes
» les places occupées sans exception. Mais la Compagnie ayant fait
» elle-même tout ou partie des dépenses d'établissement du che-
» min de fer, comme nous l'avons déjà dit, on a partagé le tarif
» en deux : l'un intitulé *péage*, destiné à indemniser la Compagnie
» de ses dépenses d'établissement et d'une portion de ses frais
» généraux ; l'autre, nommé *transport*, relatif aux frais de trac-
» tion, et sur lequel porte l'impôt du dixième. Dans la plupart des
» cahiers des charges, les prix de péage et de transport sont indi-
» qués séparément ; mais dans quelques-uns cette division n'avait
» pas été faite, et une loi spéciale du 2 juillet 1838 est venue com-
» bler cette lacune, en édictant : 1° que l'impôt du dixième ne

» porte que sur la partie du tarif correspondant au prix de trans-
» port ; 2° que pour ceux des chemins de fer dont les cahiers des
» charges ne fixent pas le tarif, ou dont le tarif n'est pas divisé
» en péage et transport, l'impôt du dixième doit être perçu sur
» le tiers du prix total des places.

» Cette division en péage et transport avait été faite assez ar-
» bitrairement, plutôt dans le désir d'arrondir les chiffres qu'en
» appliquant rigoureusement la proportion du tiers et des deux
» tiers.

» Ainsi la 1re classe avait : péage : 0 f. 07 — transport : 0 f. 03
    » 2e   »   »   0 05   »   0 025
    » 3e   »   »   0 03   »   0 025

» Il en résultait cette étrange anomalie, que le voyageur de
» 1re classe payait beaucoup moins au Trésor que ceux des autres
» classes, et que le plus fortement imposé était le voyageur de
» 3e classe, dans les proportions suivantes :

    » 1re classe : 3 f. 19 pour cent du prix total de sa place ;
    » 2e   »   3 54   »   »   »
    » 3e   »   4 76   »   »   ».

» Dans les nouveaux cahiers des charges, dont nous avons
» donné plus haut le tarif, on a fait disparaître cette inégalité
» choquante en calculant le transport exactement au tiers du prix
» total de la place.

» On aura remarqué plus haut que ce tarif est établi, *non com-*
» *pris l'impôt du dixième sur le prix des places.* Néanmoins,
» l'administration des contributions indirectes avait d'abord élevé
» la prétention de prélever l'impôt *en dedans* du prix des places
» et non *en dehors ;* en d'autres termes, elle disait aux Compa-
» gnies : « Vous percevez 100 fr., sur lesquels vous me devez le
» dixième et le décime de guerre, soit 11 fr. » Il ne restait donc à
» la Compagnie, dans ce système, que 89 fr. Les Compagnies sou-
» tenaient que l'impôt devait se percevoir en dehors de ce qui
» leur était dû et que, lorsqu'elles touchaient 100 fr. pour elles,
» elles devaient percevoir 11 fr. de plus destinés au Trésor. La
» Cour de cassation a donné gain de cause aux Compagnies, et au-
» jourd'hui, dans tous les cas où la division en tiers et deux tiers
» est exactement faite, le calcul pour percevoir l'impôt s'établit
» ainsi :

» 2/3 affranchis du droit.............. 200 fr.
» 1/3 soumis au droit................ 100
» Droit (en principal et décime)....... 11

» Total........ 311 fr.

» et par conséquent, la somme revenant au Trésor est, pour les
» voitures de toutes les classes, dans la proportion de 11 à 311 re-
» lativement au prix total perçu par la Compagnie. Ce calcul va-
» rie suivant la proportion établie par le cahier des charges, entre
» le péage et le transport. Mais, après avoir posé les principes ad-
» mis par la Cour de cassation et qui servent aujourd'hui de règle
» à la perception, nous ne croyons pas devoir donner d'autres
» chiffres, chacun pouvant appliquer les règles établies plus haut.
» Nous devons ajouter cependant que, lorsque le cahier des charges
» ne dispose pas que l'impôt n'est point compris dans le prix de
» la place, le calcul se fait ainsi :

» 2/3 affranchis du droit....................... 200 fr.

» 1/3 soumis au droit { revenant à la Compagnie . 89
{ droit et décime.......... 11

» Total.......... 300 fr.

» et le rapport est, dans ce cas, de 11 à 300 fr. » (*Dictionnaire
général d'administration.*)

INCENDIES des trains. — Ces accidents arrivent
souvent sans'qu'on puisse en connaître la cause ; on les attribue
généralement aux flammèches qui tombent des locomotives.
Dès qu'un incendie se déclare, il est à désirer que les conducteurs des trains, et même les voyageurs, puissent en avertir le mécanicien par un mode de communication quelconque.

INCRUSTATIONS. — Ce sont des dépôts calcaires qui
s'attachent aux parois de la chaudière au fur et à mesure de
l'évaporation de l'eau. Les procédés chimiques qu'on a employés jusqu'à ce jour pour dissoudre ces dépôts n'ont pas
complétement réussi ; on se borne à se procurer les eaux les
plus pures possibles, c'est-à-dire celles qui renferment peu
de sels minéraux en dissolution ; malgré cette précaution, il
se forme toujours des dépôts qu'on enlève en nettoyant la
chaudière.

INDICATEUR de niveau d'eau. — C'est un tube de verre placé contre la chaudière et qui peut être ouvert au moyen de robinets; l'eau entre d'un côté, la vapeur de l'autre, et l'équilibre s'établit; le niveau de l'eau dans la chaudière est donc rendu visible extérieurement. Ce tube en verre est monté sur des tuyaux ou raccords qui entrent dans la chaudière. En cas de rupture du tube, on ferme les robinets et on se sert des robinets d'épreuve.

INDICATEUR de Watt. —Instrument qui mesure et inscrit la pression de la vapeur.

INGÉNIEUR de la voie. — Il est chargé de la direction et de la surveillance des travaux de la ligne; il a sous ses ordres les chefs de section ou sous-ingénieurs.

INGÉNIEUR du matériel. —Il est chargé de l'étude et de la direction des travaux relatifs au matériel roulant, qui comprend les locomotives, les voitures et les wagons; il a également sous sa direction les travaux des ateliers de construction et de réparation.

INGÉNIEUR du contrôle. — (Voir *Contrôle.*)

INSPECTEURS de l'exploitation commerciale. — L'arrêté ministériel du 20 mars 1848 et le décret du 26 juillet 1852, ont créé les inspecteurs de l'exploitation commerciale en remplacement des commissaires royaux supprimés par le même décret.

Il y a deux classes d'inspecteurs, les inspecteurs principaux et les inspecteurs particuliers; ces agents sont nommés par le ministre des travaux publics.

Les premiers centralisent les affaires des arrondissements auxquels ils sont attachés. Les inspecteurs particuliers sont placés sous les ordres des inspecteurs principaux.

Ces fonctionnaires surveillent les opérations financières des chemins de fer; ils sont chargés, sous la direction des ingénieurs en chef, d'exercer la surveillance de l'exploitation commerciale. Ils ont aussi pour mission de vérifier les pro-

positions des Compagnies concernant les tarifs à proposer, et
de veiller à l'application de ceux qui sont homologués.

INSPECTEURS des finances. — (Admission dans
les gares et stations.) Ces fonctionnaires doivent être admis
sur la présentation de leur commission.

Les chefs de gare leur faciliteront autant que possible leur
service.

Ils sont autorisés, en justifiant de leur qualité et en payant
leur place, à monter dans les voitures de l'administration des
postes.

**INSPECTEURS du mouvement et de l'exploi-
tation.** — Ces agents sont placés sous l'autorité immédiate
des inspecteurs principaux des Compagnies, et ont pour mission de surveiller l'exécution des règlements généraux, instructions et ordres de service.

Ils font les observations utiles aux chefs de gare; ils ont
autorité sur les conducteurs, et ont le droit de prendre les
mesures nécessaires pour la sécurité de la circulation.

En cas de détresse, s'ils se trouvent dans les trains, ils doivent prêter leur concours aux chefs ou sous-chefs de gare qui
accompagnent les machines de secours.

Chaque jour ils adressent un rapport à l'inspecteur principal. Ils peuvent être chargés de missions spéciales qui leur
donnent autorité sur le personnel des gares et des trains.

INSPECTEURS principaux des Compagnies.
— Ces agents ont pour mission d'assurer la bonne marche
des trains, de veiller à ce que le matériel soit réparti en raison
des besoins du service, de contrôler le factage et le camionnage, de veiller à ce que le service des correspondances de
la Compagnie se fasse régulièrement.

Ces agents correspondent directement avec le chef de l'exploitation auquel ils adressent leurs rapports.

Ils ont autorité sur tous les employés et agents de leur inspection.

INSPECTEURS généraux des Compagnies.— Les inspecteurs généraux veillent, sous les ordres du chef de l'exploitation à la bonne marche du service.

Ils préparent les affaires dont ils sont chargés par le directeur sur la proposition du chef de l'exploitation.

Ils ont autorité sur tous les employés et agents du service de l'exploitation.

En l'absence du chef de l'exploitation, les inspecteurs généraux le remplacent près du directeur.

INSPECTEURS généraux des chemins de fer. — Des inspecteurs généraux ont été établis par décret du 17 juin 1854 auprès du ministère de l'agriculture, du commerce et des travaux publics. Ces fonctionnaires sont chargés de la surveillance de l'exploitation commerciale et du contrôle de la gestion financière des Compagnies de chemins de fer. Les inspecteurs généraux sont membres du comité consultatif des chemins de fer.

INSTABILITÉ des machines locomotives. — (Voir *Stabilité*.)

INTERVALLE entre les trains. — Cet intervalle est généralement de :

10 minutes entre le départ de la station de deux trains;

5 minutes lorsque le premier train marche plus vite que le second;

5 minutes quand un train de voyageurs part d'une gare à laquelle un train de voyageurs précédent ne se sera pas arrêté;

5 minutes lorsqu'un train de marchandises part d'une gare à laquelle un train précédent ne se sera pas arrêté;

2 minutes lorsque la distance à parcourir par les trains n'excédera pas 3 kilomètres.

JANTE. — Cercle en fer qui se trouve sous le bandage des roues des véhicules.

JET de vapeur. — Le jet de vapeur lancé dans la cheminée de la locomotive produit le tirage ; c'est par l'orifice du tuyau d'échappement que ce jet a lieu.

JEU de la voie. — Intervalle entre les roues et les bords intérieurs des rails ; ce jeu facilite le passage dans les courbes.

JEU des boîtes à graisse. — C'est le jeu que les fusées prennent dans leurs coussinets des boîtes à graisse.

LACET, mouvement de lacet. — Mouvement serpentant qui est dû au choc des rebords des roues contre le rail ; ce choc produit un contre-coup rejetant la roue contre le rail opposé, qui renvoie à nouveau. Ce mouvement irrégulier fatigue les voyageurs dès qu'il prend une certaine intensité. On y obvie en serrant autant que possible tous les véhicules les uns contre les autres.

LAISSÉ pour compte. — Refus par le destinataire de prendre livraison des colis qu'on lui présente.

Les Compagnies, pour ne pas se charger de marchandises dont elles n'ont que faire, font immédiatement des *offres réelles* aux destinataires quand elles sont cause des retards.

Ce système est excellent, car souvent une livraison plus longtemps différée contribuerait à la perte totale de ces articles.

LAMINAGE. — Les premiers rails étaient en fonte; actuellement ils sont en fer laminé. Le laminage est une opération qui consiste à faire passer des barres de fer chauffées au rouge par le laminoir ou les cylindres lamineurs, pour leur donner un profil voulu. Dès que ce profil est obtenu, le rail est terminé, sauf les bouts, qui doivent être coupés ou affranchis, afin de lui donner la largeur exacte ; cette deuxième opération est faite également au laminoir, qui est le nom de la machine aussi bien que de l'établissement.

LAMINOIR. — Machine composée de cylindres tournants ou rouleaux dans les cannelures desquels passent les barres pour recevoir la forme voulue. Aujourd'hui les rails sont exclusivement laminés.

LANCE. — Outil du mécanicien destiné à jeter le feu.

LAVAGE des houilles. — Si la houille est impure, on la lave avant de la faire servir à la fabrication du coke.

LAVAGE des locomotives. — Cette opération a lieu à des époques fixées par le chef de la traction, d'après le parcours effectué et le degré de pureté des eaux. L'opération consiste à lancer un jet d'eau dans la machine et à la nettoyer avec une tringle; on empêche ainsi autant que possible les dépôts ou incrustations provenant des eaux impures, c'est-à-dire celles qui renferment des sels minéraux, tels que le carbonate de chaux.

LETTRE de voiture. — Bordereau sur papier timbré, indiquant la nature, le poids et la contenance des objets à transporter, le délai dans lequel le transport doit être effectué, le nom et le domicile de l'expéditeur, le nom et le domicile du destinataire.

Elle est signée par l'expéditeur. Elle présente en marge les marques et numéros des objets à transporter.

Les ratures ou surcharges doivent être approuvées. Les lettres de voiture qui n'ont pas le délai suffisant pour effectuer les transports ne doivent pas être acceptées.

Dans les délais, le jour d'expédition ne compte pas. Les Compagnies doivent rembourser le timbre de la lettre de voiture à l'expéditeur. On ne passe plus guère maintenant que 50 centimes au commerce pour cet objet.

Les Compagnies n'acceptent généralement les colis que pour la station la plus rapprochée du lieu de destination quand elles n'y ont pas de correspondants.

LETTRE de voiture payable à retour. — Est ainsi appelée la lettre de voiture qui, la livraison de la marchandise effectuée, retourne à l'expéditeur qui solde les frais de transport.

Cette lettre de voiture doit porter au dos le reçu de la marchandise signé du destinataire.

Les Compagnies n'acceptent que très-difficilement de semblables lettres de voiture.

LETTRES et plis de service de l'Etat, des Compagnies; correspondances et journaux. — Les chefs de gares et de stations doivent se charger de tous les plis de service de l'Etat sur la réquisition écrite de ses fonctionnaires.

Ils peuvent recevoir le pli de service des Compagnies qui ont un abonnement spécial pour les documents qu'elles envoient à leurs succursales.

Défense est faite à tout employé attaché aux Compagnies des chemins de fer de transporter cachetées les lettres d'un tiers, sous peine d'une amende et même de destitution.

En aucun cas les transporteurs ne doivent s'immiscer dans le transport des dépêches qui concernent l'administration des postes.

Les imprimés ou journaux périodiques ne peuvent non plus être acceptés si leur poids est inférieur à 1 kilog.

LETTRES étrangères au service de la Compagnie. — Le transport en est prohibé. — (Voir *Lettres et plis de service de l'État, des Compagnies, etc.*)

LITIGE. — Différend au sujet du paiement d'une facture de transport, colis en souffrance, réclamations, etc.

LIVRAISON. — Remise des colis expédiés, entre les mains des destinataires, contre récépissés.

LIVRAISON des bagages. — Elle ne doit avoir lieu que contre la remise du bulletin délivré par la gare expéditrice, qui vaut décharge à la Compagnie.

LIVRAISON des marchandises à grande vitesse. — Immédiatement après l'arrivée et la reconnaissance des colis, on vérifie les taxes, puis on procède à la livraison.

Les facteurs de la Compagnie vont porter en ville les colis aux destinataires, reçoivent le prix des transports et les sommes à rembourser, et font signer une décharge au livre d'émargement.

En cas d'avarie provenant de la faute de la Compagnie, les stations doivent transiger de suite ; en cas de contestation, elles doivent en aviser l'inspecteur principal et en saisir l'agent commercial.

LIVRAISON des marchandises à petite vitesse. — Les camionneurs munis des lettres de voiture et des bulletins de garantie vont à domicile opérer la livraison des colis.

Ils reçoivent les frais de transport et le montant des remboursements.

En cas de contestation, ils doivent prévenir les agents spéciaux de la Compagnie.

LIVRE de réclamations. — Il est déposé au bureau du commissaire de surveillance administrative, dans les gares principales, au bureau du chef de gare ou de station dans les autres gares, un livre où les voyageurs ont droit de déposer par écrit toutes les réclamations qu'ils auraient à faire contre la Compagnie ou ses agents. Ce livre doit être présenté aux voyageurs à leur première réquisition.

Une grande partie du public ignore l'existence de ce registre ; il est important qu'il la connaisse et qu'il sache surtout que ces livres de réclamations sont contrôlés avec soin par l'administration.

LOCOMOTION des chemins de fer, ou forces motrices employées dans les chemins de fer, —Ces forces sont de plusieurs sortes : 1º les locomotives ; — 2º les machines fixes des plans inclinés ; — 3º la gravité sur les chemins automoteurs ; — 4° l'air atmosphérique agissant sur le piston d'un tube placé au milieu de la voie (chemin atmosphérique) ; — 5º les chevaux (chemins américains ou tramways) ; — 6º l'air comprimé, l'air chaud, le chloroforme, l'éther, et, dans les locomotives, l'eau agissant dans un tube sur la voie (chemin hydraulique). De nombreux brevets ont été pris pour ces derniers moteurs, mais ils sont restés jusqu'ici à l'état de projet.

LOCOMOTIVES. — (Voir *Machine locomotive.*)

LOCOMOTIVE-tender. — (Voir *Machine-tender*, synonyme.)

LOI de Mariotte. — Elle s'exprime ainsi : « Les volu-» mes des gaz sont en raison inverse des pressions. »

LOI du 11 juin 1842. —
TITRE Ier.
DISPOSITIONS GÉNÉRALES.
ARTICLE PREMIER. — Il sera établi un système de chemins de fer se dirigeant,

1º De Paris,

Sur la frontière de Belgique, par Lille et Valenciennes ;

Sur l'Angleterre, par un ou plusieurs points du littoral de la Manche, qui seront ultérieurement déterminés ;

Sur la frontière d'Allemagne, par Nancy et Strasbourg ;

Sur la Méditerranée, par Lyon, Marseille et Cette ;

Sur la frontière d'Espagne, par Tours, Poitiers, Angoulême, Bordeaux et Bayonne ;

Sur l'Océan, par Tours et Nantes ;

Sur le centre de la France, par Bourges ;

2° De la Méditerranée sur le Rhin, par Lyon, Dijon et Mulhouse ;

De l'Océan sur la Méditerranée, par Bordeaux, Toulouse et Marseille.

ART. 2. — L'exécution des grandes lignes de chemins de fer définies par l'article précédent aura lieu par le concours

De l'État,

Des départements traversés et des communes intéressées,

De l'industrie privée,

Dans les proportions et suivant les formes établies par les articles ci-après.

Néanmoins, ces lignes pourront être concédées en totalité ou en partie à l'industrie privée, en vertu des lois spéciales et aux conditions qui seront alors déterminées.

ART. 3. — Les indemnités dues pour les terrains et bâtiments dont l'occupation sera nécessaire à l'établissement des chemins de fer et de leurs dépendances seront avancées par l'État, et remboursées à l'État, jusqu'à concurrence des deux tiers, par les départements et les communes.

Il n'y aura pas lieu à indemnité pour l'occupation des terrains ou bâtiments appartenant à l'État.

Le Gouvernement pourra accepter les subventions qui lui seraient offertes par les localités ou les particuliers, soit en terrains, soit en argent.

ART. 4. — Dans chaque département traversé, le conseil général délibérera,

1° Sur la part qui sera mise à la charge du département dans les deux tiers des indemnités, et sur les ressources extraordinaires au moyen desquelles elle sera remboursée en cas d'insuffisance des centimes facultatifs ;

2° Sur la désignation des communes intéressées et sur la part à supporter par chacune d'elles, en raison de son intérêt et de ses ressources financières.

Cette délibération sera soumise à l'approbation du roi.

Art. 5. — Le tiers restant des indemnités des terrains et bâtiments,

Les terrassements,

Les ouvrages d'art et stations,

Seront payés sur les fonds de l'État.

Art. 6. — La voie de fer, y compris la fourniture du sable,

Le matériel et les frais d'exploitation,

Les frais d'entretien et de réparation du chemin, de ses dépendances et de son matériel,

Resteront à la charge des compagnies auxquelles l'exploitation du chemin sera donnée à bail.

Ce bail réglera la durée et les conditions de l'exploitation, ainsi que le tarif des droits à percevoir sur le parcours ; il sera passé provisoirement par le ministre des travaux publics, et définitivement approuvé par une loi.

Art. 7. — A l'expiration du bail, la valeur de la voie de fer et du matériel sera remboursée, à dire d'experts, à la compagnie par celle qui lui succédera, ou par l'État.

Art. 8. — Des ordonnances royales régleront les mesures à prendre pour concilier l'exploitation des chemins de fer avec l'exécution des lois et règlements sur les douanes.

Art. 9. — Des règlements d'administration publique détermineront les mesures et les dispositions nécessaires pour garantir la police, la sûreté, l'usage et la conservation des chemins de fer et de leurs dépendances.

TITRE II.

DISPOSITIONS PARTICULIÈRES.

Art. 10. — Une somme de quarante-trois millions (43,000,000 fr.) est affectée à l'établissement du chemin de fer de Paris à Lille et Valenciennes, par Amiens, Arras et Douai.

Art. 11. — Une somme de onze millions cinq cent mille francs (11,500,000 fr.) est affectée à la partie du chemin de fer de Paris à la frontière d'Allemagne comprise entre Hommarting et Strasbourg.

Art. 12. — Une somme de onze millions (11,000,000 fr.) est affectée à l'établissement de la partie commune aux chemins de fer de Paris à la Méditerranée et de la Méditerranée au Rhin comprise entre Dijon et Châlons.

Art. 13. — Une somme de trente millions (30,000,000 fr.) est affectée à la partie du chemin de Paris à la Méditerranée comprise entre Avignon et Marseille, par Tarascon et Arles.

Art. 14. — Une somme de dix-sept millions (17,000,000 fr.) est affectée à l'établissement de la partie commune aux chemins de fer de Paris à la frontière d'Espagne et de Paris à l'Océan comprise entre Orléans et Tours.

Art. 15. — Une somme de douze millions (12,000,000 fr.) est affectée à l'établissement de la partie du chemin de fer de Paris au centre de la France comprise entre Orléans et Vierzon.

Art. 16. — Une somme de un million cinq cent mille francs (1,500,000 fr.) est affectée à la continuation et à l'achèvement des études des grandes lignes de chemins de fer.

Art. 17. — Sur les allocations mentionnées aux articles précédents, et s'élevant ensemble à la somme de cent vingt-six millions de francs (126,000,000 fr.), il est ouvert au ministre des travaux publics, sur l'exercice 1842, un crédit de, savoir :

Pour le chemin de fer de Paris à la frontière de la Belgique, dans la partie comprise entre Paris et Amiens	4,000,000 fr.
Pour la partie du chemin de Paris à la frontière d'Allemagne, entre Strasbourg et Hommarting	1,500,000
Pour la partie commune aux chemins de Paris à la Méditerranée, et de la Méditerranée au Rhin, entre Dijon et Châlons	1,000,000
Pour la partie du chemin de Paris à la Méditerranée comprise entre Avignon et Marseille	2,000,000
Pour la partie commune aux chemins de Paris à la frontière d'Espagne, et de Paris à l'Océan, entre Orléans et Tours	2,000,000
Pour la partie du chemin de Paris au centre de la France comprise entre Orléans et Vierzon	1,500,000
Pour la continuation des études	1,000,000
Total égal	13,000,000

Et sur l'exercice de 1843, un crédit de, savoir :

Pour le chemin de Paris à la frontière de Belgique........ 8,000,000 fr.
Pour la partie du chemin de Paris à la frontière d'Allema-
  gne, entre Strasbourg et Hommarting................... 3,500,000
Pour la partie commune aux chemins de Paris à la Médi-
  terranée, et de la Méditerranée au Rhin, entre Dijon et
  Châlons... 2,000,000
Pour la partie du chemin de Paris à la Méditerranée, entre
  Avignon et Marseille................................ 6,000,000
Pour la partie commune aux chemins de Paris à la fron-
  tière d'Espagne, et de Paris à l'Océan, entre Orléans et
  Tours... 6,000,000
Pour la partie du chemin de Paris au centre de la France,
  entre Orléans et Vierzon............................ 3,500,000
Pour la continuation des études.......................   500,000
                                                       ____
       Total égal..................... 29,500,000

TITRE III.

VOIES ET MOYENS.

Art. 18. — Il sera pourvu provisoirement, au moyen des ressources de la dette flottante, à la portion des dépenses autorisées
par la présente loi, qui doivent demeurer à la charge de l'État ;
les avances du Trésor seront définitivement couvertes par la consolidation des fonds de réserve de l'amortissement, qui deviendront
libres après l'extinction des découverts des budgets des exercices
1840, 1841, 1842.

TITRE IV.

DISPOSITION FINALE.

Art. 19. — Chaque année, il sera rendu aux Chambres, par le
ministre des travaux publics, un compte spécial des travaux exécutés en vertu de la présente loi.

Loi du 27 février 1850.

L'Assemblée nationale a adopté la loi dont la teneur suit :

Article premier. — Les commissaires et sous-commissaires

spécialement préposés à la surveillance des chemins de fer sont nommés par le ministre des travaux publics.

ART. 2. — Un règlement d'administration publique déterminera les conditions et le mode de leur nomination et de leur avancement.

ART. 3. — Ils ont, pour la constatation des crimes, délits et contraventions commis dans l'enceinte des chemins de fer et de leurs dépendances, les pouvoirs d'officiers de police judiciaire.

ART. 4. — Ils sont, en cette qualité, sous la surveillance du procureur de la République, et lui adressent directement leurs procès-verbaux.

Néanmoins, ils adressent aux ingénieurs, sous les ordres desquels ils continuent à exercer leurs fonctions, les procès-verbaux qui constatent les contraventions à la grande voirie, et en double original, aux procureurs de la République et aux ingénieurs, ceux qui constatent des infractions aux règlements de l'exploitation.

Dans la huitaine du jour où ils auront reçu les procès-verbaux constatant des infractions aux règlements de l'exploitation, les ingénieurs transmettront au procureur de la République leurs observations sur ces procès-verbaux.

Dans le même délai ils transmettront au préfet les procès-verbaux qui auront été dressés pour contravention à la grande voirie.

LOI du 15 juillet 1845.

TITRE Ier.

MESURES RELATIVES A LA CONSERVATION DES CHEMINS DE FER.

ARTICLE PREMIER. — Les chemins de fer construits ou concédés par l'État font partie de la grande voirie.

ART. 2. — Sont applicables aux chemins de fer les lois et règlements sur la grande voirie qui ont pour objet d'assurer la conservation des fossés, talus, levées et ouvrages d'art dépendant des routes, et d'interdire, sur toute leur étendue, le pacage des bestiaux et les dépôts de terre et autres objets quelconques.

Art. 3. — Sont applicables aux propriétés riveraines des chemins de fer les servitudes imposées par les lois et règlements sur la grande voirie, et qui concernent :

L'alignement,

L'écoulement des eaux,

L'occupation temporaire des terrains en cas de réparation,

La distance à observer pour les plantations, et l'élagage des arbres plantés,

Le mode d'exploitation des mines, minières, tourbières, carrières et sablières, dans la zone déterminée à cet effet.

Sont également applicables à la confection et à l'entretien des chemins de fer, les lois et règlements sur l'extraction des matériaux nécessaires aux travaux publics.

Art. 4. — Tout chemin de fer sera clos des deux côtés et sur toute l'étendue de la voie.

L'administration déterminera, pour chaque ligne, le mode de cette clôture, et, pour ceux des chemins qui n'y ont pas été assujettis, l'époque à laquelle elle devra être effectuée.

Partout où les chemins de fer croiseront de niveau les routes de terre, des barrières seront établies et tenues fermées, conformément aux règlements,

Art. 5. — A l'avenir, aucune construction autre qu'un mur de clôture ne pourra être établie dans une distance de deux mètres d'un chemin de fer.

Cette distance sera mesurée soit de l'arête supérieure du déblai, soit de l'arête inférieure du talus du remblai, soit du bord extérieur des fossés du chemin, et, à défaut d'une ligne tracée, à un mètre cinquante centimètres à partir des rails extérieurs de la voie de fer.

Les constructions existantes au moment de la promulgation de la présente loi, ou lors de l'établissement d'un nouveau chemin de fer, pourront être entretenues dans l'état où elles se trouveront à cette époque.

Un règlement d'administration publique déterminera les formalités à remplir par les propriétaires pour faire constater l'état desdites constructions, et fixera le délai dans lequel ces formalités devront être remplies.

Art. 6. — Dans les localités où le chemin de fer se trouvera en remblai de plus de trois mètres au-dessus du terrain naturel, il est interdit aux riverains de pratiquer, sans autorisation préalable, des excavations dans une zone de largeur égale à la hauteur verticale du remblai, mesurée à partir du pied du talus.

Cette autorisation ne pourra être accordée sans que les concessionnaires ou fermiers de l'exploitation du chemin de fer aient été entendus ou dûment appelés.

Art. 7. — Il est défendu d'établir, à une distance de moins de vingt mètres d'un chemin de fer desservi par des machines à feu, des couvertures en chaume, des meules de paille, de foin, et aucun autre dépôt de matières inflammables.

Cette prohibition ne s'étend pas aux dépôts de récoltes faits seulement pour le temps de la moisson.

Art. 8. — Dans une distance de moins de cinq mètres d'un chemin de fer, aucun dépôt de pierres, ou objets non inflammables, ne peut être établi sans l'autorisation préalable du préfet.

Cette autorisation sera toujours révocable.

L'autorisation n'est pas nécessaire,

1° Pour former, dans les localités où le chemin de fer est en remblai, des dépôts de matières non inflammables, dont la hauteur n'excède pas celle du remblai du chemin ;

2° Pour former des dépôts temporaires d'engrais et autres objets nécessaires à la culture des terres.

Art. 9. — Lorsque la sûreté publique, la conservation du chemin et la disposition des lieux le permettront, les distances déterminées par les articles précédents pourront être diminuées en vertu d'ordonnances royales rendues après enquêtes.

Art. 10. — Si, hors des cas d'urgence prévus par la loi des 16-24 août 1790, la sûreté publique ou la conservation du chemin de fer l'exige, l'administration pourra faire supprimer, moyennant une juste indemnité, les constructions, plantations, excavations, couvertures en chaume, amas de matériaux combustibles ou autres, existant, dans les zones ci-dessus spécifiées, au moment de la promulgation de la présente loi, et, pour l'avenir, lors de l'établissement du chemin de fer.

L'indemnité sera réglée, pour la suppression des constructions, conformément aux titres IV et suivants de la loi du 3 mai 1841, et, pour tous les autres cas, conformément à la loi du 16 septembre 1807.

ART. 11. — Les contraventions aux dispositions du présent titre seront constatées, poursuivies et réprimées comme en matière de grande voirie.

Elles seront punies d'une amende de seize à trois cents francs, sans préjudice, s'il y a lieu, des peines portées au Code pénal et au titre III de la présente loi. Les contrevenants seront, en outre, condamnés à supprimer, dans le délai déterminé par l'arrêté du conseil de préfecture, les excavations, couvertures, meules ou dépôts faits contrairement aux dispositions précédentes.

A défaut, par eux, de satisfaire à cette condamnation dans le délai fixé, la suppression aura lieu d'office, et le montant de la dépense sera recouvré contre eux par voie de contrainte, comme en matière de contributions publiques.

TITRE II.

DES CONTRAVENTIONS DE VOIRIE COMMISES PAR LES CONCESSIONNAIRES OU FERMIERS DE CHEMINS DE FER.

ART. 12. — Lorsque le concessionnaire ou le fermier de l'exploitation d'un chemin de fer contreviendra aux clauses du cahier des charges, ou aux décisions rendues en exécution de ces clauses, en ce qui concerne le service de la navigation, la viabilité des routes royales, départementales et vicinales, ou le libre écoulement des eaux, procès-verbal sera dressé de la contravention, soit par les ingénieurs des ponts et chaussées ou des mines, soit par les conducteurs, gardes-mines et piqueurs, dûment assermentés.

ART. 13. — Les procès-verbaux, dans les quinze jours de leur date, seront notifiés administrativement au domicile élu par le concessionnaire ou le fermier, à la diligence du préfet, et transmis dans le même délai au conseil de préfecture du lieu de la contravention.

ART. 14. — Les contraventions prévues à l'article 12 seront punies d'une amende de trois cents francs à trois mille francs.

ART. 15. — L'administration pourra, d'ailleurs, prendre immédiatement toutes mesures provisoires pour faire cesser le dommage, ainsi qu'il est procédé en matière de grande voirie.

Les frais qu'entraînera l'exécution de ces mesures seront recouvrés, contre le concessionnaire ou fermier, par voie de contrainte, comme en matière de contributions publiques.

TITRE III.

DES MESURES RELATIVES A LA SURETÉ DE LA CIRCULATION SUR LES CHEMINS DE FER.

Art. 16. — Quiconque aura volontairement détruit ou dérangé la voie de fer, placé sur la voie un objet faisant obstacle à la circulation, ou employé un moyen quelconque pour entraver la marche des convois ou les faire sortir des rails, sera puni de la réclusion.

S'il y a eu homicide ou blessures, le coupable sera, dans le premier cas, puni de mort, et, dans le second, de la peine des travaux forcés à temps.

Art. 17. — Si le crime prévu par l'article 16 a été commis en réunion séditieuse, avec rébellion ou pillage, il sera imputable aux chefs, auteurs, instigateurs et provocateurs de ces réunions, qui seront punis comme coupables du crime et condamnés aux mêmes peines que ceux qui l'auront personnellement commis, lors même que la réunion séditieuse n'aurait pas eu pour but direct et principal la destruction de la voie de fer.

Toutefois, dans ce dernier cas, lorsque la peine de mort sera applicable aux auteurs du crime, elle sera remplacée, à l'égard des chefs, auteurs, instigateurs et provocateurs de ces réunions, par la peine des travaux forcés à perpétuité.

Art. 18. — Quiconque aura menacé, par écrit anonyme ou signé, de commettre un des crimes prévus en l'article 16, sera puni d'un emprisonnement de trois à cinq ans, dans le cas où la menace aurait été faite avec ordre de déposer une somme d'argent dans un lieu indiqué, ou de remplir toute autre condition.

Si la menace n'a été accompagnée d'aucun ordre ou condition, la peine sera d'un emprisonnement de trois mois à deux ans, et d'une amende de cent à cinq cents francs.

Si la menace avec ordre ou condition a été verbale, le coupable sera puni d'un emprisonnement de quinze jours à six mois, et d'une amende de vingt-cinq à trois cents francs.

Dans tous les cas, le coupable pourra être mis par le jugement sous la surveillance de la haute police, pour un temps qui ne pourra être moindre de deux ans ni excéder cinq ans.

Art. 19. — Quiconque, par maladresse, imprudence, inattention, négligence ou inobservation des lois ou règlements, aura involontairement causé sur un chemin de fer, ou dans les gares ou stations, un accident qui aura occasionné des blessures, sera puni de huit jours à six mois d'emprisonnement, et d'une amende de cinquante à mille francs.

Si l'accident a occasionné la mort d'une ou plusieurs personnes, l'emprisonnement sera de six moix à cinq ans, et l'amende de trois cents à trois mille francs.

ART. 20. — Sera puni d'un emprisonnement de six mois à deux ans tout mécanicien ou conducteur garde-frein qui aura abandonné son poste pendant la marche du convoi.

ART. 21. — Toute contravention aux ordonnances royales portant règlement d'administration publique sur la police, la sûreté et l'exploitation du chemin de fer, et aux arrêtés pris par les préfets, sous l'approbation du ministre des travaux publics, pour l'exécution desdites ordonnances, sera punie d'une amende de seize à trois mille francs.

En cas de récidive dans l'année, l'amende sera portée au double, et le tribunal pourra, selon les circonstances, prononcer, en outre, un emprisonnement de trois jours à un mois.

ART. 22. — Les concessionnaires ou fermiers d'un chemin de fer seront responsables, soit envers l'Etat, soit envers les particuliers, du dommage causé par les administrateurs, directeurs ou employés à un titre quelconque au service de l'exploitation du chemin de fer.

L'Etat sera soumis à la même responsabilité envers les particuliers, si le chemin de fer est exploité à ses frais et pour son compte.

ART. 23. — Les crimes, délits ou contraventions prévus dans les titres I et III de la présente loi, pourront être constatés par des procès-verbaux dressés concurremment par les officiers de police judiciaire, les ingénieurs des ponts et chaussées et des mines, les conducteurs, gardes-mines, agents de surveillance et gardes nommés ou agréés par l'administration et dûment assermentés.

Les procès-verbaux des délits et contraventions feront foi jusqu'à preuve contraire.

Au moyen du serment prêté devant le tribunal de première instance de leur domicile, les agents de surveillance de l'administration et des concessionnaires ou fermiers pourront verbaliser sur toute la ligne du chemin de fer auquel ils seront attachés.

Art. 24. — Les procès-verbaux, dressés en vertu de l'article précédent, seront visés pour timbre et enregistrés en débet.

Ceux qui auront été dressés par des agents de surveillance et gardes assermentés devront être affirmés dans les trois jours, à peine de nullité, devant le juge de paix ou le maire, soit du lieu du délit ou de la contravention, soit de la résidence de l'agent.

Art. 25. — Toute attaque, toute résistance avec violence et voies de fait envers les agents des chemins de fer, dans l'exercice de leurs fonctions, sera punie des peines appliquées à la rébellion, suivant les distinctions faites par le Code pénal.

Art. 26. — L'article 463 du Code pénal est applicable aux condamnations qui seront prononcées en exécution de la présente loi.

Art. 27. — En cas de conviction de plusieurs crimes ou délits prévus par la présente loi ou par le Code pénal, la peine la plus forte sera seule prononcée.

Les peines encourues pour des faits postérieurs à la poursuite pourront être cumulées, sans préjudice des peines de la récidive.

LOI sur l'expropriation. — Du 3 mai 1841.

TITRE Ier.

DISPOSITIONS PRÉLIMINAIRES.

Art. 1er. — L'expropriation pour cause d'utilité publique s'opère par autorité de justice.

Art. 2. — Les tribunaux ne peuvent prononcer l'expropriation qu'autant que l'utilité en a été constatée et déclarée dans les formes prescrites par la présente loi.

Ces formes consistent :

1° Dans la loi ou l'ordonnance royale (aujourd'hui décret impérial), qui autorise l'exécution des travaux pour lesquels l'expropriation est requise ;

2° Dans l'acte du préfet, qui désigne les localités ou territoires sur lesquels les travaux doivent avoir lieu, lorsque cette désignation ne résulte pas de la loi ou de l'ordonnance royale ;

3° Dans l'arrêté ultérieur par lequel le préfet détermine les propriétés particulières auxquelles l'expropriation est applicable.

Cette application ne peut être faite à aucune propriété particulière qu'après que les parties intéressées ont été mises en état d'y fournir leurs contredits, selon les règles exprimées au titre II.

Art. 3. — Tous grands travaux publics, routes royales, canaux,
chemins de fer, canalisation des rivières, bassins et docks, entrepris par l'État, les départements, les communes, ou par Compagnies
particulières, avec ou sans péage, avec ou sans subside du Trésor,
avec ou sans aliénation du domaine public, ne pourront être exécutés
qu'en vertu d'une loi qui ne sera rendue qu'après une enquête administrative.

Une ordonnance royale suffira pour autoriser l'exécution des routes
départementales, celles des canaux et chemins de fer d'embranchement de moins de vingt mille mètres de longueur, des ponts et
de tous autres travaux de moins d'importance.

Cette ordonnance devra être également précédée d'une enquête.

Ces enquêtes auront lieu dans les formes déterminées par un règlement d'administration publique.

Nota. — L'art. 3 a été modifié par l'art. 4 du sénatus-consulte
de 1852, ainsi qu'il suit:

» Tous les travaux d'utilité publique, notamment ceux désignés
» par l'art. 10 de la loi du 21 avril 1830 et l'art. 3 de la loi du
» mai 1841, toutes les entreprises d'intérêt général, sont ordonnés
» ou autorisés par décrets de l'Empereur.

» Ces décrets sont rendus dans les formes prescrites pour les
» règlements d'administration publique.

» Néanmoins, si ces travaux et entreprises ont pour condition
» des engagements ou des subsides du Trésor, le crédit devra
» être accordé ou l'engagement ratifié par une loi avant la mise
» à exécution.

» Lorsqu'il s'agit de travaux exécutés pour le compte de l'Etat,
» et qui ne sont pas de nature à devenir l'objet de concession,
» les crédits peuvent être ouverts, en cas d'urgence, suivant les
» formes prescrites pour les crédits extraordinaires ; les crédits
» seront soumis au Corps législatif dans sa plus prochaine session. »

TITRE II.

DES MESURES D'ADMINISTRATION RELATIVES A L'EXPROPRIATION.

Art. 4. — Les ingénieurs ou autres gens de l'art chargés de l'exécution des travaux lèvent, pour la partie qui s'étend sur chaque

commune, le plan parcellaire des terrains ou des édifices dont la cession leur paraît nécessaire.

Art. 5. — Le plan desdites propriétés particulières, indicatif des noms de chaque propriétaire, tels qu'ils sont inscrits sur la matrice des rôles, reste déposé, pendant huit jours, à la mairie de la commune où les propriétés sont situées, afin que chacun puisse en prendre connaissance.

Art. 6. — Le délai fixé à l'article précédent ne court qu'à dater de l'avertissement, qui est donné collectivement aux parties intéressées, de prendre communication du plan déposé à la mairie.

Cet avertissement est publié à son de trompe ou de caisse dans la commune, et affiché tant à la principale porte de l'église du lieu qu'à celle de la maison commune.

Il est en outre inséré dans l'un des journaux publiés dans l'arrondissement, ou, s'il n'en existe aucun, dans l'un des journaux du département.

Art. 7. — Le maire certifie ces publications et affiches ; il mentionne sur un procès-verbal, qu'il ouvre à cet effet, et que les parties qui comparaissent sont requises de signer, les déclarations et réclamations qui lui ont été faites verbalement, et y annexe celles qui lu ont été transmises par écrit.

Art. 8. — A l'expiration du délai de huitaine prescrit par l'article 5, une commission se réunit au chef-lieu de la sous-préfecture.

Cette commission, présidée par le sous-préfet de l'arrondissement, sera composée de quatre membres du conseil général du département ou du conseil de l'arrondissement désignés par le préfet, du maire de la commune où les propriétés sont situées, et de l'un des ingénieurs chargés de l'exécution des travaux.

La commission ne peut délibérer valablement qu'autant que cinq de ses membres au moins sont présents.

Dans le cas où le nombre des membres présents serait de six, et où il y aurait partage d'opinions, la voix du président sera prépondérante.

Les propriétaires qu'il s'agit d'exproprier ne peuvent être appelés à faire partie de la commission.

Art. 9. — La commission reçoit pendant huit jours les observations des propriétaires.

Elle les appelle toutes les fois qu'elle le juge convenable. Elle donne son avis.

Ses opérations doivent être terminées dans le délai de dix jours, après quoi le procès-verbal est adressé immédiatement par le sous-préfet au préfet.

Dans le cas où lesdites opérations n'auraient pas été mises à fin dans le délai ci-dessus, le sous-préfet devra, dans les trois jours, transmettre au préfet son procès-verbal et les documents recueillis.

Art. 10. — Si la commission propose quelque changement au tracé indiqué par les ingénieurs, le sous-préfet devra, dans la forme indiquée par l'art. 6, en donner immédiatement avis aux propriétaires que ces changements pourront intéresser. Pendant huitaine, à dater de cet avertissement, le procès-verbal et les pièces resteront déposés à la sous-préfecture; les parties intéressées pourront en prendre communication sans déplacement et sans frais, et fournir leurs observations écrites.

Dans les trois jours suivants, le sous-préfet transmettra toutes les pièces à la préfecture.

Art. 11. — Sur le vu du procès-verbal et des documents y annexés, le préfet détermine, par un arrêté motivé, les propriétés qui doivent être cédées, et indique l'époque à laquelle il sera nécessaire d'en prendre possession. Toutefois, dans le cas où il résulterait de l'avis de la commission qu'il y aurait lieu de modifier le tracé des travaux ordonnés, le préfet surseoira jusqu'à ce qu'il ait été prononcé par l'administration supérieure.

L'administration supérieure pourra, suivant les circonstances, ou statuer définitivement, ou ordonner qu'il soit procédé de nouveau à tout ou partie des formalités prescrites par les articles précédents.

Art. 12. — Les dispositions des art. 8, 9 et 10 ne sont point applicables au cas où l'expropriation serait demandée par une commune et dans un intérêt purement communal, non plus qu'aux travaux d'ouverture ou de redressement des chemins vicinaux.

Dans ce cas, le procès-verbal prescrit par l'art. 7 est transmis, avec l'avis du conseil municipal, par le maire au sous-préfet, qui l'adressera au préfet avec ses observations.

Le préfet, en conseil de préfecture, sur le vu de ce procès-verbal, et sauf l'approbation de l'administration supérieure, prononcera comme il est dit en l'article précédent.

12

TITRE III.

DE L'EXPROPRIATION ET DES SUITES, QUANT AUX PRIVILÉGES, HYPOTHÈQUES ET AUTRES DROITS RÉELS.

Art. 13. — Si des biens de mineurs, d'interdits, d'absents ou autres incapables, sont compris dans les plans déposés, en vertu de l'art. 7, ou dans les modifications admises par l'administration supérieure, aux termes de l'art. 11 de la présente loi, les tuteurs, ceux qui ont été envoyés en possession provisoire, et tous représentants des incapables, peuvent, après autorisation du tribunal, donnée sur simple requête, en la chambre du conseil, le ministère public entendu, consentir amiablement à l'aliénation desdits biens.

Le tribunal ordonne les mesures de conservation ou de remploi qu'il juge nécessaires.

Ces dispositions sont applicables aux immeubles dotaux et aux majorats.

Les préfets pourront, dans le même cas, aliéner les biens des départements s'ils y sont autorisés par délibération du conseil général; les maires ou administrateurs pourront aliéner les biens des communes ou établissements publics, s'ils y sont autorisés par délibération du conseil municipal ou du conseil d'administration, approuvée par le préfet en conseil de préfecture.

Le ministre des finances peut consentir à l'aliénation des biens de l'État, ou de ceux qui font partie de la dotation de la couronne, sur la proposition de l'intendant de la liste civile.

A défaut de conventions amiables, soit avec les propriétaires des terrains ou bâtiments dont la cession est reconnue nécessaire, soit avec ceux qui les représentent, le préfet transmet au procureur du roi dans le ressort duquel les biens sont situés, la loi ou l'ordonnance qui autorise l'exécution des travaux, et l'arrêté mentionné en l'art. 11.

Art. 14. — Dans les trois jours, et sur la production des pièces constatant que les formalités prescrites par l'art. 2 du titre Ier et et par le titre II de la présente loi ont été remplies, le procureur du roi requiert et le tribunal prononce l'expropriation pour cause d'utilité publique des terrains ou bâtiments indiqués dans l'arrêté du préfet.

Si, dans l'année de l'arrêté du préfet, l'administration n'a pas poursuivi l'expropriation, tout propriétaire dont les terrains sont compris audit arrêté peut présenter requête au tribunal. Cette requête sera communiquée par le procureur du roi au préfet, qui devra, dans le plus bref délai, envoyer les pièces, et le tribunal statuera dans les trois jours.

Le même jugement commet un des membres du tribunal pour remplir les fonctions attribuées par le titre IV, chapitre II, au magistrat directeur du jury, chargé de fixer l'indemnité, et désigne un autre membre pour le remplacer au besoin.

En cas d'absence ou d'empêchement de ces deux magistrats, il sera pourvu à leur remplacement par une ordonnance sur requête du président du tribunal civil.

Dans le cas où les propriétaires à exproprier consentiraient à la cession, mais où il n'y aurait point accord sur le prix, le tribunal donnera acte du consentement, et désignera le magistrat directeur du jury, sans qu'il soit besoin de rendre le jugement d'expropriation, ni de s'assurer que les formalités prescrites par le titre II ont été remplies.

Art. 15. — Le jugement est publié et affiché, par extrait, dans la commune de la situation des biens, de la manière indiquée en l'art. 6. Il est en outre inséré dans l'un des journaux publiés dans l'arrondissement, ou, s'il n'en existe aucun, dans l'un de ceux du département.

Cet extrait contenant les noms des propriétaires, les motifs et le dispositif du jugement, leur est notifié au domicile qu'ils auront élu dans l'arrondissement de la situation des biens par une déclaration faite à la mairie de la commune où les biens sont situés; or, dans le cas où cette élection de domicile n'aurait pas eu lieu, la notification de l'extrait sera faite en double copie au maire et au fermier, locataire, gardien ou régisseur de la propriété.

Toutes les autres notifications prescrites par la présente loi seront faites dans la forme ci-dessus indiquée.

Art. 16. — Le jugement sera, immédiatement après l'accomplissement des formalités prescrites par l'art. 15 de la présente loi, transcrit au bureau de la conservation des hypothèques de l'arrondissement, conformément à l'art. 2181 du Code civil.

Art. 17. — Dans la quinzaine de la transcription, les privilé-

ges et les hypothèques conventionnelles, judiciaires et légales,
seront inscrits.

A défaut d'inscription dans ce délai, l'immeuble exproprié sera
affranchi de tous priviléges et hypothèques de quelque nature qu'ils
soient, sans préjudice du droit des femmes, mineurs et interdits,
sur le montant de l'indemnité, tant qu'elle n'a pas été payée ou que
l'ordre n'a pas été réglé définitivement entre les créanciers.

Les créanciers inscrits n'auront, dans aucun cas, la faculté de su-
renchérir, mais ils pourront exiger que l'indemnité soit fixée conformément au titre IV.

Art. 18. — Les actions en résolution, en revendication, et toutes
autres actions réelles, ne pourront arrêter l'expropriation ni en empêcher l'effet. Le droit des réclamants sera transporté sur le prix,
et l'immeuble en demeurera affranchi.

Art. 19. — Les règles posées dans le premier paragraphe de
l'art. 15 et dans les art. 16, 17 et 18, sont applicables dans le cas
de conventions amiables passées entre l'Administration et les propriétaires.

Cependant l'Administration peut, sauf les droits des tiers, et sans
accomplir les formalités ci-dessus tracées, payer le prix des acquisitions dont la valeur ne s'élèverait pas au-dessus de cinq cents
francs.

Le défaut d'accomplissement des formalités de la purge des hypothèques n'empêche pas l'expropriation d'avoir son cours; sauf pour
les parties intéressées à faire valoir leurs droits ultérieurement,
dans les formes déterminées par le titre IV de la présente loi.

Art. 20. — Le jugement ne pourra être attaqué que par la voie
du recours en cassation, et seulement pour incompétence, excès de
pouvoir ou vice de forme du jugement.

Le pourvoi aura lieu, au plus tard, dans les trois jours, à dater de
la notification du jugement, par déclaration au greffe du tribunal. Il
sera notifié dans la huitaine, soit à la partie, au domicile indiqué
par l'art. 15, soit au préfet ou au maire, suivant la nature des travaux, le tout à peine de déchéance.

Dans la quinzaine de la notification du pourvoi, les pièces seront
adressées à la chambre civile de la Cour de cassation, qui statuera
dans le mois suivant.

L'arrêt, s'il est rendu par défaut, à l'expiration de ce délai, ne
sera pas susceptible d'opposition.

TITRE IV.

DU RÈGLEMENT DES INDEMNITÉS.

CHAPITRE PREMIER. — Mesures préparatoires.

ART. 21. — Dans la huitaine qui suit la notification prescrite par l'art. 15, le propriétaire est tenu d'appeler et de faire connaître à l'Administration les fermiers, locataires, ceux qui ont des droits d'usufruit, d'habitation ou d'usage, tels qu'ils sont réglés par le Code civil, et ceux qui peuvent réclamer des servitudes résultant des titres mêmes du propriétaire ou d'autres actes dans lesquels il restera seul chargé envers eux des indemnités que ces derniers pourront réclamer.

Les autres intéressés seront en demeure de faire valoir leurs droits par l'avertissement énoncé en l'art. 6, et tenus de se faire connaître à l'Administration dans le même délai de huitaine, à défaut de quoi ils seront déchus de tous droits à l'indemnité.

ART. 22. — Les dispositions de la présente loi relatives aux propriétaires et à leurs créanciers seront applicables à l'usufruitier et à ses créanciers.

ART. 23. — L'Administration notifie aux propriétaires et à tous autres intéressés qui auront été désignés ou qui seront intervenus dans le délai fixé par l'art. 21, les sommes qu'elle offre pour indemnités.

Ces offres sont, en outre, affichées et publiées conformément à l'art. 6 de la présente loi.

ART. 24. — Dans la quinzaine suivante, les propriétaires et autres intéressés sont tenus de déclarer leur acceptation, ou, s'ils n'acceptent pas les offres qui leur sont faites, d'indiquer le montant de leurs prétentions.

ART. 25. — Les femmes mariées sous le régime dotal, assistées de leurs maris, les tuteurs, ceux qui ont été envoyés en possession provisoire des biens d'un absent, et d'autres personnes qui représentent les incapables, peuvent valablement accepter les offres énoncées en l'art. 23, s'ils y sont autorisés dans les formes prescrites par l'art. 13.

ART. 26. — Le ministre des finances, les préfets, maires ou administrateurs, peuvent accepter les offres d'indemnité pour expropriation des biens appartenant à l'État, à la couronne, aux départements, communes ou établissements publics, dans les formes et avec les autorisations prescrites par l'art. 13.

Art. 27. — Le délai de quinzaine, fixé par l'article 24, sera d'un mois dans les cas prévus par les art. 25 et 26.

Art. 28. — Si les offres de l'Administration ne sont pas acceptées dans les délais prescrits par les art. 24 et 27, l'Administration citera devant le jury qui sera convoqué à cet effet, les propriétaires ou tous autres intéressés qui auront été désignés, ou qui seront intervenus, pour qu'il soit procédé au règlement des indemnités de la manière indiquée au chapitre suivant. La citation contiendra l'énonciation des offres qui auront été refusées.

CHAPITRE II. — Du Jury spécial, chargé de régler les indemnités.

Art. 29. — Dans sa session annuelle, le conseil général du département désigne, pour chaque arrondissement de sous-préfecture, tant sur la liste des électeurs que sur la seconde partie de la liste du jury, trente-six personnes au moins, et soixante-douze au plus, qui ont leur domicile réel dans l'arrondissement parmi lesquels sont choisis, jusqu'à la session suivante ordinaire du conseil général, les membres du jury spécial appelés, le cas échéant, à régler les indemnités par suite d'expropriation pour cause d'utilité publique.

Le nombre des jurés désignés par le département de la Seine sera de six cents.

Art. 30. — Toutes les fois qu'il y a lieu de recourir à un jury spécial, la première chambre de la Cour royale dans les départements qui sont le siége d'une Cour royale, et dans les autres départements, la première chambre du tribunal du chef-lieu judiciaire, choisit en la Chambre du Conseil, sur la liste dressée en vertu de l'article précédent pour l'arrondissement dans lequel ont lieu les expropriations, seize personnes qui formeront le jury spécial chargé de fixer définitivement le montant de l'indemnité, et, en outre, quatre jurés supplémentaires; pendant les vacances, ce choix est déféré à la chambre de la Cour ou du tribunal chargé du service des vacations. En cas d'abstention ou de récusation des membres du tribunal, le choix du jury est déféré à la Cour royale.

Ne peuvent être choisis :

1° Les propriétaires, fermiers, locataires des terrains et bâtiments désignés en l'arrêté du préfet pris en vertu de l'art. 11, et qui restent à acquérir;

2° Les créanciers ayant inscription sur lesdits immeubles;

3° Tous autres intéressés désignés ou intervenant en vertu des art. 21 et 22.

Les septuagénaires seront dispensés, s'ils le requièrent, des fonctions de juré.

Art. 31. — La liste des seize jurés et des quatre jurés supplémentaires est transmise par le préfet au sous-préfet, qui, après s'être concerté avec le magistrat directeur du jury, convoque les jurés et les parties, en leur indiquant, au moins huit jours à l'avance, le lieu et le jour de la réunion. La notification aux parties leur fait connaître le nom des jurés.

Art. 32. Tout juré qui, sans motifs légitimes, manque à l'une des séances ou refuse de prendre part à la délibération, encourt une amende de cent francs au moins et de trois cents francs au plus.

L'amende est prononcée par le magistrat directeur du jury.

Il statue en dernier ressort sur l'apparition qui serait formée par le juré condamné.

Il prononce également sur les causes d'empêchement que les jurés proposent, ainsi que sur les exclusions ou incompatibilités dont les causes ne seraient survenues ou n'auraient été connues que postérieurement à la désignation faite en vertu de l'art. 30.

Art. 33. — Ceux des jurés qui se trouvent rayés de la liste par suite des empêchements, exclusions ou incompatibilités prévus à l'article précédent, sont immédiatement remplacés par les jurés supplémentaires, que le magistrat directeur du jury appelle dans l'ordre de leur inscription.

En cas d'insuffisance, le magistrat directeur du jury choisit, sur la liste dressée en vertu de l'art. 29, les personnes nécessaires pour compléter le nombre des seize jurés.

Art. 34. — Le magistrat directeur du jury est assisté, auprès du jury spécial, du greffier ou commis-greffier du tribunal, qui appelle successivement les causes sur lesquelles le jury doit statuer, et tient procès-verbal des opérations.

Lors de l'appel, l'Administration a le droit d'exercer deux récusations péremptoires; la partie adverse a le même droit.

Dans le cas où plusieurs intéressés figurent dans la même affaire, ils s'entendent pour l'exercice du droit de récusation, sinon le sort désigne ceux qui doivent en user.

Si le droit de récusation n'est point exercé, ou s'il ne l'est que partiellement, le magistrat directeur du jury procède à la réduction des jurés au nombre de douze, en retranchant les derniers noms inscrits sur la liste.

Art. 35. — Le jury spécial n'est constitué que lorsque les douze jurés sont présents.

Les jurés ne peuvent délibérer valablement qu'au nombre de neuf au moins.

Art. 36. — Lorsque le jury est constitué, chaque juré prête serment de remplir ses fonctions avec impartialité.

Art. 37. Le magistrat directeur met sous les yeux du jury :

1° Le tableau des offres et demandes notifiées en exécution des art. 23 et 24 ;

2° Les plans parcellaires et les titres ou autres documents produits par les parties à l'appui de leurs offres et demandes.

Les parties ou leurs fondés de pouvoir peuvent présenter sommairement leurs observations.

Le jury pourra entendre toutes les personnes qu'il croira pouvoir l'éclairer.

Il pourra également se transporter sur les lieux, ou déléguer à cet effet un ou plusieurs de ses membres.

La discussion est publique ; elle peut être continuée à une autre séance.

Art. 38. — La clôture de l'instruction est prononcée par le magistrat directeur du jury.

Les jurés se retirent immédiatement dans leur chambre pour délibérer, sans désemparer, sous la présidence de l'un d'eux, qu'ils désignent à l'instant même.

La décision du jury fixe le montant de l'indemnité ; elle est prise à la majorité des voix.

En cas de partage, la voix du président du jury est prépondérante.

Art. 39. — Le jury prononce des indemnités distinctes en faveur

des parties qui les réclament à des titres différents, comme propriétaires, fermiers, locataires, usagers et autres intéressés dont il est
parlé à l'article 21.

Dans le cas d'usufruit, une seule indemnité est fixée par le jury,
eu égard à la valeur totale de l'immeuble; le nu-propriétaire et
l'usufruitier exercent leurs droits sur le montant de l'indemnité au
lieu de l'exercer sur la chose.

L'usufruitier sera tenu de donner caution; les pères et mères
ayant l'usufruit légal des biens de leurs enfants en seront seuls
dispensés.

Lorsqu'il y a litige sur le fond du droit ou sur la qualité des
réclamants, et toutes les fois qu'il s'élève des difficultés étrangères
à la fixation du montant de l'indemnité, le jury règle l'indemnité
indépendamment de ces litiges et difficultés, sur lesquels les parties
sont renvoyées à se pourvoir devant qui de droit.

L'indemnité allouée par le jury ne peut, en aucun cas, être inférieure aux offres de l'Administration, ni supérieure à la demande
de la partie intéressée.

Art. 40. — Si l'indemnité réglée par le jury ne dépasse pas l'offre
de l'Administration, les parties qui l'auront refusée seront condam-
nées aux dépens.

Si l'indemnité est égale à la demande des parties, l'Administration sera condamnée aux dépens.

Si l'indemnité est à la fois supérieure à l'offre de l'Administration, et inférieure à la demande des parties, les dépens seront
compensés de manière à être supportés par les parties et l'Administration, dans les proportions de leur offre ou de leur demande
avec la décision du jury.

Tout indemnitaire qui ne se trouvera pas dans le cas des art. 25
et 26 sera condamné aux dépens, quelle que soit l'estimation
ultérieure du jury, s'il a omis de se conformer aux dispositions de
l'art. 24.

Art. 41. — La décision du jury, signée des membres qui y ont
concouru, est remise par le président au magistrat directeur, qui
la déclare exécutoire, statue sur les dépens, et envoie l'Administration en possession de la propriété, à la charge par elle de se conformer aux dispositions des art. 53, 54 et suivants.

Ce magistrat taxe les dépens, dont le tarif est déterminé par un
règlement d'administration publique.

La taxe ne comprendra que les actes faits postérieurement à l'offre de l'Administration; les frais des actes antérieurs demeurent, dans tous les cas, à la charge de l'Administration.

Art. 42. — La décision du jury et l'ordonnance du magistrat directeur ne peuvent être attaquées que par la voie des recours en cassation, et seulement pour violation du premier paragraphe de l'art. 30, de l'art. 31, des deuxième et quatrième paragraphes de l'art. 34, et des art. 35, 36, 37, 38, 39 et 40.

Le délai sera de quinze jours pour ce recours, qui sera d'ailleurs formé, notifié et jugé comme il est dit en l'art. 20; il courra à partir du jour de la décision.

Art. 43. — Lorsqu'une décision du jury aura été cassée, l'affaire sera renvoyée devant un nouveau jury, choisi dans le même arrondissement.

Néanmoins la Cour de cassation pourra, suivant les circonstances, renvoyer l'appréciation de l'indemnité à un jury choisi dans un des arrondissements voisins, quand même il appartiendrait à un autre département.

Il sera procédé, à cet effet, conformément à l'art. 30.

Art. 44. — Le jury ne connaît que des affaires dont il a été saisi au moment de sa convocation, et statue successivement et sans interruption sur chacune de ces affaires. Il ne peut se séparer qu'après avoir réglé toutes les indemnités dont la fixation lui a été ainsi déférée.

Art. 45. — Les opérations commencées par un jury, et qui ne sont pas encore terminées au moment du renouvellement annuel de la liste générale mentionnée en l'art. 29, sont continuées, jusqu'à conclusion définitive, par le même jury.

Art. 46. — Après la clôture des opérations du jury, les minutes de ses décisions et les autres pièces qui se rattachent auxdites opérations, sont déposées au greffe du tribunal civil de l'arrondissement.

Art. 47. — Les noms des jurés qui auront fait le service d'une session, ne pourront être portés sur le tableau dressé par le conseil général pour l'année suivante.

**CHAPITRE III. — Des règles à suivre pour la fixation
des indemnités.**

ART. 48. — Le jury est juge de la sincérité des titres et de l'effet
des actes qui seraient de nature à modifier l'évaluation de l'indemnité.

ART. 49. — Dans le cas où l'Administration contesterait au détenteur exproprié le droit à une indemnité, le jury, sans s'arrêter à la
contestation, dont il renvoie le jugement devant qui de droit, fixe
l'indemnité comme si elle était due, et le magistrat directeur du
jury en ordonne la consignation, pour ladite indemnité rester déposée jusqu'à ce que les parties se soient entendues ou que le litige
soit vidé.

ART. 50. — Les bâtiments dont il est nécessaire d'acquérir une
portion pour cause d'utilité publique seront achetés en entier, si les
propriétaires le requièrent par une déclaration formelle adressée au
magistrat directeur du jury, dans les délais énoncés aux art. 24
et 27.

Il en sera de même de toute parcelle de terrain qui, par suite
du morcellement, se trouvera réduite au quart de la contenance
totale, si toutefois le propriétaire ne possède aucun terrain immédiatement contigu, et si la parcelle ainsi réduite est inférieure à dix
ares.

ART. 51. — Si l'exécution des travaux doit procurer une augmentation de valeur immédiate et spéciale au restant de la propriété,
cette augmentation sera prise en considération dans l'évaluation du
montant de l'indemnité.

ART. 52. — Les constructions, plantations et améliorations ne
donneront lieu à aucune indemnité, lorsque, à raison de l'époque où
elles auront été faites ou de toutes autres circonstances dont l'appréciation lui est abandonnée, le jury acquiert la conviction qu'elles ont
été faites dans la vue d'obtenir une indemnité plus élevée.

TITRE V.

DU PAIEMENT DES INDEMNITÉS.

ART. 53. — Les indemnités réglées par le jury seront, préalablement à la prise de possession, acquittées entre les mains des ayants
droit.

S'ils se refusent à les recevoir, la prise de possession aura lieu, après offres réelles et consignations.

S'il s'agit de travaux exécutés par l'État ou les départements, les offres réelles pourront s'effectuer au moyen d'un mandat, égal au montant de l'indemnité réglée par le jury ; ce mandat délivré par l'ordonnateur compétent, visé par le payeur, sera payable sur la caisse publique qui s'y trouvera désignée.

Si les ayants droit refusent de recevoir le mandat, la prise de possession aura lieu après consignation en espèces.

Art. 54. — Il ne sera pas fait d'offres réelles toutes les fois qu'il existera des inscriptions sur l'immeuble exproprié, ou d'autres obstacles au versement des deniers entre les mains des ayants droit ; dans ce cas, il suffira que les sommes dues par l'Administration soient consignées, pour être ultérieurement distribuées ou remises, selon les règles du droit commun.

Art. 55. — Si, dans les six mois du jugement d'expropriation, l'Administration ne poursuit pas la fixation de l'indemnité, les parties pourront exiger qu'il soit procédé à ladite fixation.

Quand l'indemnité aura été réglée, si elle n'est ni acquittée, ni consignée dans les six mois de la décision du jury, les intérêts courront de plein droit à l'expiration de ce délai.

TITRE VI.

DISPOSITIONS DIVERSES.

Art. 56. — Les contrats de vente, quittances et autres actes relatifs à l'acquisition des terrains, peuvent être passés dans la forme des actes administratifs ; la minute restera déposée au secrétariat de la préfecture ; expédition en sera transmise à l'administration des domaines.

Art. 57. — Les significations et notifications mentionnées en la présente loi sont faites à la diligence du préfet du département de la situation des biens.

Elles peuvent être faites tant par un huissier que par tout agent de l'Administration, dont les procès-verbaux font foi en justice.

Art. 58. — Les plans, procès-verbaux, certificats, significations, jugements, contrats, quittances et autres actes faits en vertu de la présente loi, seront visés pour timbre et enregistrés gratis, lorsqu'il y aura lieu à la formalité de l'enregistrement.

Il ne sera perçu aucuns droits pour la transcription des actes au bureau des hypothèques.

Les droits perçus sur les acquisitions amiables faites antérieurement aux arrêtés du préfet seront restitués, lorsque, dans le délai de deux ans, à partir de la perception, il sera justifié que les immeubles acquis sont compris dans ces arrêtés. La restitution des droits ne pourra s'appliquer qu'à la portion des immeubles qui aura été reconnue nécessaire à l'exécution des travaux.

Art. 59. — Lorsqu'un propriétaire aura accepté les offres de l'Administration, le montant de l'indemnité devra, s'il l'exige, et s'il n'y a pas eu contestation de la part des tiers dans les délais prescrits par les articles 24 et 27, être versé à la Caisse des dépôts et consignations, pour être remis ou distribué à qui de droit, selon les règles du droit commun.

Art. 60. — Si les terrains acquis pour des travaux d'utilité publique ne reçoivent pas cette destination, les anciens propriétaires ou leur ayants droit peuvent en demander la remise.

Le prix des terrains rétrocédés est fixé à l'amiable, et, s'il n'y a pas accord, par le jury, dans les formes ci-dessus prescrites. La fixation par le jury ne peut, en aucun cas, excéder la somme moyennant laquelle les terrains ont été acquis.

Art. 61. — Un avis, publié de la manière indiquée en l'art. 6, fait connaître les terrains que l'Administration est dans le cas de revendre. Dans les trois mois de cette publication, les anciens propriétaires qui veulent réacquérir la propriété desdits terrains sont tenus de le déclarer ; et, dans le mois de la fixation du prix, soit amiable, soit judiciaire, ils doivent passer le contrat de rachat et payer le prix : le tout à peine de déchéance du privilége que leur accorde l'article précédent.

Art. 62. — Les dispositions des art. 60 et 61 ne sont pas applicables aux terrains qui auront été acquis sur la réquisition du propriétaire, en vertu de l'art. 50, et qui resteraient disponibles après l'exécution des travaux.

Art. 63. — Les concessionnaires des travaux publics exerceront tous les droits conférés à l'Administration, et seront soumis à toutes les obligations qui lui sont imposées par la présente loi.   ·

Art. 64. —Les contributions de la portion d'immeuble qu'un propriétaire aura cédée, ou dont il aura été exproprié pour cause d'utilité publique, continueront à lui être comptées pendant un an, à partir de la remise de la propriété, pour former son cens électoral.

TITRE VII.

DISPOSITIONS EXCEPTIONNELLES

CHAPITRE PREMIER.

ART. 65. — Lorsqu'il y aura urgence de prendre possession des terrains non bâtis qui seront soumis à l'expropriation, l'urgence sera spécialement déclarée par une ordonnance royale.

ART. 66. — En ce cas, après le jugement d'expropriation, l'ordonnance qui déclare l'urgence et le jugement seront notifiés, conformément à l'art. 15, aux propriétaires et aux détenteurs, avec assignation devant le tribunal civil. L'assignation sera donnée à trois jours au moins ; elle énoncera la somme offerte par l'Administration.

ART. 67. — Au jour fixé, le propriétaire et les détenteurs seront tenus de déclarer la somme dont ils demandent la consignation avant l'envoi en possession.

Faute par eux de comparaître, il sera procédé en leur absence.

ART. 68. — Le tribunal fixe le montant de la somme à consigner.

Le tribunal peut se transporter sur les lieux, ou commettre un juge pour visiter les terrains, recueillir tous les renseignements propres à en déterminer la valeur, et en dresser, s'il y a lieu, un procès-verbal descriptif. Cette opération devra être terminée dans les cinq jours, à dater du jugement qui l'aura ordonnée.

Dans les trois jours de la remise de ce procès-verbal au greffe, le tribunal déterminera la somme à consigner.

ART. 69. — La consignation doit comprendre, outre le principal, la somme nécessaire pour assurer, pendant deux ans, le paiement des intérêts à 5 0/0.

ART. 70. — Sur le vu du procès-verbal de consignation, et sur une nouvelle assignation à deux jours de délai au moins, le président ordonne la prise de possession.

Art. 71. — Le jugement du tribunal et l'ordonnance du président sont exécutables sur minutes et ne peuvent être attaqués par opposition ni par appel.

Art. 72. — Le président taxera les dépens, qui seront supportés par l'Administration.

Art. 73. — Après la prise de possession, il sera, à la poursuite de la partie la plus diligente, procédé à la fixation définitive de l'indemnité, en exécution du titre IV de la présente loi.

Art. 74. — Si cette fixation est supérieure à la somme qui a été déterminée par le tribunal, le supplément doit être consigné dans la quinzaine de la notification de la décision du jury, et, à défaut, le propriétaire peut s'opposer à la continuation des travaux.

CHAPITRE II.

Art. 75. — Les formalités prescrites par les titres I et II de la présente loi ne sont applicables ni aux travaux militaires ni aux travaux de la marine royale.

Pour ces travaux, une ordonnance royale détermine les terrains qui sont soumis à l'expropriation.

Art. 76. — L'expropriation ou l'occupation temporaire, en cas d'urgence, des propriétés privées qui seront jugées nécessaires pour des travaux de fortification, continueront d'avoir lieu conformément aux dispositions prescrites par la loi du 30 mars 1831.

Toutefois, lorsque les propriétaires ou autres intéressés n'auront pas accepté les offres de l'Administration, le règlement définitif des indemnités aura lieu conformément aux dispositions du titre IV ci-dessus.

Seront également applicables aux expropriations poursuivies en vertu de la loi du 30 mars 1831, les art. 16, 17, 18, 19 et 20, ainsi que le titre VI de la présente loi.

TITRE VIII.

DISPOSITIONS FINALES.

Art. 77. — Les lois des 8 mars 1810 et 7 juillet 1833 sont abrogées.

LONGERONS. — Pièces destinées à soutenir le tablier d'un pont ; ce terme a été emprunté aux ponts et chaussées pour être appliqué aux chemins de fer. (Voir le mot *Longrines*.). — Longerons, pièces longitudinales dont se composent les châssis.

LONGRINE ou LONGUERINE. — Les longuerines forment deux files de rails en bois, composées de longerons, sur lesquelles on attache les rails en fer. Comme les rails sont supportés dans toute leur longueur, ils peuvent être légers et procurer une grande économie sur le fer. Les longuerines sont donc avantageuses là où le bois coûte comparativement moins cher que le métal. Elles sont usitées en Amérique et en Allemagne. On est revenu actuellement sur leurs avantages techniques. Elles ne présentent pas plus de sécurité que les traverses ; elles rendent l'entretien difficile, car, fermant la voie des deux côtés, elles empêchent l'écoulement des eaux du ballast.

LUMIÈRES d'introduction ou d'admission. — Ce sont les ouvertures par lesquelles entre la vapeur dans le cylindre ; l'ouverture par laquelle s'échappe la vapeur s'appelle lumière d'échappement.

LUNETTES ou Écrans. — Ce sont des plaques en tôle percées de deux trous qui sont fermés avec des verres. On place ces lunettes ou cet écran sur la locomotive pour protéger le mécanicien contre le vent et la fumée. C'est une invention américaine qu'on commence, après de longues hésitations, à adopter sur le continent européen.

MACHINES à basse pression, à moyenne pression et à haute pression. — Les premières de ces machines travaillent avec une pression d'une atmosphère ou au-dessous ; dans les secondes, la tension de la vapeur ne dépasse pas quatre atmosphères ; enfin, les troisièmes marchent avec une pression de cinq, six, sept et huit atmosphères.

MACHINES accouplées. — Ce sont plusieurs locomotives attachées l'une à l'autre pour remorquer les convois sur les fortes pentes.

MACHINE à décrocher la locomotive ou une partie du train. — C'est un appareil destiné à séparer la locomotive du convoi dans le cas où elle doit suivre une autre direction que ce convoi. Quelquefois aussi on divise, sans l'arrêter, un train en deux parties, dont l'une continue sa route, et dont l'autre reste stationnaire ou passe sur une voie d'embranchement. — Cet appareil de décrochage a encore un autre but, qui n'est guère souvent atteint, c'est de détacher la locomotive du convoi en cas d'accident.

MACHINE d'alimentation. — C'est une petite machine à vapeur accolée à la chaudière d'une locomotive à roues couplées, et destinée à alimenter d'eau cette locomotive après un long stationnement dans les gares. Cette machine s'appelle en termes d'atelier : petit cheval.

MACHINE de renfort. — C'est une locomotive qui remorque les trains sur les rampes.

Quand une circonstance quelconque exige que deux locomotives soient attelées à un même train, c'est le mécanicien de la première qui donne les indications, fait les signaux et règle la marche.

Il ouvre, le premier, son régulateur, et ne le ferme que le dernier.

MACHINE de secours. — On désigne sous ce nom une machine destinée à aller au secours d'un train en détresse.

Aux deux points extrêmes de la ligne, ainsi qu'aux dépôts,

une machine de secours et de réserve doit toujours être allumée. La machine de secours doit être montée par le chef de service ou le chef de gare.

MACHINE-ENGEBTH. — Locomotive, tender, appelée ainsi d'après le nom de son inventeur. Elle se compose de trois essieux moteurs rapprochés et accouplés. Les deux essieux d'arrière, également couplés, sont indépendants de l'avant-train; la liaison se fait au moyen de roues dentées en acier, de manière que toutes les parties de ce système sont solidaires; toutes les roues sont utilisées ainsi pour l'adhérence

MACHINES fixes. — Ce sont les machines à vapeur dans les ateliers de construction ou d'entretien. On désigne aussi sous ce nom une machine à vapeur placée au sommet d'une rampe pour remorquer les convois au moyen d'une corde ou d'un câble. — Dans les ateliers, les machines fixes servent de moteurs pour les machines-outils destinées au travail du fer et du bois, en général pour les travaux qui demandent une grande force.

MACHINE poussant un train. — Les machines doivent toujours être placées en tête des trains; mais il peut être dérogé à cette disposition pour les manœuvres à faire dans les gares, et en cas de secours.

Alors la vitesse doit être réduite en général à 25 kilomètres par heure.

MACHINES envoyées en essai ou isolément. — Les machines envoyées en essai ou isolément ne peuvent se mettre en marche que sur l'ordre du chef de gare.

Ces machines doivent toujours être accompagnées par le chef ou sous-chef de dépôt.

Le mécanicien, avant de partir, doit se faire remettre le *bulletin de parcours*.

Si la machine est expédiée pour une station déterminée, considérant alors cette expédition comme un train spécial, en outre du bulletin de parcours il est remis au mécanicien une *feuille de marche*.

MACHINE-PILOTE. — C'est nne locomotive destinée à conduire les trains dans les passages rendus difficiles par des réparations ou des accidents.

MACHINE-TENDER. — C'est une locomotive sur l'arrière de laquelle se trouve le compartiment destiné à l'eau et au combustible, qui ne fait qu'une pièce avec son tender.

MACHINISTE. — L'employé chargé de la conduite d'une machine à vapeur est le machiniste ; en termes d'atelier, on dit mécanicien. Quoique fausse, cette dénomination est généralement admise aujourd'hui dans les chemins de fer pour désigner le conducteur de la locomotive.

MAGASINAGE. — Les Compagnies de chemins de fer perçoivent un droit à titre de frais de magasinage pour les marchandises qu'elles conservent au delà des délais fixés.

L'arrêté ministériel du 24 juillet 1860 prescrit ce qui suit :

GRANDE VITESSE.

Il sera perçu, pour le magasinage des articles de messagerie, marchandises, denrées et lait adressés en *gare*, et qui ne seront pas enlevés, pour quelque cause que ce soit, dans les quarante-huit heures de la mise à la poste de la lettre d'avis adressée par les Compagnies au destinataire :

Un droit de 5 centimes par fraction indivisible de 100 kilogrammes et par jour.

Le même droit de magasinage sera perçu, par fraction indivisible de 1,000 fr. et par jour, pour les articles à la valeur placés dans les mêmes conditions :

Dans les deux cas ci-dessus, le minimum de la perception est fixé à 10 centimes.

Les droits ci-dessus fixés sont également applicables aux articles de messagerie, marchandises, denrées, lait et articles à la valeur adressés *à domicile* et dont le destinataire serait absent ou inconnu, ou refuserait de prendre livraison, à la condition, toutefois :

1° Qu'avis de ces circonstances serait adressé immédiatement par les Compagnies à l'expéditeur ;

2° Que les frais de magasinage ne seront exigibles que quarante-huit heures après la mise à la poste de cet avis.

Les frais de fourrière sont acquittés sur justification de dépenses.

Il sera perçu, pour le stationnement des voitures qui ne seront pas enlevées, pour quelque cause que ce soit, dans les quarante-huit heures de la mise à la poste de la lettre d'avis adressée par les Compagnies au destinataire :

Un droit de 1 fr. par voiture et par jour.

En cas de non-enlèvement des cercueils, il sera perçu, à partir de l'arrivée :

Un droit de 5 fr. par cercueil et par jour.

Les animaux dont il n'est pas pris livraison à l'arrivée sont mis en fourrière aux frais, risques et périls de qui de droit.

Les frais de fourrière sont acquittés sur justification de dépenses.

PETITE VITESSE.

Il sera perçu, pour le magasinage des marchandises adressées en *gare* et qui ne seront pas enlevées, pour quelque cause que ce soit, dans les quarante-huit heures de la mise à la poste de la lettre d'avis adressée par les Compagnies au destinataire, les droits suivants :

2 centimes par fraction indivisible de 100 kilogrammes et par jour, pour les quinze premiers jours ;

5 centimes par fraction indivisible de 100 kilogrammes et par jour, pour chaque jour en sus.

Le minimum de la perception est fixé à 10 centimes.

Les droits ci-dessus fixés sont également applicables aux marchandises adressées *à domicile*, et dont le destinataire serait absent ou inconnu, ou refuserait de prendre livraison, à la condition toutefois :

1° Qu'avis de ces circonstances sera adressé immédiatement par les Compagnies à l'expéditeur ;

2° Que les frais de magasinage ne seront exigibles que quarante-huit heures après la mise à la poste de cet avis.

Les mêmes droits seront perçus, au départ, sur la partie de marchandises livrée, toutes les fois que le chiffre total d'une expédition *annoncée* n'aura pas été complété dans les vingt-quatre heures qui suivront l'arrivée en gare de la première partie de l'expédition.

Il sera perçu, pour le stationnement des voitures qui ne seront pas enlevées, pour quelque cause que ce soit, dans les quarante-huit heures de la mise à la poste de la lettre d'avis adressée par les Compagnies au destinataire :

Un droit de 1 fr. par voiture et par jour.

Les animaux dont il n'est pas pris livraison à l'arrivée sont mis en fourrière aux frais, risques et périls de qui de droit.

Les frais de fourrière sont acquittés sur justification de dépenses.

Il sera perçu, pour le stationnement des wagons, chariots, locomotives et tenders :

Un droit de 5 fr. par véhicule et par jour.

DISPOSITION COMMUNE AU MAGASINAGE DE TOUTES LES EXPÉDITIONS
A PETITE VITESSE.

Conformément aux §§ 3 et 4 de l'art. 12 de l'arrêté ministériel du 15 avril 1859, les délais fixés pour la perception des frais de magasinage, de stationnement et de fourrière, seront augmentés de tout le temps compris entre l'heure de midi et l'heure réglée pour la fermeture des gares, lorsque dans ces délais se trouvera compris un dimanche ou un jour férié.

Les frais accessoires inscrits dans les tarifs spéciaux et qui seraient, sous le double rapport des prix et des conditions, plus avantageux pour le public que les frais ci-dessus fixés, sont maintenus.

MAGASINS de coke. — Ils doivent être placés aux points d'arrêt ou de départ des machines; auprès de la voie on établit une estrade sur laquelle on place les paniers ou sacs de coke pour les décharger plus facilement et plus vite dans le tender.

MANIVELLE de distribution. — C'est la manivelle qui commande le tiroir.

MANŒUVRE des freins; coups de sifflet. — Les mécaniciens commandent la manœuvre des freins au moyen des signaux suivants :

Deux coups de sifflet brefs et saccadés, pour serrer les freins.

Un coup de sifflet pour les desserrer.

13.

MANOMÈTRE. — Ce mot veut dire mesureur de la force. Le manomètre est un instrument adapté aux chaudières de machines à vapeur et autres apparcils comprimant la vapeur ou l'air; — il a pour but d'indiquer le degré de pression. Il en existe plusieurs sortes : le *manomètre à air libre,* qui est un tube recourbé et rempli de mercure; il donne directement, par la hauteur de la colonne de mercure, le nombre d'atmosphères qui font équilibre à la tension du fluide. Cet appareil est le plus correct de tous, mais il n'est plus applicable quand il s'agit d'évaluer des pressions élevées dans des machines mobiles. On a remplacé le tube droit par une série de tubes en siphon; cet instrument est sujet à des inexactitudes. — Le *manomètre à air comprimé* est un tube en verre fermé par le haut et rempli d'air et de mercure; le mercure est pressé par la vapeur contre l'air dont la compression indique les atmosphères.— Le *thermo-manomètre,* ou thermomètre plongé dans la chaudière pour marquer la température qu'on suppose proportionnelle à la pression.—Le *manomètre à caoutchouc,* qui comprend une plaque en caoutchouc placée dans un tube entre la vapeur et le mercure; on supprime aussi le mercure et on fait indiquer la pression par la dilatation de la plaque. — Enfin *le manomètre métallique.* Il résulte d'une espèce d'enquête qui a été faite au sujet des manomètres métalliques, que celui inventé par M. Bourdon ingénieur-mécanicien à Paris, remplit le mieux toutes les conditions d'un service journalier. Cet instrument se compose d'un tube mince en laiton, à section elliptique, contourné en spirale; par une des extrémités on fait entrer la vapeur qui le détord; l'autre extrémité, naturellement fermée, suit ce mouvement et indique la pression au moyen d'une aiguille sur un cadran. La tare ou la graduation se fait au moyen d'une pompe hydraulique. On emploie le manomètre Bourdon comme appareil de vérification des manomètres déjà placés sur les chaudières, et comme instrument d'épreuves.

MANQUANTS. — Différence en quantité ou en poids trouvée à l'expédition ou à l'arrivée des colis.

Les manquants doivent être constatés au rapport à l'arrivée. La gare expéditrice doit être immédiatement prévenue, et les recherches les plus actives doivent être faites. S'il ne manque qu'un colis dans une expédition, on peut livrer le surplus. Quand il y a des manquants de poids, la Compagnie n'en est responsable que si elle n'a pas eu de déclaration de garantie signée au départ.

L'évaporation, la sécheresse, sont souvent cause de manquants dans le poids; dans ce cas la Compagnie n'est pas responsable, puisque c'est la nature même de la chose ou la température qui y donnent lieu.

MANUTENTION. — C'est le chargement et le déchargement des wagons.

Les Compagnies de chemin de fer perçoivent un certain droit pour la manutention des marchandises.

Ce droit a été fixé, ainsi qu'il suit, par l'arrêté du 24 juillet 1860.

Il sera perçu, pour la manutention des bagages, articles de messagerie, marchandises, denrées et lait, un droit de 1 fr. 60 c. par tonne.

La perception aura lieu par fraction indivisible de 10 kilogrammes.

Sont exempts de tout droit de manutention :

1° Les colis pesant de 0 à 40 kilogrammes ;

2° Les articles taxés à la valeur ;

3° Les chiens.

Il sera perçu, pour la manutention des voitures, des cercueils et des animaux, les droits ci-après :

Voitures.	2 fr. 00 c.	} la pièce.
Cercueils.	2 00	
Bœufs, vaches, taureaux, chevaux, mulets, ânes, poulains, bêtes de traits. . . .	1 fr. 00 c.	} par tête.
Veaux et porcs.	0 40	
Moutons, brebis, agneaux et chèvres .	0 20	

Le chargement et le déchargement des animaux dangereux, pour lesquels des règlements de police prescriraient des précautions spéciales, seront effectués par les soins et aux frais des expéditeurs et des destinataires, et il ne sera rien perçu pour cette double opération.

Les voitures et animaux ne sont soumis à aucun droit de gare.

Pour la manutention des marchandises à petite vitesse, il sera perçu 1 fr. 50 par tonne pour les marchandises expédiées sans condition de tonnage ; 1 fr. par tonne pour les marchandises désignées, soit dans les tarifs généraux, soit dans les tarifs spéciaux, comme expédiées par wagon complet de 4,000 kilogrammes, au minimum ou par partie d'un poids équivalent.

La perception aura lieu par fraction indivisible de 10 kilogrammes.

Ces droits se composent ainsi :

Pour les marchandises expédiées sans condition de tonnage :

1° Frais de chargement au départ. 0,40 c.
2° Frais de déchargement à l'arrivée. 0,40
3° Frais de gare au départ. 0,35
4° Frais de gare à l'arrivée. . . . 0,35

> Prix par tonne applicable par fraction indivisible de 10 kilog.

Pour les marchandises expédiées par wagon complet de 4,000 kilogrammes, au minimum ou par partie, d'un poids équivalent :

1° Frais de chargement au départ. 0,30 c.
2° Frais de déchargement à l'arrivée. 0,30
3° Frais de gare au départ. . . . 0,20
4° Frais de gare à l'arrivée. . . . 0,20

> Prix par tonne applicable par fraction indivisible de 10 kilog.

Les droits de manutention ci-dessus fixés seront appliqués, quel que soit le mode employé pour le chargement et le déchargement (main d'homme, grue, couloir, plateau, bascule, etc.).

Pour les marchandises désignées, soit dans les tarifs généraux, soit dans les tarifs spéciaux, comme expédiées par wagon complet de 4,000 kilogrammes, au minimum ou par partie d'un poids équivalent, et lorsque le chargement et le déchargement de ces marchandises seront laissés par lesdits tarifs aux soins des expéditeurs et des destinataires, il sera déduit 30 centimes par tonne pour chaque opération de chargement ou de déchargement.

Les droits de gare sont dus dans tous les cas. Ces droits seront perçus pour les marchandises en provenance ou à destination des embranchements particuliers, savoir :

0 fr. 20 c. à la première gare de départ
située sur la ligne principale ;   ou *vice versâ*.
0 fr. 20 c. à la gare destinataire.

Il sera perçu, en outre, aux gares de jonction d'un chemin de
fer avec un autre chemin de fer concédé à une Compagnie différente, un droit de 40 centimes par tonne, applicable par fraction indivisible de 10 kilogrammes, et à partager par moitié entre les
deux Compagnies, pour les marchandises transitant d'une ligne sur
une autre ; et, moyennant la perception de ce droit, les frais de manutention ci-dessus fixés (chargement, déchargement et gare) ne
seront perçus qu'une seule fois, à l'expédition primitive et à la destination définitive, étant bien entendu d'ailleurs que les frais de
chargement et de déchargement ne seront pas perçus pour les marchandises expédiées par wagon complet de 4,000 kilogrammes, au
minimum ou par partie d'un poids équivalent, lorsque ces opérations seront faites par les expéditeurs ou les destinataires. Ce dernier droit ne sera pas dû aux points de jonction des embranchements particuliers.

Sont exempts de tout droit de chargement, de déchargement et
de gare, les colis pesant de 0 à 40 kilogrammes.

Le matériel roulant sera déchargé des trucks qui l'auront apporté aux gares de chemins de fer et chargé sur les trucks qui devront l'emporter, aux frais, risques et périls des expéditeurs et des
destinataires, et il ne sera rien perçu pour cette double opération, ni
pour les opérations de gare.

MARCHANDISES en vrac. — Ce sont les marchandises sans emballage. Les Compagnies n'acceptent aucune responsabilité pour les expéditions de ce genre. Le poids qui a
été constaté au départ sert à l'application des taxes.

Les manquants à l'arrivée doivent être constatés au rapport,
afin d'être comblés aussitôt que les quantités perdues en route
auront été retrouvées.

MARCHANDISES sujettes à s'avarier. — Elles
ne doivent être prises que si l'expéditeur en paie le port
d'avance ; car un refus du destinataire pourrait entraîner la
perte du colis et par conséquent donner lieu à des difficultés
pour le paiement du transport.

MARINGOTTES. — Grandes plates-formes sur lesquelles
on transporte les voitures de rouliers.

MATÉRIEL articulé. — Locomotives et wagons dont les essieux sont mobiles, c'est-à-dire pouvant tourner horizontalement : c'est le système du chemin d'Orsay et des chemins de fer en Amérique. Il permet de réaliser des économies excessivement importantes dans la construction des chemins de fer dans les contrées montagneuses.

MATÉRIEL dans les gares et stations. — La sécurité du service exige que chaque gare ou station d'une ligne de chemin de fer contienne une certaine quantité de matériel déterminée d'après les besoins du service sur les différents points de la ligne. Il est indispensable que ce matériel soit constamment maintenu au complet, et pour y arriver voici la mesure fort simple qui chaque jour est employée :

Le chef de l'un des trains omnibus qui parcourent la ligne entière en arrivant à chaque gare ou station se fait remettre par le chef de cette gare ou station un état de son matériel. Ces états sont transmis à la gare extrême, qui, d'après les indications qu'elle y trouve, complète aussitôt le matériel des stations dégarnies.

MATÉRIEL fixe. — Ce terme est opposé à celui de matériel roulant. Il comprend la voie de fer et tous les engins de chemin de fer, lesquels, quoique mobiles, ne changent pas de place, tels que évitement, plaques tournantes, etc.

MATÉRIEL rigide. — Locomotives et wagons dont les essieux ne tournent pas dans le sens horizontal : c'est celui de la généralité des chemins de fer.

MATÉRIEL roulant. — Locomotives, wagons et accessoires.

MATS de signaux. — Mâts en bois auxquels on suspend les signaux tels que les disques.

MÉCANICIENS. — Employés chargés de diriger les mouvements des locomotives et de conduire les trains.

Les ordres de service qui les concernent sont formels et sévères ; on en comprend le motif.

Les mécaniciens sont placés sous les ordres du chef du dépôt.

Avant de quitter un dépôt, ils doivent s'assurer du bon état de la locomotive, ainsi que des approvisionnements et des ustensiles accessoires nécessaires pour le service.

Avant de faire circuler la locomotive qu'ils dirigent, ils doivent toujours avertir au moyen du sifflet.

Pendant la marche ils doivent observer les signaux, et porter leur attention aux changements de voie quand il y a lieu.

Ils sont responsables de toutes les manœuvres qu'ils font faire aux chauffeurs placés sous leurs ordres.

MÉDECIN. — Un médecin principal nommé par le conseil d'administration de la Compagnie, centralise le service de santé. Il a sous ses ordres les médecins des circonscriptions médicales établies sur tout le parcours de la ligne, nommés également par le conseil sur la proposition du directeur.

Nous avons exposé suffisamment à l'article *Service de santé* (voir cet article) le service et les attributions du médecin principal et des médecins de circonscription ; nous ne les répéterons point ici pour ne pas faire double emploi.

MIROIR. — On a essayé de placer sur la locomotive un miroir dans lequel se reflète tout le convoi. On a espéré que le mécanicien verrait, sans se retourner, tout ce qui se passe derrière lui, et qu'il pourrait, en cas d'accident dans le convoi, d'un incendie par exemple, arrêter le train ; l'emploi de ce miroir n'a pas été généralisé.

MODE de concession. — Les concessions des chemins de fer se font par voie d'adjudication publique. La loi du 15 juillet 1845 en règle les conditions.

(Voir la loi du 15 juillet 1845.)

MOTEURS. — (Voir *Locomotion sur les chemins de fer.*)

MOUVEMENT de lacet, de galop, de roulis, de tangage des machines locomotives. — (Voir ces définitions spéciales.)

MOYEUX. — Pièces du centre de la roue dans lesquelles

s'engage l'essieu. Les moyeux sont en fonte ou en fer forgé. Dans les roues motrices, les moyeux présentent un renflement, une espèce de manivelle dans laquelle s'engage la bielle.

NEIGES. — Dans les chemins de fer on distingue deux espèces de neiges : les neiges humides qui se forment dans le calme et tombent verticalement ; elles ne sont pas dangereuses pour la circulation, elles ne se présentent pas en grandes masses et peuvent être enlevées facilement. Il n'en est pas de même des neiges sèches, poudreuses, qui rasent la terre au moindre souffle d'air, se forment, dès que le vent devient fort, en tourbillons, et se déposent, dès que les vents perdent de leur intensité, dans les bas-fonds, dans les tranchées. Ce sont les neiges dangereuses, car elles tombent en grandes masses et peuvent arrêter la circulation par suite des difficultés de leur enlèvement. En temps de neige on a soin de garnir les chasse-pierres de petits balais qui débarrassent les rails de la neige tombée.

NETTOYAGE des wagons. — Nulle voiture ne peut être mise en circulation sans avoir été nettoyée, et que ce nettoyage ait été inspecté.

Les chefs de gare sont responsables des avaries que pourrait entraîner la malpropreté des wagons.

NIVELLEMENT en long.—C'est la projection de l'axe d'un chemin de fer sur un plan vertical. Nivellement, appliqué aux plans, est synonyme de profil.

NIVELLEMENT en travers. — C'est la projection

d'un profil ou d'une coupe de l'axe d'un chemin de fer sur un plan vertical qui est perpendiculaire à cet axe.

NIVELEURS. — On donne ce nom aux employés chargés de faire les nivellements sur le terrain et de les rapporter. On distingue les niveleurs en long et les niveleurs en travers ; les premiers sont chargés du nivellement de l'axe du chemin de fer Cette opération est délicate et n'est confiée qu'aux conducteurs et aux élèves ingénieurs. Les niveleurs en travers relèvent les profils en travers ; ce sont les piqueurs et les agents subalternes qui s'en occupent.

NOMINATIONS des chefs de service. — Le conseil d'administration nomme seul, sur la proposition du directeur, les chefs de service. Les autres nominations sont faites par le directeur de la Compagnie : toutefois il ne peut nommer aucun candidat sans en donner avis au conseil d'administration par un rapport contenant tous les renseignements nécessaires pour faire apprécier la convenance de la nomination.

Tous les employés de l'administration que leurs fonctions doivent mettre en rapport avec un employé nouvellement admis, sont informés de sa nomination par des avis ou par des ordres de service.

NOTE de remise pour l'acceptation des marchandises. — C'est l'acceptation des marchandises à transporter qui engage les Compagnies. Elles ont donc recommandé d'une manière spéciale à leurs agents de ne pas les recevoir avant d'avoir minutieusement examiné si les emballages étaient en bon état. En cas de défectuosité, ou si les colis sonnent la casse, ils ne sont reçus qu'avec un bulletin de garantie signé de l'expéditeur.

Celui-ci doit toujours remettre le bordereau des objets qu'il expédie, en ayant soin d'y inscrire les marques, numéros et poids des colis, la nature des marchandises et la valeur. Il faut aussi y mentionner les nom et domicile du destinataire, indiquer si la livraison doit avoir lieu en ville, en

gare ou bureau restant. En cas de similitude de nom des gares
destinataires, il faut mettre le nom de l'arrondissement ou du
département pour éviter de fausses destinations.

Les effets, valeurs, etc., doivent être également accompagnés d'une note d'expédition. L'irrégularité des pièces d'expédition peut entraîner le refus de transport de la part des
Compagnies.

**NOTES de remise pour les effets de com-
merce à encaisser.** — En remettant à une Compagnie
de chemin de fer des effets qui doivent être encaissés par son
entremise, il faut les accompagner d'une note ou bordereau
comme s'il s'agissait d'une négociation.

Les effets à encaisser sont considérés comme récépissés
simples.

Après encaissement on rembourse le porteur, qui signe un
reçu régulier.

Le protêt n'est fait par la Compagnie que dans le cas où le
coût de cet acte lui a été consigné.

En cas d'encaissement, la Compagnie prélève un double
droit. Ce droit est simple si l'encaissement n'a pas été effectué.

OBJETS encombrants ou malpropres. — Les
conducteurs gardes-freins doivent empêcher l'introduction dans
les voitures de tout objet encombrant ou malpropre, de nature
à gêner les voyageurs ou à salir les wagons.

Si les voyageurs porteurs de ces objets persistent à ne pas
vouloir s'en séparer, les gardes-freins doivent s'opposer à leur
départ.

L'article 65 du règlement d'administration publique sur la police des chemins de fer interdit l'entrée des voitures « à tous individus porteurs d'armes à feu chargées ou de paquets qui, par leur nature, leur volume ou leur odeur, pourraient gêner ou incommoder les voyageurs. »

OBJETS laissés par les voyageurs dans les voitures. — Lorsque des objets appartenant à ·des voyageurs ou à des personnes étrangères à la Compagnie ont été laissés dans les voitures, leur identité doit être prouvée par les réclamants en présence du commissaire de surveillance administrative, qui reçoit et constate leurs déclarations, dans le cas où l'identité serait douteuse et où les déclarations paraîtraient fausses.

Chaque fois qu'un cas de cette nature se présente, il doit être dressé procès-verbal avec description des objets trouvés par les commissaires de surveillance.

OBJETS trouvés.—Les objets trouvés sur la voie par les agents doivent être remis, contre un reçu, aux employés de l'exploitation, qui ne doivent jamais refuser cette pièce à ceux qui sont en droit de la réclamer.

Lorsque les voyageurs ont oublié ou perdu des objets sur la voie ou dans une station, les objets restent déposés pendant un jour à la gare où ils ont été laissés ou aux environs de laquelle on les a trouvés. Ces objets sont remis aux réclamants s'ils se présentent dans la journée et s'ils en donnent au chef de gare le signalement exact.

Mais le lendemain ces objets sont adressés au bureau central des réclamations, où ils sont classés et enregistrés. C'est là que les voyageurs doivent adresser leurs réclamations lorsque leur perte remonte à plus d'un jour.

OBJETS trouvés appartenant à la traction. —Ces objets doivent être remis sans délai aux agents de la traction. Ceux-ci doivent les faire parvenir à la régie générale accompagnés d'une feuille de route pour ordre.

OBLIGATIONS. — Titres privilégiés garantis par le capital social et l'actif des Compagnies qni les émettent.

L'État a accordé à plusieurs Compagnies un minimum d'intérêt pour assurer le placement de leurs obligations. Ces titres sont en général émis au taux de remboursement ; ils rapportent de 5 0/0 à 6 0/0, suivant les cours de la Bourse, et sont remboursés dans une période déterminée par tirage au sort.

L'obligation n'a aucun droit dans le partage des bénéfices sociaux.

Exemple. La Banque a émis en 1858 des obligations pour le compte des principales lignes de chemins de fer. Ces titres étaient délivrés aux environs de 270 fr. et rapportaient 15 fr. de rente. Le taux du remboursement était de 500 fr. Le placement fait dans ces conditions devait donc donner un revenu annuel sur le pied de 5 85.

L'intérêt des obligations se paie par semestre. Il cesse de plein droit quand le titre est appelé au remboursement.

OMNIBUS de la Compagnie. — Le service est fait entre les villes et les gares par des omnibus subventionnés par les lignes.

Ces voitures transportent les voyageurs avec plus de vitesse et à meilleur marché que les voitures non spéciales. A plusieurs lignes-stations les omnibus transportent gratuitement les voyageurs la semaine, et n'exigent les jour fériés qu'une très-faible rétribution.

ORDONNANCE ROYALE du 15 novembre 1846, portant règlement d'administration publique sur la police, la sûreté et l'exploitation des chemins de fer.

TITRE PREMIER.

DES STATIONS ET DE LA VOIE DES CHEMINS DE FER.

Section première. — Des stations.

Art. 1er. — L'entrée, le stationnement et la circulation des voitures publiques ou particulières, destinées soit au transport des personnes, soit au transport des marchandises, dans les cours dépendant des stations des chemins de fer, seront réglés par arrêtés du préfet du département. Ces arrêtés ne seront exécutoires qu'en vertu de l'approbation du ministre des travaux publics.

Section deuxième. — De la voie.

ART. 2. — Le chemin de fer et les ouvrages qui en dépendent seront constamment entretenus en bon état.

La Compagnie devra faire connaître au ministre des travaux publics les mesures qu'elle aura prises pour cet entretien.

Dans le cas où ces mesures seraient insuffisantes, le ministre des travaux publics, après avoir entendu la Compagnie, prescrira celles qu'il jugera nécessaires.

ART. 3. — Il sera placé, partout où besoin sera, des gardiens en nombre suffisant pour assurer la surveillance et la manœuvre des aiguilles, des croisements et changements de voie ; en cas d'insuffisance, le nombre de ces gardiens sera fixé par le ministre des travaux publics, la Compagnie entendue.

ART. 4. — Partout où un chemin de fer est traversé à niveau, soit par une route à voitures, soit par un chemin destiné au passage des piétons, il sera établi des barrières.

Le mode, la garde et les conditions de service des barrières seront réglés par le ministre des travaux publics, sur la proposition de la Compagnie.

ART. 5. — Si l'établissement de contre-rails est jugé nécessaire dans l'intérêt de la sûreté publique, la Compagnie sera tenue d'en placer sur les points qui seront désignés par le ministre des travaux publics.

ART. 6. — Aussitôt après le coucher du soleil, et jusqu'après le passage du dernier train, les stations et leurs abords devront être éclairés.

Il en sera de même des passages à niveau pour lesquels l'Administration jugera cette mesure nécessaire.

TITRE II.

DU MATÉRIEL EMPLOYÉ A L'EXPLOITATION.

ART. 7. — Les machines locomotives ne pourront être mises en service qu'en vertu de l'autorisation de l'Administration, et après avoir été soumises à toutes les épreuves prescrites par les règlements en vigueur.

Lorsque, par suite de détérioration ou pour toute autre cause, l'interdiction d'une machine aura été prononcée, cette machine ne pourra être remise en service qu'en vertu d'une nouvelle autorisation.

Art. 8. — Les essieux des locomotives, des tenders et des voitures de toute espèce, entrant dans la composition des convois de voyageurs ou dans celle des trains mixtes de voyageurs et de marchandises allant à grande vitesse, devront être en fer martelé de premier choix.

Art. 9. — Il sera tenu des états de service pour toutes les locomotives. Ces états seront inscrits sur des registres qui devront être constamment à jour, et indiquer, à l'article de chaque machine, la date de sa mise en service, le travail qu'elle a accompli, les réparations ou modifications qu'elle a reçues, et le renouvellement de ses diverses pièces.

Il sera tenu, en outre, pour les essieux de locomotives, tenders et voitures de toute espèce, des registres spéciaux sur lesquels, à côté du numéro d'ordre de chaque essieu, seront inscrits sa provenance, la date de sa mise en service, l'épreuve qu'il peut avoir subie, son travail, ses accidents et ses réparations ; à cet effet, le numéro d'ordre sera poinçonné sur chaque essieu.

Les registres mentionnés aux deux paragraphes ci-dessus seront représentés, à toute réquisition, aux ingénieurs et agents chargés de la surveillance du matériel et de l'exploitation.

Art. 10. — Il est interdit de placer, dans un convoi comprenant des voitures de voyageurs, aucune locomotive, tender ou autres voitures d'une nature quelconque, montées sur des roues en fonte.

Toutefois, le ministre des travaux publics pourra, par exception, autoriser l'emploi des roues en fonte, cerclées en fer, dans les trains mixtes de voyageurs et de marchandises, et marchant à la vitesse d'au plus 25 kilomètres à l'heure.

Art. 11. — Les locomotives devront être pourvues d'appareils ayant pour objet d'arrêter les fragments de coke tombant de la grille et d'empêcher la sortie des flammèches par la cheminée.

Art. 12. — Les voitures destinées au transport des voyageurs seront d'une construction solide ; elles devront être commodes et pourvues de ce qui est nécessaire à la sûreté des voyageurs.

Les dimensions de la place affectée à chaque voyageur devront être d'au moins 0^m,45 en largeur, 0^m,65 en profondeur, et 1^m,45 en hauteur; cette disposition sera appliquée aux chemins de fer existants, dans un délai qui sera fixé pour chaque chemin par le ministre des travaux publics.

Art. 13. — Aucune voiture pour les voyageurs ne sera mise en service sans une autorisation du préfet, donnée sur le rapport d'une commission constatant que la voiture satisfait aux conditions de l'article précédent.

L'autorisation de mise en service n'aura d'effets qu'après que l'estampille prescrite pour les voitures publiques par l'art. 117 de la loi du 25 mars 1817 aura été délivrée par le directeur des contributions indirectes.

Art. 14. — Toute voiture de voyageurs portera dans l'intérieur l'indication apparente du nombre des places.

Art. 15. — Les locomotives, tenders et voitures de toute espèce, devront porter : 1° le nom ou les initiales du nom du chemin de fer auquel ils appartiennent ; 2° un numéro d'ordre. Les voitures de voyageurs porteront, en outre, l'estampille délivrée par l'administration des contributions indirectes. Ces diverses indications seront placées d'une manière apparente sur la caisse ou sur les côtés des châssis.

Art. 16. — Les machines locomotives, tenders et voitures de toute espèce, et tout le matériel d'exploitation seront constamment maintenus dans un bon état d'entretien.

La Compagnie devra faire connaître au ministre des travaux publics les mesures adoptées par elle à cet égard, et, en cas d'insuffisance, le ministre, après avoir entendu les observations de la Compagnie, prescrira les dispositions qu'il jugera nécessaires à la sûreté de la circulation.

TITRE III.

DE LA COMPOSITION DES CONVOIS.

Art. 17. — Tout convoi ordinaire de voyageurs devra contenir, en nombre suffisant, des voitures de chaque classe, à moins d'une autorisation spéciale du ministre des travaux publics.

Art. 18. — Chaque train de voyageurs devra être accompagné :

1° D'un mécanicien et d'un chauffeur par machine : le chauffeur devra être capable d'arrêter la machine en cas de besoin;

2° Du nombre de conducteurs gardes-freins qui sera déterminé pour chaque chemin, suivant les pentes et suivant le nombre de voitures, par le ministre des travaux publics, sur la proposition de la Compagnie.

Sur la dernière voiture de chaque convoi ou sur l'une des voitures placées à l'arrière, il y aura toujours un frein et un conducteur chargé de le manœuvrer.

Lorsqu'il y aura plusieurs conducteurs dans un convoi, l'un d'entre eux devra toujours avoir autorité sur les autres.

Un train de voyageurs ne pourra se composer de plus de vingt-quatre voitures à quatre roues. S'il entre des voitures à six roues dans la composition du convoi, le maximum du nombre de voitures sera déterminé par le ministre.

Les dispositions des paragraphes précédents sont applicables aux trains mixtes de voyageurs et de marchandises marchant à la vitesse des voyageurs.

Quant aux convois de marchandises qui transportent en même temps des voyageurs et des marchandises, et qui ne marchent pas à la vitesse ordinaire des voyageurs, les mesures spéciales et les conditions de sûreté auxquelles ils devront être assujettis seront déterminées par le ministre, sur la proposition de la Compagnie.

Art. 19. — Les locomotives devront être en tête des trains. Il ne pourra être dérogé à cette disposition que pour les manœuvres à exécuter dans le voisinage des stations ou pour le cas de secours. Dans ces cas spéciaux, la vitesse ne devra pas dépasser 25 kilomètres par heure.

Art. 20. — Les convois de voyageurs ne devront être remorqués que par une seule locomotive, sauf les cas où l'emploi d'une machine de renfort deviendrait nécessaire, soit pour la montée d'une rampe de forte inclinaison, soit par suite d'une affluence extraordinaire de voyageurs, de l'état de l'atmosphère, d'un accident ou d'un retard exigeant l'emploi de secours, ou de tout autre cas analogue ou spécial préalablement déterminé par le ministre des travaux publics. Il est, dans tous les cas, interdit d'atteler simultanément plus de deux locomotives à un convoi de voyageurs.

La machine placée en tête devra régler la marche du train.

Il devra toujours y avoir en tête de chaque train, entre le tender et la première voiture de voyageurs, autant de voitures ne portant pas de voyageurs qu'il y aura de locomotives attelées.

Dans tous les cas où il sera attelé plus d'une locomotive à un train, mention en sera faite sur un registre à ce destiné, avec indication du motif de la mesure, de la station où elle aura été jugée nécessaire, et de l'heure à laquelle le train aura quitté cette station.

Ce registre sera représenté à toute réquisition aux fonctionnaires et agents de l'administration publique chargés de la surveillance de l'exploitation.

ART. 21. — Il est défendu d'admettre, dans les convois qui portent des voyageurs, aucune matière pouvant donner lieu soit à des explosions, soit à des incendies.

ART. 22. — Les voitures entrant dans la composition des trains de voyageurs seront liées entre elles par des moyens d'attache tels que les tampons à ressort de ces voitures soient toujours en contact.

Les voitures des entrepreneurs de messageries ne pourront être admises dans la composition des trains qu'avec l'autorisation du ministre des travaux publics, et que moyennant les conditions indiquées dans l'acte d'autorisation.

ART. 23. — Les conducteurs gardes-freins seront mis en communication avec le mécanicien pour donner, en cas d'accident, le signal d'alarme par tel moyen qui sera autorisé par le ministre des travaux publics, sur la proposition de la Compagnie.

ART. 24. — Les trains devront être éclairés extérieurement pendant la nuit. En cas d'insuffisance du système d'éclairage, le ministre des travaux publics prescrira, la Compagnie entendue, les dispositions qu'il jugera nécessaires.

Les voitures fermées, destinées aux voyageurs, devront être éclairées intérieurement pendant la nuit et au passage des souterrains qui seront désignés par le ministre.

TITRE IV.

DU DÉPART, DE LA CIRCULATION ET DE L'ARRIVÉE DES CONVOIS.

ART. 25. — Pour chaque chemin de fer, le ministre des travaux publics déterminera, sur la proposition de la Compagnie, le sens du mouvement des trains et des machines isolées sur chaque voie, quand il y aura plusieurs voies, ou les points de croisement quand il n'y en aura qu'une.

Il ne pourra être dérogé, sous aucun prétexte, aux dispositions qui auront été prescrites par le ministre, si ce n'est dans le cas où la voie sera interceptée; et, dans ce cas, le changement devra être fait avec les précautions indiquées en l'art. 34 ci-après.

Art. 26. — Avant le départ du train, le mécanicien s'assurera si toutes les parties de la locomotive et du tender sont en bon état, si le frein de ce tender fonctionne convenablement.

La même vérification sera faite par les conducteurs gardes-freins, en ce qui concerne les voitures et les freins de ces voitures.

Le signal du départ ne sera donné que lorsque les portières seront fermées.

Le train ne devra être mis en marche qu'après le signal du départ.

Art. 27. — Aucun convoi ne pourra partir d'une station avant l'heure déterminée par le règlement de service.

Aucun convoi ne pourra également partir d'une station avant qu'il se soit écoulé, depuis le départ ou le passage du convoi précédent, le laps de temps qui aura été fixé par le ministre des travaux publics, sur la proposition de la Compagnie.

Des signaux seront placés à l'entrée de la station pour indiquer aux mécaniciens des trains qui pourraient survenir, si le délai déterminé en vertu du paragraphe précédent est écoulé.

Dans l'intervalle des stations, des signaux seront établis, afin de donner le même avertissement au mécanicien sur les points où il ne peut pas voir devant lui à une distance suffisante. Dès que l'avertissement lui sera donné, le mécanicien devra ralentir la marche du train. En cas d'insuffisance des signaux établis par la Compagnie, le ministre prescrira, la Compagnie entendue, l'établissement de ceux qu'il jugera nécessaires.

Art. 28. — Sauf le cas de force majeure ou de réparation de la voie, les trains ne pourront s'arrêter qu'aux gares ou lieux de stationnement autorisés pour le service des voyageurs ou des marchandises.

Les locomotives ou les voitures ne pourront stationner sur les voies du chemin de fer affectées à la circulation des trains.

Art. 29. — Le ministre des travaux publics déterminera, sur la proposition de la Compagnie, les mesures spéciales de précaution relatives à la circulation des trains sur les plans inclinés et dans les souterrains à une ou à deux voies, à raison de leur longueur et de leur tracé.

Il déterminera également, sur la proposition de la Compagnie, la vitesse maximum que les trains de voyageurs pourront prendre sur les diverses parties de chaque ligne, et la durée du trajet.

Art. 30. — Le ministre des travaux publics prescrira, sur la proposition de la Compagnie, les mesures spéciales de précautions à prendre pour l'expédition et la marche des convois extraordinaires.

Dès que l'expédition d'un convoi extraordinaire aura été décidée, déclaration devra en être faite immédiatement au commissaire spécial de police, avec indication du motif de l'expédition du convoi et de l'heure du départ.

Art. 31. — Il sera placé le long du chemin, pendant le jour et pendant la nuit, soit pour l'entretien, soit pour la surveillance de la voie, des agents en nombre assez grand pour assurer la libre circulation des trains et la transmission des signaux; en cas d'insuffisance, le ministre des travaux publics en règlera le nombre, la Compagnie entendue.

Ces agents seront pourvus de signaux de jour et de nuit à l'aide desquels ils annonceront si la voie est libre et en bon état, et si le mécanicien doit ralentir sa marche où s'il doit arrêter immédiatement le train.

Ils devront, en outre, signaler de proche en proche l'arrivée des convois.

Art. 32. — Dans le cas où soit un train, soit une machine isolée, s'arrêterait sur la voie pour cause d'accident, le signal d'arrêt indiqué en l'article précédent devra être fait à 500 mètres au moins à l'arrière.

Les conducteurs principaux des convois et les mécaniciens conducteurs des machines isolées devront être munis d'un signal d'arrêt.

Art. 33. — Lorsque des ateliers de réparation seront établis sur une voie, des signaux devront indiquer si l'état de la voie ne permet pas le passage des trains, ou s'il suffit de ralentir la marche de la machine.

Art. 34. — Lorsque, par suite d'un accident, de réparation ou de toute autre cause, la circulation devra s'effectuer momentanément sur une voie, il devra être placé un garde auprès des aiguilles de chaque changement de voie.

Les gardes ne laisseront les trains s'engager dans la voie unique réservée à la circulation, qu'après s'être assurés qu'ils ne seront pas rencontrés par un train venant dans un sens opposé.

Il sera donné connaissance au commissaire spécial de police du signal ou de l'ordre du service adopté pour assurer la circulation sur la voie unique.

Art. 35. — La Compagnie sera tenue de faire connaître au ministre des travaux publics le système de signaux qu'elle a adopté ou qu'elle se propose d'adopter pour les cas prévus par le présent titre. Le ministre prescrira les modifications qu'il jugera nécessaires.

Art. 36. — Le mécanicien devra porter constamment son attention sur l'état de la voie, arrêter ou ralentir la marche en cas d'obstacles, suivant les circonstances, et se conformer aux signaux qui lui seront transmis ; il surveillera toutes les parties de la machine, la tension de la vapeur et le niveau d'eau de la chaudière. Il veillera à ce que rien n'embarrasse la manœuvre du frein du tender.

Art. 37. — A 500 mètres au moins avant d'arriver au point où une ligne d'embranchement vient croiser la ligne principale, le mécanicien devra modérer la vitesse de telle manière que le train puisse être complétement arrêté avant d'atteindre ce croisement, si les circonstances l'exigent.

Au point d'embranchement ci-dessus désigné, des signaux devront indiquer le sens dans lequel les aiguilles sont placées.

A l'approche des stations d'arrivée, le mécanicien devra faire les dispositions convenables pour que la vitesse acquise du train soit complétement amortie avant le point où les voyageurs doivent descendre, et de telle sorte qu'il soit nécessaire de remettre la machine en action pour atteindre ce point.

Art. 38. — A l'approche des stations, des passages à niveau, des courbes, des tranchées et des souterrains, le mécanicien devra faire jouer le sifflet à vapeur pour avertir de l'approche du train.

Il se servira également du sifflet comme moyen d'avertissement toutes les fois que la voie ne lui paraîtra pas complétement libre.

Art. 39. — Aucune personne autre que le mécanicien et le chauffeur ne pourra monter sur la locomotive ou sur le tender, à moins d'une permission spéciale et écrite du directeur de l'exploitation du chemin de fer.

Sont exceptés de cette interdiction, les ingénieurs des ponts et chaussées, les ingénieurs des mines chargés de la surveillance et les commissaires spéciaux de police. Toutefois, ces derniers devront remettre au chef de la station ou au conducteur principal du convoi une réquisition écrite et motivée.

Art. 40. — Des machines dites de secours ou de réserve devront être entretenues constamment en feu et prêtes à partir sur les points de chaque ligne qui seront désignés par le ministre des travaux publics, sur la proposition de la Compagnie.

Les règles relatives au service de ces machines seront également déterminées par le ministre, sur la proposition de la Compagnie.

Art. 41. — Il y aura constamment, aux lieux de dépôt des machines, un wagon chargé de tous les agrès et outils nécessaires en cas d'accident.

Chaque train devra d'ailleurs être muni des outils les plus indispensables.

Art. 42. — Aux stations qui seront désignées par le ministre des travaux publics, il sera tenu des registres sur lesquels on mentionnera les retards excédant dix minutes pour les parcours dont la longueur est inférieure à 50 kilomètres, et quinze minutes pour les parcours de 50 kilomètres. Ces registres indiqueront la nature et la composition des trains, le nom des locomotives qui les ont remorqués, les heures de départ et d'arrivée, la cause et la durée du retard.

Ces registres seront représentés à toute réquisition aux ingénieurs, fonctionnaires et agents de l'administration publique chargés de la surveillance du matériel et de l'exploitation.

Art. 43. — Des affiches, placées dans les stations, feront connaître au public les heures de départ des convois ordinaires de toute sorte, les stations qu'ils doivent desservir, les heures auxquelles ils doivent arriver à chacune des stations et en partir.

Quinze jours au moins avant d'être mis à exécution, ces ordres de service seront communiqués en même temps aux commissaires royaux, au préfet du département et au ministre des travaux publics, qui pourra prescrire les modifications nécessaires pour la sûreté de la circulation ou pour les besoins du public.

14.

TITRE V.

DE LA PERCEPTION DES TAXES ET DES FRAIS ACCESSOIRES.

Art. 44. — Aucune taxe, de quelque nature qu'elle soit, ne pourra être perçue par la Compagnie qu'en vertu d'une homologation du ministre des travaux publics.

Les taxes perçues actuellement sur les chemins dont les concessions sont antérieures à 1835 et qui ne sont pas encore régularisées, devront l'être avant le 1er avril 1847.

Art. 45. — Pour l'exécution du paragraphe 1er de l'article qui précède, la Compagnie devra dresser un tableau des prix qu'elle a l'intention de percevoir, dans la limite du maximum autorisé par le cahier des charges, pour le transport des voyageurs, des bestiaux, marchandises et objets divers, et en transmettre en même temps des expéditions au ministre des travaux publics, aux préfets des départements traversés par le chemin de fer et aux commissaires royaux.

Art. 46. — La Compagnie devra en outre , dans le plus court délai et dans les formes énoncées en l'article précédent, soumettre ses propositions au ministre des travaux publics pour les prix de transport non déterminés par le cahier des charges, et à l'égard desquels le ministre est appelé à statuer.

Art. 47. — Quant aux frais accessoires, tels que ceux de chargement, de déchargement et d'entrepôt dans les gares et magasins du chemin de fer, et quant à toutes les taxes qui doivent être réglées annuellement, la Compagnie devra en soumettre le règlement à l'approbation du ministre des travaux publics, dans le dixième mois de chaque année. Jusqu'à décision, les anciens tarifs continueront à être perçus.

Art. 48. — Les tableaux des taxes et des frais accessoires approuvés seront constamment affichés dans les lieux les plus apparents des gares et stations des chemins de fer.

Art. 49. — Lorsque la Compagnie voudra apporter quelques changements aux prix autorisés, elle en donnera avis au ministre des travaux publics, aux préfets des départements traversés et aux commissaires royaux.

Le public sera en même temps informé par des affiches des changements soumis à l'approbation du ministre.

A l'expiration du mois à partir de la date de l'affiche, lesdites taxes pourront être perçues si, dans cet intervalle, le ministre des travaux publics les a homologuées.

Si des modifications à quelques-uns des prix affichés étaient prescrites par le ministre, les prix modifiés devront être affichés de nouveau et ne pourront être mis en perception qu'un mois après la date de ces affiches.

Art. 50. — La Compagnie sera tenue d'effectuer avec soin, exactitude et célérité, et sans tour de faveur, les transports des marchandises, bestiaux et objets de toute nature qui lui seront confiés.

Au fur et à mesure que des colis, des bestiaux ou des objets quelconques arriveront au chemin de fer, enregistrement en sera fait immédiatement, avec mention du prix total dû pour le transport. Le transport s'effectuera dans l'ordre des inscriptions, à moins de délais demandés ou consentis par l'expéditeur, et qui seront mentionnés dans l'enregistrement.

Un récépissé devra être délivré à l'expéditeur s'il le demande, sans préjudice, s'il y a lieu, de la lettre de voiture, Le récépissé énoncera la nature et le poids des colis, le prix total du transport et le délai dans lequel ce transport sera effectué.

Les registres mentionnés au présent article seront représentés à toute réquisition des fonctionnaires et agents chargés de veiller à l'exécution du présent règlement.

TITRE VI.

DE LA SURVEILLANCE DE L'EXPLOITATION.

Art. 51. — La surveillance de l'exploitation des chemins de fer s'exercera concurremment :

Par les commissaires royaux ;

Par les ingénieurs des ponts et chaussées, les ingénieurs des mines et par les conducteurs, les gardes-mines et autres agents sous leurs ordres;

Par les commissaires spéciaux de police et les agents sous leurs ordres.

Art. 52. — Les commissaires royaux seront chargés :

De surveiller le mode d'application des tarifs approuvés et l'exécution des mesures prescrites pour la réception et l'enregistrement des colis, leur transport et leur remise aux destinataires;

De veiller à l'exécution des mesures approuvées ou prescrites, pour que le service des transports ne soit pas interrompu aux points extrêmes des lignes en communication l'une avec l'autre ;

De vérifier les conditions des traités qui seraient passés par les Compagnies avec les entreprises de transport par terre ou par eau, en correspondance avec les chemins de fer, et de signaler toutes les infractions au principe de l'égalité des taxes ;

De constater le mouvement de la circulation des voyageurs et des marchandises sur les chemins de fer, les dépenses d'entretien et d'exploitation et les recettes.

Art. 53. — Pour l'exécution de l'article ci-dessus, les Compagnies seront tenues de représenter à toute réquisition aux commissaires royaux, leurs registres de dépenses et de recettes, et les registres mentionnés à l'art. 50 ci-dessus.

Art. 54. — A l'égard des chemins de fer pour lesquels les Compagnies auraient obtenu de l'État, soit un prêt avec intérêt privilégié, soit la garantie d'un minimum d'intérêt, ou pour lesquels l'État devrait entrer en partage des produits nets, les commissaires royaux exerceront toutes les autres attributions qui seront déterminées par les règlements spéciaux à intervenir dans chaque cas particulier.

Art. 55. — Les ingénieurs, les conducteurs et autres agents du service des ponts et chaussées seront spécialement chargés de surveiller l'état de la voie de fer, des terrassements, des ouvrages d'art et des clôtures.

Art. 56. — Les ingénieurs des mines, les gardes-mines et autres agents du service des mines sont spécialement chargés de surveiller l'état des machines fixes et locomotives employées à la traction des convois, et, en général, de tout le matériel roulant servant à l'exploitation.

Ils pourront être suppléés par les ingénieurs, conducteurs et autres agents du service des ponts et chaussées et réciproquement.

Art. 57. — Les commissaires spéciaux de police et les agents sous leurs ordres sont chargés particulièrement de surveiller la composition, le départ, l'arrivée, la marche et les stationnements des trains, l'entrée, le stationnement et la circulation des voitures dans les cours et stations, l'admission du public dans les gares et sur les quais des chemins de fer.

Art. 58. — Les Compagnies sont tenues de fournir des locaux
) convenables pour les commissaires spéciaux de police et les agents
) de surveillance.

Art. 59. — Toutes les fois qu'il arrivera un accident sur le
) chemin de fer, il en sera fait immédiatement déclaration à l'auto-
ꞓ rité locale et au commissaire spécial de police, à la diligence du
ꞓ chef du convoi. Le préfet du département, l'ingénieur des ponts
. et chaussées et l'ingénieur des mines chargés de la surveillance et
le commissaire royal en seront immédiatement informés par les
soins de la Compagnie.

Art. 60. — Les Compagnies devront soumettre à l'approbation
du ministre des travaux publics leurs règlements relatifs au service
et à l'exploitation des chemins de fer.

TITRE VII.

DES MESURES CONCERNANT LES VOYAGEURS ET LES PERSONNES ÉTRANGÈRES AU SERVICE DES CHEMINS DE FER.

Art. 61. — Il est défendu à toute personne étrangère au service
du chemin de fer :

1° De s'introduire dans l'enceinte du chemin de fer, d'y circuler
ou stationner ;

2° D'y jeter ou déposer aucuns matériaux ni objets quelconques ;

3° D'y introduire des chevaux, bestiaux ou animaux d'aucune
espèce ;

4° D'y faire circuler ou stationner aucunes voitures, wagons ou
machines étrangères au service.

Art. 62. — Sont exceptés de la défense portée au premier paragraphe de l'article précédent, les maires et adjoints, les commissaires de police, les officiers de gendarmerie, les gendarmes et
autres agents de la force publique, les préposés aux douanes, aux
contributions indirectes et aux octrois, les gardes champêtres et
forestiers dans l'exercice de leurs fonctions et revêtus de leurs uniformes ou de leurs insignes.

Dans tous les cas, les fonctionnaires et les agents désignés au
paragraphe précédent seront tenus de se conformer aux mesures
spéciales de précautions qui auront été déterminées par le ministre, la Compagnie entendue.

Art. 63. — Il est défendu :

1° D'entrer dans les voitures sans avoir pris un billet, et de se placer dans une voiture d'une autre classe que celle qui est indiquée par le billet ;

2° D'entrer dans les voitures ou d'en sortir autrement que par la portière qui fait face au côté extérieur de la ligne du chemin de fer ;

3° De passer d'une voiture dans une autre, de se pencher au dehors.

Les voyageurs ne doivent sortir des voitures qu'aux stations et lorsque le train est complétement arrêté.

Il est défendu de fumer dans les voitures ou sur les voitures et dans les gares ; toutefois, à la demande de la Compagnie et moyennant des mesures spéciales de précaution, des dérogations à cette disposition pourront être autorisées.

Les voyageurs seront tenus d'obtempérer aux injonctions des agents de la Compagnie pour l'observation des dispositions mentionnées au paragraphe ci-dessus.

Art. 64. — Il est interdit d'admettre dans les voitures plus de voyageurs que ne le comporte le nombre de places indiqué conformément à l'art. 14 ci-dessus.

Art. 65. — L'entrée des voitures est interdite :

1° A toute personne en état d'ivresse ;

2° A tous individus porteurs d'armes à feu chargées ou de paquets qui, par leur nature, leur volume ou leur odeur, pourraient gêner ou incommoder les voyageurs.

Tout individu porteur d'une arme à feu devra, avant son admission sur les quais d'embarquement, faire constater que son arme n'est point chargée.

Art. 66.—Les personnes qui voudront expédier des marchandises de la nature de celles qui sont mentionnées à l'art. 21 devront les déclarer au moment où elles les apporteront dans les stations du chemin de fer.

Des mesures spéciales de précautions seront prescrites, s'il y a lieu, pour le transport desdites marchandises, la Compagnie entendue.

Art. 67.—Aucun chien ne sera admis dans les voitures servant au transport des voyageurs ; toutefois, la Compagnie pourra placer dans des caisses de voitures spéciales les voyageurs qui ne voudraient pas se séparer de leurs chiens, pourvu que ces animaux soient muselés en quelque saison que ce soit.

ART. 68. — Les cantonniers, gardes-barrières et autres agents du chemin de fer devront faire sortir immédiatement toute personne qui se serait introduite dans l'enceinte du chemin, ou dans quelque portion que ce soit de ses dépendances où elles n'auraient pas le droit d'entrer.

En cas de résistance de la part des contrevenants, tout employé du chemin de fer pourra requérir l'assistance des agents de l'administration et de la force publique.

Les chevaux ou bestiaux abandonnés, qui seront trouvés dans l'enceinte du chemin de fer, seront saisis et mis en fourrière.

TITRE VIII.

DISPOSITIONS DIVERSES.

ART. 69. — Dans tous les cas où, conformément aux dispositions du présent règlement, le ministre des travaux publics devra statuer sur la proposition d'une Compagnie, la Compagnie sera tenue de lui soumettre cette proposition dans le délai qu'il aura déterminé; faute de quoi, le ministre pourra statuer directement.

Si le ministre pense qu'il y a lieu de modifier la proposition de la Compagnie, il devra, sauf les cas d'urgence, entendre la Compagnie avant de prescrire les modifications.

ART. 70. — Aucun crieur, vendeur ou distributeur d'objets quelconques ne pourra être admis par les Compagnies à exercer sa profession dans les cours ou bâtiments des stations et dans les salles d'attente destinées aux voyageurs, qu'en vertu d'une autorisation spéciale du préfet du département.

ART. 71. — Lorsqu'un chemin de fer traverse plusieurs départements, les attributions conférées aux préfets par le présent règlement pourront être centralisées en tout ou en partie dans les mains de l'un des préfets des départements traversés.

ART. 72. — Les attributions données aux préfets des départements par la présente ordonnance, seront, conformément à l'arrêté du 3 brumaire an IX, exercées par le préfet de police dans toute l'étendue du département de la Seine et dans les communes de Saint-Cloud, Meudon et Sèvres, département de Seine-et-Oise.

Art. 73. — Tout agent employé sur les chemins de fer sera revêtu d'un uniforme ou porteur d'un signe distinctif; les cantonniers, gardes-barrières et surveillants pourront être armés d'un sabre.

Art. 74. — Nul ne pourra être employé en qualité de mécanicien conducteur de train, s'il ne produit des certificats de capacité délivrés dans les formes qui seront déterminées par le ministre des travaux publics.

Art. 75. — Aux stations désignées par le ministre, les Compagnies entretiendront les médicaments et moyens de secours nécessaires en cas d'accident.

Art. 76. — Il sera tenu, dans chaque station, un registre coté et parafé, à Paris, par le préfet de police, ailleurs par le maire du lieu, lequel sera destiné à recevoir les réclamations des voyageurs qui auraient des plaintes à former, soit contre la Compagnie, soit contre ses agents. Ce registre sera présenté à toute réquisition des voyageurs.

Art. 77. — Les registres mentionnés aux art. 9, 20 et 42 ci-dessus seront cotés et parafés par le commissaire de police.

Art. 78. — Des exemplaires du présent règlement seront constamment affichés, à la diligence des Compagnies, aux abords des bureaux des chemins de fer et dans les salles d'attente.

Le conducteur principal d'un train en marche devra également être muni d'un exemplaire du règlement.

Des extraits devront être délivrés, chacun pour ce qui le concerne, aux mécaniciens, chauffeurs, gardes-frein, cantonniers, gardes-barrières et autres agents employés sur le chemin de fer.

Des extraits, en ce qui concerne les règles à observer par les voyageurs pendant le trajet, devront être placés dans chaque caisse de voiture.

Art. 79. — Seront constatées, poursuivies et réprimées, conformément au titre III de la loi du 15 juillet 1845 sur la police des chemins de fer, les contraventions au présent règlement, aux décisions rendues par le ministre des travaux publics et aux arrêtés pris sous son approbation par les préfets, pour l'exécution dudit règlement.

ORDRES de service. — Ordres écrits. Quinze jours avant d'être mis à exécution, les ordres de service doivent être communiqués aux commissaires de surveillance, aux préfets du département et au ministre des travaux publics.

(Art. 43 de l'ord. du 15 novembre 1846.)

OUTILLAGE des ateliers de montage, et des ateliers de réparations. — Il n'y a pas de règle générale à établir à ce sujet ; l'organisation des diverses parties dont se composent ces ateliers dépend de chaque cas particulier ; ces ateliers comprennent : des machines à vapeur, des grues, des bascules, des fours, des marteaux, des tours, des machines-outils, des établis et des outils de toute sorte.

OUTILLAGE d'une machine locomotive. — Cet outillage, placé sur le tender, comprend :

Les outils pour le foyer : pelle à coke, pique-feu ou tringle en fer avec crochet, lance ou tringle en fer terminée en pointe, tringle à nettoyer les tubes, — raclette, — balai, — tringle à tamponner les tubes qui crèvent en marche ;

La burette et le bidon (pour le graissage à l'huile) ;

Les agrès (cric, pince en fer, corde) ;

La caisse à outils (clefs à fourchette et anglaise, limes, burins, tournevis, pinces, marteau, crochet, ficelles, etc.).

OUVRAGES d'art. — Dans les chemins de fer on comprend sous ce titre les travaux de maçonnerie, de charpente et de mines : les ponts, les viaducs, les tunnels.

PAILLE. — C'est un creux dans la masse du fer qui doit être soigneusement évité, surtout dans les essieux et les rails. Ce défaut, qui est le résultat d'une mauvaise fabrication, peut occasionner de graves accidents.

PALEFRENIERS. — Les Compagnies, afin d'être dégagées de responsabilité pour le transport des chevaux, accordent volontiers des laissez-passer gratuits aux palefreniers chargés de surveiller le voyage.

Ces autorisations sont délivrées sur la condition formelle de non-garantie par les Compagnies, qui alors ne répondent plus des accidents de route.

Dix à douze chevaux font obtenir le passage gratuit à un palefrenier.

PALIER. — Ce terme a deux significations . on appelle ainsi les coussinets dans lesquels tournent les arbres de machines ou les essieux des roues. — Un palier de chemin de fer est la partie horizontale de la voie comprise entre une pente et une rampe. Ce palier est destiné à éviter la transition brusque dans la montée et la descente, et forme pour ainsi dire le moment du repos.

PANIER à filtre. — Cône en feuille de cuivre rouge percé de petits trous; il est placé dans la caisse à eau du tender pour retenir les corps étrangers amenés par les eaux des réservoirs.

PANIER à coke. — Pour la rapidité du chargement et pour le contrôle du combustible délivré au mécanicien on place le coke dans des paniers sur une estrade près de la voie.

PAPILLON. — C'est une soupape ou un disque placé devant le tuyau d'introduction de la vapeur, dans une machine locomotive. Suivant la position de ce papillon, le tuyau est ouvert ou fermé. Ce disque est manœuvré par le mécanicien au moyen du régulateur.

PAQUETS ou trousses. — Ce sont des fers réunis en paquets pour servir à la fabrication des rails; ces paquets, composés de plusieurs mises ou plusieurs qualités de fer, sont portés sous les laminoirs pour recevoir la forme voulue.

PARCOURS de garantie. — C'est le parcours qu'on fait faire aux machines locomotives avant leur réception définitive. — Ce parcours varie de 4,000 à 20,000 mètres.

PARCOURS de machines. — Ce parcours varie d'un chemin à l'autre en raison de la nature du service ; il est en moyenne de 200 kilomètres sans autre arrêt que celui aux stations, et de 300,000 kilomètres avant la cessation complète du service. Pour augmenter le parcours le plus possible avant de faire rentrer les machines aux ateliers de réparation, on donne aux mécaniciens une prime en moyenne de 6 fr. pour 1,000 kilomètres au-dessus de 20,000 kilomètres.

Le chiffre du parcours total d'une locomotive n'a rien d'absolu ; si la machine est toujours bien entretenue, sa durée est pour ainsi dire illimitée. On réforme les machines non parce qu'elles sont usées, car on ne les laisse pas arriver à ce degré d'usure qui compromettrait le service, mais parce que leur système de construction cesse d'être en harmonie avec les exigences du trafic.

PARTAGE avec l'Etat. — Lorsque l'État accorde une subvention, donne garantie d'intérêt, ou fait un prêt à une Compagnie, il se réserve d'ordinaire de partager les bénéfices au-dessus d'un chiffre de produit déterminé.

PARTICIPATION des employés dans les bénéfices annuels de l'exploitation. — Quelques Compagnies de chemins de fer sont dans l'usage de faire participer leurs employés aux bénéfices annuels de l'exploitation. Cette participation a lieu d'après un mode particulier. Nous reproduisons ici comme type les dispositions adoptées à cet égard par la Compagnie du chemin de fer d'Orléans :

« Lorsqu'il est fait sur les produits annuels distraction d'une somme à répartir entre les employés de la Compagnie, en proportion des traitements ou en raison des services, cette somme est répartie conformément aux dispositions suivantes :

» Sont seuls compris dans la répartition les employés dont le traitement est fixé à l'année, sauf les assimilations établies ou à établir par décisions spéciales du conseil d'administration.

» Les employés attachés exclusivement aux travaux de premier établissement ne sont admis à la répartition dans aucun cas.

» Les employés qui s'occupent simultanément des travaux de premier établissement et des travaux d'exploitation y sont admis.

» Tout employé entré au service de la Compagnie dans le courant d'un mois n'est admis à la répartition qu'à partir du mois suivant.

» Tout employé qui se retire volontairement ou qui est révoqué n'est pas compris dans la répartition pour l'année dans laquelle il quitte le service de la Compagnie.

» Le prélèvement prescrit pour le fonds de secours et d'encouragement étant opéré, le surplus de la somme à distribuer est réparti entre tous les employés dans la proportion du traitement dont chacun d'eux a joui dans le cours de l'année.

» Un tiers de la somme attribuée à chaque employé lui est remis en espèces.

» Un tiers est versé à son compte à la Caisse d'épargne de Paris.

» Un tiers est versé à son compte à la Caisse de retraite pour la vieillesse, à l'effet de lui faire constituer une pension viagère à l'âge de cinquante ans, soit à fonds perdu, soit avec capital réservé, suivant qu'il le préfère, le tout conformément aux lois et règlements qui régissent cette caisse, et sauf les exceptions y contenues. »

PASSAGES à niveau. — Ce n'est qu'aux abords des villes et dans les terrains très-plats qu'on permet au public de passer à niveau sur le chemin de fer. Dans ces passages la voie est pavée et les rails sont protégés par des contre-rails.

PASSERELLES. — Ce sont de légers ponts pour piétons qu'on place par-dessus le chemin de fer. On devrait les multiplier aux abords des villes, et près des gares, partout enfin où on peut craindre que le stationnement ou le passage des personnes sur la voie puisse occasionner un accident.

PATINER. — Terme d'atelier qui s'applique aux roues de locomotives qui tournent sur elles-mêmes, sans avancer. Cela arrive quand les roues n'ont pas de prise sur les rails qui sont devenus glissants par l'humidité, le verglas, les neiges. On y remédie en projetant du sable sur les rails pour en augmenter l'adhérence. Quand les roues patinent au moment du départ, on les fait avancer *à la pince*; c'est-à-dire on les pousse avec une pince.

PATTES d'araignée. — Sillons tracés sur la surface des coussinets des boîtes à graisse pour répartir la matière lubrifiante.

PÉAGE. — (Voir *Tarifs*.)

PELLE à coke. — Outil du mécanicien ; c'est une pelle longue, étroite, à bords relevés, disposés pour entrer facilement dans le foyer de la locomotive. Elle sert pour jeter le coke dans le foyer.

PENTES ou RAMPES. — Les inclinaisons du chemin s'appellent pentes dans le sens de la descente, et rampes dans le sens de la montée. — On peut distinguer trois espèces de pentes : les pentes faibles, sur lesquelles roulent les locomotives simples; les pentes fortes, exploitées avec une machine ou renfort; enfin les pentes les plus rapides, appelées plans inclinés, exploitées avec des machines fixes. La limite des pentes est indiquée dans le cahier des charges de la concession d'un chemin de fer.

PERCEPTION.—Voir le titre V de l'ordonnance du 15 novembre 1846.

PERMISSIONS et congés aux employés des gares et stations et des trains. — Les agents ne peuvent s'absenter de leur poste sous quelque prétexte que ce soit sans autorisation.

Il peut être généralement accordé, sans retenue de solde, un jour de permission par mois aux employés des gares et stations.

Il n'y a pas de congés les dimanches et fêtes.

A moins d'autorisation spéciale, toute permission de plus d'un jour donne lieu à la retenue des appointements.

Les conducteurs de trains n'ont pas droit à la permission.

Du reste, les permissions sont considérées comme congés exceptionnels, et les Compagnies ne les donnent qu'après l'appréciation du chef de l'exploitation ou du personnel. Les permissions ne doivent point être accordées légèrement. Il importe, en effet, pour la régularité et la sécurité du service, que les mêmes fonctions soient, autant que possible, toujours remplies par le titulaire, qui, en ayant une plus grande habitude que l'intérimaire, devra nécessairement s'en acquitter mieux que lui.

PERRÉ.— Couverture en dalles ou en pierres, placée près des ouvrages d'art, sur les talus des rives, pour les protéger contre les érosions des eaux. Quelquefois on remplit les joints de mortier ; ce perré devient alors une véritable maçonnerie.

PERSONNEL de la traction. — Il se compose : du chef de la traction, des sous-chefs et chefs de dépôts, des mécaniciens, des chauffeurs, des ouvriers de l'entretien, des employés chargés de la distribution du coke et autres matières.

PERSONNEL des dépôts. — Il comprend : les mécaniciens, les élèves-mécaniciens, les chauffeurs, les ouvriers de l'entretien, les nettoyeurs, les laveurs, les chargeurs de coke, enfin un distributeur de matières journalières.

PESAGE des marchandises. — Tous les colis doivent être pesés un à un à l'arrivée.

Cependant on peut peser ensemble les colis d'une même lettre de voiture s'ils sont en bon état.

Les Compagnies de chemin de fer, conformément à l'arrêté du 24 juillet 1860, perçoivent un droit pour toute marchandise soumise à un pesage extraordinaire.

Voici en quels termes s'exprime l'arrêté du 24 juillet 1860 :

« Il sera perçu, pour toute marchandise transportée par la grande vitesse qui, sur la demande de l'expéditeur ou du destinataire, serait soumise à un pesage extraordinaire en dehors de celui que les Compagnies doivent faire à leurs frais, au départ, pour établir la taxe :

» Un droit de 10 centimes par fraction indivisible de 100 kilogr. et par chaque pesage supplémentaire.

» Pour les marchandises à petite vitesse, il sera également perçu un droit de 10 cent. par fraction indivisible de 100 kilogr., et par chaque pesage supplémentaire.

» Lorsque le pesage aura lieu par camion ou par wagon complet passé à la bascule, ce droit sera de :

» 30 cent. par tonne indivisible, avec un minimum de 1 fr. 50 c. par camion ou par wagon.

» Pour le matériel roulant, les Compagnies perçoivent les droits ci-après, par véhicule et par chaque pesage supplémentaire :

» Pour les wagons ou chariots, 1 fr. 50 c.;

» Pour les locomotives ou tenders, 3 fr.

» Toutefois, les droits ci-dessus ne seront pas perçus si le pesage supplémentaire constate une erreur commise au préjudice de l'expéditeur ou du destinataire. »

PÉTARDS. — Les pétards sont des boîtes détonantes que l'on place sur les rails, et dont la détonation commande l'arrêt.

On emploie les pétards :

1º Quand on ne peut pas rester sur la ligne pour faire les signaux à vue;

2º Quand le brouillard empêche de voir à plus de 100 mètres ;

3º Lorsque la vitesse d'un train se trouve momentanément ralentie, de manière à permettre à un homme marchant au pas de suivre le convoi.

PHARMACIEN. Tarif des médicaments. — Un pharmacien est chargé de la fourniture des boîtes de secours.

Il est en outre chargé des analyses chimiques qui peuvent être jugées nécessaires.

Toutes les fournitures faites aux Compagnies doivent être comptées au prix porté dans les tarifs de la Compagnie. En cas de désaccord, le pharmacien central donne son avis.

PIÈCES de comptabilité envoyées à la direction. — Généralement ces pièces, qui comprennent tout ce qui a rapport à la recette, à la dépense et à la statistique d'une station, sont envoyées chaque jour à l'administration centrale (le lendemain de leur date). Elles sont renfermées dans la boîte à recette, à l'exception de la feuille de versement, qui est laissée à part pour le service spécial de la caisse.

PIÈCES d'expédition. — On nomme ainsi les pièces de douane, de régie ou d'octroi, qui doivent accompagner les colis.

PIED de biche. — Barre à fourche ou à pied de biche ; c'est une barre d'excentrique terminée par une partie qui a la forme d'un V. Cette barre est destinée à faire avancer ou reculer la locomotive par le renversement de la vapeur.

PIEUX à vis. — Traduction du mot anglais *screw-piles*. Ce sont des pieux ou cylindres en fer avec une vis en forme de plateau qu'on enfonce dans le terrain des fondations des ouvrages d'art. Ces pieux à vis sont destinés à remplacer les pilotis en bois. C'est au développement des chemins de fer qu'on doit cette invention faite en Angleterre.

PILONAGE. — Action de piloner ou de frapper avec une masse en fer ou en bois les terres des remblais des chemins de fer. C'est pour éviter les tassements qui se produiraient ultérieurement que le pilonage est nécessaire ; il se fait aussi naturellement par les pieds des chevaux qui traînent les tombereaux et les camions des terrassements, et par le mouvement des terrassiers et de leurs brouettes.

PIQUE-FEU. — Outil du mécanicien pour attiser le feu ; c'est une tringle en fer de 2 mètres de longueur terminée par une poignée et une pointe.

PIQUEUR. — Terme emprunté aux ponts et chaussées. C'est le grade inférieur à celui de conducteur ; il n'existe plus aujourd'hui dans cette administration ; on ne l'emploie que rarement dans les chemins de fer. Les piqueurs sont des chefs d'ateliers ou de chantiers, et les employés des chefs de sections ; ils dirigent le travail des ouvriers et notent ou *piquent* les journées employées sur un carnet ; ils tiennent les attachements ou les livrets sur l'avancement des travaux.

PISTONS. — Les pistons des cylindres des locomotives se composent d'une *tige*, de deux *plateaux* et de *segments* métalliques. — (Voir ces divers mots.)

PLACES de coupé. — On ne peut monter dans ces voitures sans payer un supplément qui généralement est de 10 0/0 du prix des premières.

PLAFOND du foyer ou ciel du foyer. — (Voir *Ciel de foyer.*)

PLAN incliné. — On désigne ainsi les fortes inclinaisons d'un chemin de fer qui est exploité par des machines fixes qui tirent une corde à laquelle est attaché le convoi. — Dans le système atmosphérique, un tube est placé sur la voie inclinée ; la machine à vapeur y fait le vide ; l'air atmosphérique en entrant dans ce tube y rencontre un piston et le pousse, et fait avancer le convoi attaché à ce piston.

PLANTATIONS. — Ces plantations sont ordinairement des haies placées le long des clôtures ; on fait également de ces plantations dans les endroits où s'accumulent les neiges quand on ne peut pas gazonner les talus des tranchées ou des remblais, on y met des plantations d'arbrisseaux ou d'autres plantes.

PLAQUES de garde. — Elles sont formées de deux plaques de tôle appliquées sur le châssis ; elles embrassent la boîte à graisse, et sont destinées à lier invariablement le châssis avec les essieux dans le sens horizontal, en guidant les boîtes à graisse sur ce châssis.

PLAQUES indicatrices. — Poteaux avec un placard sur lequel sont inscrites les distances et les pentes du chemin. Ces plaques remplacent les bornes kilométriques.

PLAQUES tournantes. — Ce sont des plateaux circulaires qui tournent sur un pivot et servent à faire passer les véhicules d'une voie sur une autre.

PLAQUE tubulaire. C'est la plaque opposée à la porte dans le foyer des locomotives ; elle est percée de trous dans lesquels passent les tubes bouilleurs. — On emploie quelquefois le terme de *plaques des tubes bouilleurs.*

PLAQUES vissées. — (Voir *Eclisses.*)

PLATEAUX. — Ce sont les deux plaques qui ferment le cylindre à vapeur des machines ; l'un de ces plateaux est percé pour laisser passer la tige du piston.

PLATE-FORME de la locomotive. — Plancher que termine la machine, sur lequel se place le mécanicien pour diriger la marche. Cette plate-forme règne quelquefois tout autour de la chaudière, afin que le mécanicien et son chauffeur puissent circuler pendant la marche pour surveiller et graisser le mécanisme.

PLATE-FORME tournante. — Ce mot est remplacé aujourd'hui par *plaque tournante*.

PLOMB de sûreté. — (Voir *Rondelles fusibles.*)

PLOMBAGE. — On plombe à la frontière les wagons qui doivent traverser la France en transit.

Les plombs sont une sorte de sceaux imprimés par la douane au moyen d'un instrument spécial.

PLONGEUR. — Figure cylindrique que remplace le piston dans les pompes alimentaires des locomotives. Les plongeurs sont creux, en fonte ; ils sont guidés par un long presse-étoupe. — On donne aussi le nom de plongeurs aux ouvriers qui travaillent sous l'eau ; ils visitent les fondations des ponts.

POINÇONNAGE des feuilles. — Tout train destiné à prendre ou à laisser aux différentes sections un certain nombre de voitures, est muni de feuilles sur lesquelles le

nombre de wagons pris ou laissés est constaté par le chef de
la station au moyen d'un poinçonnage particulier.

Au départ, le chef de train empreint son poinçon sur
le coupon de départ du bordereau du mouvement des feuilles
et plis. Arrivé à destination, il fait poinçonner ce bordereau
par le chef de la station destinataire. Cette formalité s'accom-
plit à chaque station, et, à la gare extrême d'arrivée, le bordereau est transmis à l'inspecteur principal.

Des feuilles particulières sont également dressées pour les
colis transportés par les facteurs à chaque station, et ces
feuilles doivent être poinçonnées par le chef de train au moment où il reçoit les colis.

Le poinçonnage, en général, constate sur les feuilles la
réception, le transport et la remise des articles et colis confiés aux conducteurs de trains sous leur responsabilité.

POINT mort. — C'est la situation où se trouve la manivelle de la roue motrice quand le piston est au bout de sa
course ; dans ce cas, la tige du piston, la bielle et la manivelle sont sur une même ligne droite passant par l'axe du
cylindre.

POLICE des gares. — L'ordonnance du 15 novembre 1846 a décidé que la police des gares serait réglée par
des arrêtés préfectoraux, exécutoires en vertu de l'approbation
du ministre des travaux publics.   .

Les mesures de police prises par les préfets sont puisées
dans le texte du titre VII de la loi que nous venons de citer.

Les commissaires de surveillance, les commissaires de police doivent chacun, en ce qui concerne son service spécial,
tenir la main à ce que ces mesures soient observées.

POLICE et surveillance des chemins de fer.
— L'État exerce une surveillance très-active et incessante sur
les chemins de fer. Cette surveillance est déterminée par la
loi du 15 juillet 1845, le règlement du 15 novembre 1846, et
la loi du 27 février 1850, qui fixe les attributions des commissaires de surveillance.

POMPES alimentaires. — Il existe deux sortes de ces pompes destinées à envoyer l'eau dans la chaudière. Les unes sont à grande course et commandées directement par les tiges du piston ; les autres sont à petite course et commandées par les excentriques de la distribution. — Dans les locomo-tives, ces pompes sont au nombre de deux, une pour chaque cylindre.

POMPES à incendie. — Toutes les gares principales, les stations importantes, les dépôts, sont pourvus de pompes à incendie et des agrès nécessaires pour le cas où le feu viendrait à se déclarer. En cas de sinistre, tous les agents de la Compagnie, quels qu'ils soient, doivent leur concours immédiat, énergique, pour combattre le feu. Si l'incendie est considérable, déclaration immédiate doit être faite au juge de paix du canton, qui doit être informé également des circonstances de l'événement, des moyens employés pour arrêter l'incendie. Puis le secrétaire général de la Compagnie en est informé ; on lui adresse un rapport mentionnant l'état des pertes résultant de l'incendie, et il fait autoriser les dépenses nécessitées par l'événement.

Si un incendie se déclare dans les bâtiments de la Compagnie, le chef de gare organise sans retard tous les secours, et requiert au besoin les pompiers. En cas d'incendie dans le voisinage des bâtiments de la gare, la Compagnie dirige ses pompes sur le lieu du sinistre, et y consacre tous les secours dont elle peut disposer en hommes et en matériel.

PONTS. — Ce sont des passages sur des cours d'eau ; sur tout autre espace vide, on les appelle viaducs. — On doit aux chemins de fer plusieurs espèces nouvelles de ponts, dont la construction a acquis aujourd'hui une grande importance. On distingue ces ouvrages suivant les matières dont ils se composent : en ponts de pierre, en bois, en métal ; suivant leur position en ponts en-dessus et en-dessous du chemin de fer ; suivant leur alignement, en ponts droits, courbes ou biais ; mais la position étant obligatoire d'après le tracé, il ne reste généralement que le choix de la matière : ponts en bois, en pierre, en métal.

PONT-BASCULE. — (Voir *Bascule.*)

PONTS en bois. — Ces ponts sont construits d'après cinq genres différents : les arcs ou cintres sous le tablier ; — les cintres avec tablier inférieur ; — les treillis en planches ; — les poutres réunies par des poteaux ; — les treillis avec armature en métal.

PONTS en pierre. — Sur les chemins de fer ces ouvrages ne diffèrent en quoi que ce soit des ponts ordinaires ; si ce n'est dans la forme des arches. Tels on les a construits il y a des siècles, tels on les construit encore aujourd'hui ; seulement, par suite de l'introduction de procédés mécaniques, leur exécution est plus rapide.

PONTS métalliques. — Ils comprennent : les arcs en voussoirs de fonte ; les poutres en fonte ; les cintres en fonte reliés par la corde ; les ponts tubulaires en tôle ; les cintres en parois de tôle ; les cintres tubulaires en tôle ; les cintres pleins en barres de fer forgé ; les grillages en barres droites ; les grillages en barres courbes du système Ruppert ; enfin les ponts suspendus (pont du Niagara).

PONTS roulants. — (Voir *Chariots roulants.*)

PONTS tournants. — Ce sont des constructions dangereuses pour les chemins de fer. Il faut les éviter autant que possible, afin de ne pas s'exposer à les laisser ouverts au moment du passage des convois. A la place de ces ponts tournants, il suffit de relever les abords du pont et de faire abaisser les mâts des navires. La navigation a ainsi son libre cours et les trains ne sont plus exposés à de terribles catastrophes.

PORTÉE de calage. — C'est la partie de l'essieu engagée dans le moyeu de la roue.

POSE de la voie. — Cette opération comprend le régalage du ballast, la mise en place des supports des rails, et ces rails avec leurs attaches, conformément au nivellement adopté. C'est une des opérations les plus délicates de la construction des chemins de fer. Ce sont les chefs de sections qui dirigent ces travaux.

POSEUR. — Le poseur est l'ouvrier chargé de la pose, de l'entretien et de la réparation des rails sur la voie.

Les poseurs travaillent par brigades ou ateliers de quatre hommes, dont un chef-poseur.

Nous avons déjà indiqué quels sont les travaux et les devoirs des poseurs. Nous renvoyons le lecteur à l'article *Ateliers de poseurs*, où cette partie du service est exposée avec développement.

POTEAUX kilométriques ou bornes kilométriques. — A l'origine des ponts et chaussées, on plaçait sur les routes des bornes milliaires qu'on a changées lors de l'introduction du système décimal en bornes kilométriques. Cet usage s'est introduit dans les chemins de fer; on inscrit sur ces poteaux le chiffre des kilomètres à partir du point principal ainsi que les inclinaisons de la voie.

POUDRES. — (Voir *Transport des poudres.*)

POULIE d'excentrique. — C'est la rondelle en métal fixée sur l'essieu.

PRÉEMPTION. — Droit que l'administration des douanes a d'acheter une marchandise au prix déclaré par le propriétaire ou l'expéditeur, quand on soupçonne que l'évaluation des articles inscrite à la déclaration faite à la douane est au-dessous de la valeur réelle de ces objets.

En cas de préemption, la douane prend immédiatement les marchandises pour son compte et les solde en ajoutant une bonification de 10 0/0 à la valeur primitivement déclarée. Cette mesure, en exposant les expéditeurs à une perte certaine en cas de fraude de leur part, les oblige à ne faire que des déclarations exactes.

PRESSE-ÉTOUPE. — C'est un chapeau en bronze qui ferme la boîte a étoupes.

PRESSION de la vapeur. — On désigne par le mot pression *absolue,* la pression totale que la vapeur exerce sur les parois de la chaudière; ce terme est opposé à celui de force *effective* ou utile, qui est l'excédant de la pression de la vapeur sur la pression de l'atmosphère; on la désigne par les lettres *ath.*

PRÊTS.—L'État fait quelquefois des prêts aux Compagnies. L'intérêt et les conditions du remboursement sont fixés par le cahier des charges ou par une loi spéciale.

PRIME.— Le mot prime s'emploie dans plusieurs sens : on appelle prime, la plus-value des actions au-dessus du taux d'émission. Exemple : Les actions d'Orléans, émises à 500 fr., ont été cotées à 1,200 fr.; c'était une prime de 700 fr.

On nomme aussi prime ou opération à prime, un achat ou vente conditionnel fait sur des actions.

La prime est encore, pour les obligations, la plus-value qu'entraîne le remboursement par suite du tirage au sort, ou le lot gagné par les premiers numéros sortants dans les emprunts municipaux et départementaux.

PRIMER ou cracher. — On dit qu'une locomotive prime ou crache quand elle projette par la cheminée l'eau que la vapeur a entraînée; cette eau précipite la fumée et retombe sous forme de pluie noire.

PRIMES allouées aux mécaniciens. — (Voir *Parcours des machines.)*

PRISE de vapeur. — Le dôme de la locomotive sert de prise ou de réservoir pour la vapeur, qui avant d'entrer dans le tuyau de prise de vapeur doit être la plus pure possible et ne pas entraîner l'eau d'alimentation.

PRISE d'eau. — Réservoirs qui servent à l'alimentation des machines locomotives.

PRIVILÉGE. — Le privilége est ainsi défini par le Code Napoléon (art. 2095) : *un droit que la qualité de la créance donne au créancier d'être préféré aux autres créanciers même hypothécaires.* Il y a privilége au profit du transporteur pour les frais de voiture et les dépenses accessoires sur la chose voiturée, C. 1782 ; par conséquent toute Compagnie, tout entrepreneur de transports ayant droit d'être payé par préférence à tous autres créanciers sur la marchandise est fondé, en cas de vente à sa requête, à percevoir le montant des frais de transport qui lui sont dus malgré toute opposition.

Si la marchandise est saisie chez le transporteur, on doit acquitter tous les frais avant de pouvoir l'enlever de ses magasins. Les frais faits pour conserver la chose transportée jouissent du même privilége que les frais de transports eux-mêmes.

PROCÈS-VERBAUX. — Constatation écrite d'un fait par un officier public ou agent assermenté.

PROFIL en long ou profil longitudinal du chemin de fer. — C'est le dessin exact de l'axe du chemin de fer et du terrain qui est la base du projet et des travaux. Le nivellement de ce profil est une des opérations les plus délicates et les plus minutieuses. C'est sur ce profil rapporté que se font les calculs des terrassements et que se fixent les emplacements des ouvrages d'art. L'employé chargé de ce nivellement, le chef de section, prend le titre de niveleur en long.

PROFILS en travers. — Ces profils, faits perpendiculairement à l'axe du chemin de fer, ont une moindre importance que le profil en long. On confie leur nivellement à un employé d'un rang inférieur qui prend le titre de niveleur en travers.

PROJET définitif. — Les pièces à joindre au proje définitif sont : le *plan général* (en faisant usage autant que possible des plans du cadastre); les *profils en long* et *en travers* aux mêmes échelles que pour l'avant-projet; les *dessins d'ou-*

vrages d'art à l'échelle d'un cinquantième, si l'ouvrage n'excède pas 25 mètres ; d'un centième entre 25 et 100 mètres ; de deux centièmes au-dessus de 100 mètres ; d'un vingtième à un cinquième pour le matériel et les voies des chemins de fer et en général pour les ouvrages en charpente ou en métal. Les *pièces écrites* se composent d'un *mémoire* à l'appui du projet ; de *devis* (et cahier des charges, s'il s'agit de travaux exécutés par l'État) ; d'un *avant-métré*, d'une *analyse des prix*, d'un *détail estimatif*, d'un état *sommaire* des indemnités à payer et d'un *bordereau* des pièces. Les Compagnies qui demandent une concession doivent y ajouter un mémoire statistique sur les produits probables de la concession et le projet des tarifs *maxima* qu'elles veulent percevoir. Les pièces à produire, en même temps que les projets définitifs ou après l'approbation de ces projets, en exécution du titre II de la loi du 3 mai 1841, se composent d'un *plan parcellaire* au millième par commune, du *tableau* des surfaces des terrains à acquérir, d'un *état* détaillé des indemnités à payer. (*Dictionnaire général d'administration.*)

PROLONGE. — Corde de 15 mètres de longueur, armée à chacune de ses extrémités d'un crochet en fer ; elle fait partie des agrès de secours et sert à la manœuvre des freins.

PUNITIONS. — Les punitions généralement infligées sont :

1° Les amendes ;

2° La privation des jours de congé ;

3° La suspension temporaire des fonctions avec demi-solde ;

4° La suspension temporaire sans solde ;

5° La révocation.

Les amendes, la privation des jours de congé peuvent être infligées par les chefs de service.

Les conseils d'administration de certaines Compagnies se sont réservé le droit de statuer sur les faits qui rendent les employés passibles de la suspension avec ou sans solde, ainsi que de la révocation ; mais en cas d'urgence le chef supérieur a le droit de suspendre provisoirement les subordonnés, mais à charge d'en référer de suite à l'administration, qui statue elle-même sur le fait qui a donné lieu à cette mesure de rigueur. Le conseil d'administration, et dans plusieurs Compagnies le directeur a le droit d'augmenter ou de diminuer les pénalités prononcées par le chef de service.

L'application d'une pénalité par une Compagnie ne peut être considérée comme une renonciation aux droits et aux recours qu'elle aurait à exercer contre un employé pour obtenir la réparation d'un préjudice provenant de sa faute.

Les employés trouvés en état d'ivresse sont passibles de révocation.

QUAI. — C'est le trottoir sur lequel s'embarquent les hommes et les marchandises.

R

RACHAT des chemins de fer. — Le gouvernement, en accordant une concession, se réserve le droit de racheter la concession entière après les quinze premières années d'exploitation complète du chemin. (Voir *Cahier des charges.*)

RACCORD à vis. — Au moyen de ce raccord on attache le tuyau en toile au tuyau d'aspiration, lequel tuyau en toile est placé entre la locomotive et le tender. Ce raccord est un bout de tube en cuivre avec un pas de vis; le tube en toile sert pour laisser passer l'eau du tender dans la locomotive.

RACCORDEMENT. — Opération qui consiste à raccorder ou à rajuster deux pièces. Dans les chemins de fer, ce mot s'applique principalement au tracé de l'axe de la voie quand elle change de direction ; on raccorde l'angle par une courbe ; on fait encore le raccordement de deux pentes au moyen d'une partie horizontale ou d'un palier.

BAILS. — On a appliqué aux profils des rails les formes les plus variées; les plus usitées sont le double champignon ou double T, le simple T, l'U renversé ou rail de Brunel. Le rail dont l'emploi se généralise le plus est celui de Vignole ou rail à simple champignon et à large base.

Autrefois on faisait les rails en fonte, qui prenait le profil de *plus grande résistance*, dont la base est courbe; on les appelait rails ondulés. Aujourd'hui tous les rails sont en fer laminé ; leurs faces sont toutes parallèles.

RAILS encastrés. — Ce sont des rails dont les bouts sont fixés ou encastrés dans les coussinets. Les rails libres posent sur des longrines et y sont attachés avec des crampons.

RAILS spéciaux. — Ce sont des rails d'une autre forme

que ceux de la ligne; on les place sur les ponts, dans les évitements, dans les gares et sur les plaques tournantes.

RAIS ou rayons. — Ce sont les pièces qui relient le pourtour ou cercle de la roue au moyeu. On leur a donné les formes les plus variées : droites, courbes, isolées, réunies.

On cherche à les remplacer par des plaques en tôle qui renferment entièrement l'espace entre le cercle et le moyeu.

REBORD, bourrelet, boudin. — C'est la partie qui dépasse le bord du bandage des roues et qui les maintient contre les rails. Toutes les roues des machines locomotives et des wagons en sont pourvues.

RÉCÉPISSÉS des factages, camionnages et ports au delà. — Ces récépissés sont nécessaires pour que l'administration centrale admette les crédits à donner aux gares et stations expéditrices.

Quand une station reçoit un colis devant parvenir *franco* à destination et qu'en même temps l'expéditeur acquitte les frais de factages, transports et ports au delà, il doit être fait mention de cet encaissement sur la feuille de route, et le montant doit en être versé en liquidation.

Les gares destinataires vérifient les taxes sur leur responsabilité propre et rectifient s'il y a lieu. Puis elles se créditent entre elles et joignent aux bordereaux d'usage les récépissés des destinataires ou correspondants

RÉCEPTION. — Avant la mise en exploitation d'un chemin de fer, les travaux doivent être reçus par l'Etat. Une commission nommée par l'autorité administrative et composée d'ingénieurs procède à l'examen des travaux, vérifie si les concessionnaires se sont conformés à leur cahier des charges, et, s'il y a lieu, accepte la ligne.

RÉCEPTION des marchandises. — Lorsque les marchandises destinées à être transportées par le chemin de fer sont arrivées en gare par le camionnage, elles sont recues et vérifiées par des employés spéciaux qui en constatent le poids et la nature, comptent les colis, contrôlent le bon conditionnement des emballages, et consignent sur un livre spécial le résultat de ces opérations.

Les mêmes formalités doivent être remplies pour la réception des marchandises expédiées d'une gare à une autre gare.

Les bulletins qui accompagnent les marchandises expédiées sont adressés d'après le livre de réception des marchandises.

Le mode de réception des marchandises est au fond toujours le même. Néanmoins les différentes Compagnies ont pour cela une comptabilité plus ou moins compliquée; la plus simple est toujours la meilleure et facilite singulièrement la tâche des employés de ce service laborieux, et le contrôle des inspecteurs de l'exploitation commerciale.

RECEVEURS. — Les receveurs perçoivent à des bureaux particuliers le prix du transport des voyageurs. Ils sont sous les ordres immédiats des chefs de gares ou de stations.

Le receveur doit commencer la distribution des billets une demi-heure avant le départ du train et l'arrêter cinq minutes avant le départ. Un surveillant placé en dehors du guichet maintient l'ordre parmi les voyageurs et leur donne au besoin les renseignements qu'ils demandent sur le prix des différentes classes, suivant les destinations.

En cas d'affluence extraordinaires de voyageurs, il est établi des bureaux de recette supplémentaires.

Les receveurs fournissent un cautionnement. Ils sont responsables de la recette jusqu'à ce que le versement ait été opéré au contrôle.

Dans les stations intermédiaires, c'est le chef de station lui-même qui fait le service de receveur.

Ces agents ne doivent jamais laisser pénétrer aucune personne étrangère dans leur bureau.

Ils doivent être d'une extrême politesse avec les voyageurs, et s'il s'élève quelques difficultés, faire appeler le chef de gare.

RECONNAISSANCE. — Confrontation des poids, marques des colis avec les indications des lettres de voitures.

Contrôle des marchandises déclarées et appréciation des prix, et délais indiqués pour le restant du parcours à effectuer.

RECONNAISSANCE à l'arrivée des marchandises. — A l'arrivée, on commence par examiner l'état des wagons et de leurs bâches, puis on procède à la vérification des colis. On constate les manques et les avaries au rapport.

Puis, les taxes vérifiées, on procède à la livraison en ville.

RECOUVREMENT. — Le recouvrement du tiroir de la locomotive est la partie dont le tiroir dépasse la course. (Voir *Avance du tiroir.*)

REÇUS à donner aux voyageurs qui, ayant perdu leur billet, paient leur place au contrôle à l'arrivée. — Quand un voyageur ayant perdu son billet est obligé de payer sa place, il lui est délivré presque par toutes les Compagnies un reçu.

Le contrôle est alors parfaitement établi, et en cas de restitution au voyageur on reprend le reçu avec le billet de place retrouvé.

RÉDUCTION des stationnements à l'avantage du parcours. — Les chefs de gares doivent généralement, quand un train est en retard, réduire le plus possible son stationnement, afin que le mécanicien puisse rattraper le temps perdu.

RÉDUCTION sur le prix des places. — La réduction sur le prix des places est accordée aux militaires ou marins voyageant isolément, porteurs d'une feuille de route.

Cette même réduction est accordée aux femmes et enfants de militaires, mais seulement lorsqu'ils sont inscrits sur la feuille de route.

Les Compagnies accordent généralement une remise de la moitié de la place aux indigents qui produisent un passeport gratuit établissant que des secours de route leur seront donnés.

Les Compagnies ont également consenti à accorder à certaines congrégations religieuses une réduction sur le prix des places.

Les employés de la Compagnie ne doivent accorder cette faveur que sur le visa du supérieur de l'ordre.

Les établissements religieux n'ont droit à aucune réduction sur le tarif des entreprises de voitures en correspondance avec le chemin de fer.

Les marins du commerce n'ont droit à aucune réduction sur le prix du tarif ; la réduction n'est applicable qu'aux marins de l'État.

REFUS de colis. — Lorsqu'un colis est refusé, on doit prévenir la gare qui a expédié et attendre ses ordres.

S'il y a des *motifs* du refus, il faut avoir soin de les indiquer.

REFUS de marchandises à la livraison, sous prétexte de taxe trop élevée. — On refuse de payer pour deux motifs : ou les frais de transport, ou les débours paraissent trop élevés.

D'ordinaire les Compagnies font livrer les colis : une décharge est signée au dos de la lettre de voiture par le destinataire, et on procède à l'examen de l'objet en litige.

RÉGALAGE. — C'est le redressement des remblais dans les parties apparentes, dans les talus, les accotements.

RÉGIE. — On donne ce nom aux travaux de construction que l'État fait exécuter directement pour son compte par les soins de l'administration.

REGISTRE. — Il a pour but de régler le tirage de la locomotive pendant la marche ; il consiste en une valve placée sur un trou fait dans la boîte à fumée, et qu'on peut ouvrir plus ou moins pour donner passage à l'air extérieur.

Sur les chemins de fer anglais on emploie un appareil en forme de persiennes, placé devant les tubes devant la boîte à fumée.

REGISTRE des plaintes. — (Voir *Livre des réclamations.*)

REGISTRE des retards dans les stations de dépôt. — On doit y constater les retards de plus de dix minutes pour le parcours au-dessous de 50 kilomètres, et quinze minutes pour le parcours au delà.

Il est recommandé d'enregistrer toujours la cause des retards.

RÈGLEMENT d'administration publique. — Les Compagnies font remettre à chaque employé du service actif un extrait de la loi du 15 juillet 1845 sur la police des chemins de fer, ainsi que du règlement d'administration publique du 15 novembre 1846.

Ces extraits sont remis contre récépissé. Les employés doivent conserver cet exemplaire pendant toute la durée de leurs fonctions.

RÈGLEMENT sur le transport des troupes par les chemins de fer. (Extrait.)

INFANTERIE.

PRESCRIPTIONS ET DONNÉES GÉNÉRALES.

ARTICLE PREMIER. — *Conditions du mouvement.* — Les transports sur les chemins de fer exigent, en raison de la masse et de la vitesse des trains, une sécurité complète et une grande célérité dans toutes les opérations qui précèdent ou suivent le mouvement. Ces conditions ne peuvent être remplies que par la régularité et l'exacte observation de toutes les règles du service d'exploitation.

En outre, les troupes voyageant par chemins de fer sont dans une situation analogue à celle des corps embarqués sur mer, où la direction de la route et une grande part d'autorité sont concentrées dans les mains des commandants de navires.

Pendant tout le voyage, le chef de corps ou de détachement est donc tenu de suivre strictement les indications qui lui sont données par l'employé chargé de diriger le train, auquel demeure la responsabilité du mouvement.

ART. 2. — *Ordre du mouvement.* — *Notifications à faire ou à recevoir*. — L'administration du chemin de fer est prévenue le plus tôt possible, soit directement par le ministre, soit par les généraux commandant les divisions, subdivisions et brigades territoriales ou actives, soit par les soins de l'intendance militaire, en vertu des ordres du commandement, de la force et de la composition des troupes à transporter, ainsi que des bagages ou du matériel à sa suite.

Aussitôt l'ordre du mouvement reçu, le chef de corps ou de détachement se concerte avec le chef de service du chemin de fer, pour reconnaître le point d'embarquement, la composition qu'il convient de donner à chaque convoi et la disposition du matériel; enfin, pour savoir l'heure du départ et prendre connaissance de l'itinéraire, dont une copie lui est délivrée.

Le jour du départ du train, le chef de détachement remet à l'agent supérieur de la Compagnie la réquisition portant l'état numérique définitif des hommes, des chevaux, voitures et bagages à transporter.

Le chef de service met le commandant en rapport avec les employés chargés de diriger les trains.

Art. 3. — *Division des troupes par trains complets.* — Toutes les fois que la troupe à transporter exige plusieurs trains, on doit proportionner ceux-ci à la force des moteurs et les charger à plein, sans tenir compte des régiments, bataillons et compagnies.

Art. 4. — *Wagons pour le transport des hommes.* — Les wagons à voyageurs des trois classes sont ordinairement employés au transport de l'infanterie; un dixième des places de troisième classe reste vide pour permettre de ranger tous les sacs, sans gêner les hommes. Néanmoins, il peut y avoir obligation de faire voyager les officiers de tout grade en deuxième classe, lorsqu'il n'y a pas de voitures mixtes de première et de deuxième classe.

Quelquefois aussi il est absolument nécessaire de se servir, pour la troupe, de wagons à marchandises, couverts ou découverts, dans la limite d'un tiers au plus. Ces wagons devront toujours être pourvus de bancs suffisants pour asseoir au moins la moitié des hommes embarqués.

Art. 5. — *Wagons pour le transport des chevaux.* — Les wagons à bœufs sont les meilleurs pour transporter les chevaux; ils peuvent contenir de cinq à neuf chevaux avec trois ou quatre hommes. On n'emploie les wagons-écuries à stalles que quand il y a nécessité absolue de séparer les chevaux, ou lorsque le petit nombre des chevaux à transporter ne permet pas de compléter le chargement d'un wagon à bœufs.

. . . . : . . . .

. . . .

ART. 8. — *Arrivée de la troupe à la gare.* — La troupe doit arriver au point désigné une heure avant le départ.

ART. 9. — *Ordre et composition des trains.* — Les voitures destinées au transport sont rangées en convoi dans l'ordre suivant :

1° Un ou deux wagons à bagages ou à bestiaux, dans lesquels on charge les bagages de la troupe, les tambours, les gros instruments de musique ;

2° Les wagons de troisième classe et, s'il y a lieu, tous autres wagons reconnus propres au transport de la troupe, en nombre correspondant à la moitié de l'effectif ;

3° Un wagon de première ou de deuxième classe pour les officiers ; on le complète, au besoin, avec des sous-officiers désignés à l'avance (petit état-major) ;

4° Le nombre de wagons nécessaire pour la seconde moitié de la troupe ;

5° Un ou plusieurs wagons pour le transport des chevaux, selon le nombre qui en est accordé par le règlement *ou par l'ordre du ministre ;*

6° Un ou plusieurs wagons plats chargés des voitures particulières (1) appartenant à des officiers, et des voitures de cantinières dont le transport est au compte de l'État, dans la proportion indiquée par la décision ministérielle du 28 juillet 1854, savoir : un cheval ou mulet et une voiture par cantinière.

. . . .

ART. 11. — *Poste de police.* — Il est formé un poste composé
   d'un sergent,
   d'un caporal,
   d'un tambour ou clairon,
et d'un nombre de soldats proportionné à l'effectif : quinze hommes pour mille à douze cents. Ce poste occupe une partie du wagon à

---

(1) L'admission, dans les trains, des voitures particulières appartenant à des officiers, ne préjudicie en rien au droit des Compagnies de percevoir le tarif entier pour lesdites voitures.

voyageurs placé en tête du train; il est préposé au maintien de l'ordre aux stations et à l'arrivée.

Les hommes punis de la prison occupent également une partie de cette voiture.

Art. 12. — *Embarquement des chevaux, voitures et bagages.* — Les chevaux, les voitures dont le transport est régulièrement autorisé et les bagages sont conduits au chemin de fer une heure et demie avant le départ et chargés sous la direction des employés de ce chemin.

Les soldats, cantinières et domestiques qui ne voyagent pas avec les chevaux ou dans les voitures, vont reprendre leur rang.

Art. 13. — *Revue numérique du fonctionnaire de l'intendance et procès-verbal.* — La revue numérique d'effectif, passée par le fonctionnaire de l'intendance, précède toujours l'opération de l'embarquement, et se fait, autant que possible, avant l'entrée en gare. Dans tous les cas, elle doit avoir lieu de manière à ne retarder ni l'embarquement, ni le départ.

Après cette revue, le sous-intendant militaire vérifie et vise la réquisition, qui constate l'effectif et doit servir de pièce justificative de la dépense.

EMBARQUEMENT.

Art. 14. — *Responsabilité des officiers.* — Tous les officiers sont responsables de la stricte et rigoureuse exécution des mouvements prescrits; ils concourent personnellement à assurer la rapidité ainsi que le bon ordre si nécessaires à l'embarquement.

Ils ne montent eux-mêmes en voiture que cinq minutes avant le départ, après s'être assurés que la troupe est régulièrement établie.. . . . .

Art. 18. *Embarquement successif des fractions et rangement des sacs.* — Lorsque le moment de s'embarquer est arrivé, l'officier commandant donne l'ordre d'ôter les sacs, de les prendre à la main, de ramener la giberne en avant et d'embarquer.

Chaque file ou subdivision se dirige vers la portière du compartiment où elle doit monter. Les sous-officiers et caporaux guident les soldats dans l'exécution des prescriptions suivantes.

Les deux premiers hommes qui entrent dans le wagon rangent leurs sacs sous les banquettes, à l'extrémité opposée à la portière ouverte. Le second prend le sac de l'homme suivant et le range de même, au milieu ; celui-ci prend à son tour le sac du quatrième, et ainsi de suite ; chaque homme, excepté les deux premiers, monte en wagon après que son sac est placé. Les hommes se serrent vers le fond, et ne doivent jamais obstruer l'entrée du wagon. Les trois derniers sacs sont déposés les uns sur les autres à la dixième place laissée vacante à cet effet. Les sacs chargés de marmites et de grandes gamelles, occupant plus de place, sont mis de préférence sous les banquettes.

S'il n'y a pas de compartiments, chaque homme range son sac après être entré dans le wagon. Les premiers embarqués occupent les places les plus éloignées des portières.

Chaque homme assis tient son fusil entre ses jambes, la crosse sur le plancher ; il est interdit de déposer les armes sur les banquettes ou dans les encoignures, excepté aux haltes et stations.

Il est formellement défendu aux sous-officiers, caporaux et soldats de fermer les portières avant que l'officier en donne l'ordre ; celui-ci veille avec le plus grand soin à ce que les *compartiments soient exactement remplis* et à ce que les sacs soient rangés comme il est dit plus haut, de manière à ne pas gêner les jambes des soldats. Enfin il donne les instructions nécessaires pour l'exécution ponctuelle des mesures d'ordre et de police pendant la route.

L'embarquement dans les wagons à marchandises se fait d'une manière analogue ; les hommes s'aident les uns les autres. S'il n'a pas été possible d'établir des bancs, ils se tiennent debout ou s'assoient sur le plancher.

Art. 19. — Au fur et à mesure de l'embarquement, l'adjudant écrit sur le grand marchepied du wagon l'indication de la compagnie ou des compagnies qui l'occupent.

Art. 20. — L'officier commandant, responsable de tout ce qui concerne la troupe sous ses ordres, accompagné du chef de trains passe une revue rapide du convoi avant le signal du départ.

ROUTE.

Art. 21. — *Mesures de police et de sûreté.* — La troupe étant embarquée, il est rigoureusement interdit :

1° De sortir la tête ou les bras hors des parois des wagons pendant la marche ;

2° De passer d'une voiture dans une autre ;

3° De pousser des cris, et surtout de descendre de wagon avant le signal convenu.

Art. 22. — *Haltes et stations.* — Aux stations où, d'après l'itinéraire du train et le temps indiqué par l'employé qui dirige le mouvement, le commandant juge convenable que la troupe mette pied à terre, il fait connaître la durée de la halte aux officiers ; ceux-ci se portent avec rapidité, pour diriger et surveiller le mouvement, à la hauteur des wagons où sont embarquées leurs compagnies respectives. .

Le poste de police descend immédiatement et fournit des sentinelles partout où il en est besoin, et toujours du côté intérieur de la voie, pour empêcher les hommes d'ouvrir les portières des wagons, de descendre et de stationner entre les rails.

Au signal donné par une sonnerie ou une batterie convenue, les hommes, après avoir placé leurs fusils sur les banquettes, descendent en ordre et *exclusivement par les portières qui s'ouvrent sur le côté extérieur de la voie.* Les sacs restent dans les voitures. Personne ne sort des gares, et, quand on fait exception à cette règle, il est rigoureusement interdit d'escalader les clôtures du chemin. Trois minutes avant le départ, une sonnerie ou une batterie donne le signal du rembarquement, qui doit s'achever avec ordre et rapidité.

Les hommes sont libres de rester en voiture et d'y remonter avant le signal.

Il est essentiel qu'une halte de quinze minutes ait lieu toutes les deux à trois heures au plus. . . . .
. . . .
. . . .

Art. 24. — *Permutation des hommes des wagons à marchandises avec les hommes des wagons à voyageurs.* — Pendant une halte, vers le milieu du trajet, si une partie de la troupe occupe des wagons à marchandises, le commandant fait passer les hommes de ces wagons à marchandises dans les wagons à voyageurs, et réciproquement, afin de répartir sur un plus grand nombre d'hommes les avantages et les inconvénients de ces diverses voitures ; à cet effet, il désigne les voitures de troisième classe dans lesquelles doit se faire la mutation, prévient les officiers qui surveillent et dirigent le mouvement, puis il fait débarquer avec rapidité les uns et les autres. Le rembarquement se fait aussitôt après. De nouvelles indications sont tracées sur le grand marchepied des wagons où le changement s'est fait.

DÉBARQUEMENT.

Art. 25. — *Arrivée à destination.* — A la station qui précède l'arrivée à destination , le commandant prévient la troupe de se tenir prête à sortir des wagons. Chaque homme remet sa tenue en ordre et reprend son sac qu'il tient alors sur ses genoux.

A l'arrivée du train dans la gare de destination ou sur le point désigné pour le débarquement, les officiers mettent pied à terre les premiers.

Le commandant reconnaît le terrain, en dehors de la gare, sur lequel la troupe doit se former, et l'indique aux officiers.

Art. 26. — *Débarquement.* — Les hommes sortent en ordre des wagons, remettent leurs sacs, et, guidés par les officiers, se rendent sur le point choisi pour s'y reformer.

Il est essentiel que le quai de la gare soit évacué le plus promptement possible.

Art. 27. — *Débarquement des bagages et des chevaux.* — Les bagages et les chevaux sont déchargés et remis à qui de droit par les employés du chemin de fer.

CAVALERIE.

PRESCRIPTIONS ET DONNÉES GÉNÉRALES.

. . . .

Art. 4. — *Wagons pour les hommes.* — Les officiers voyagent en première ou en deuxième classe; leur petit nombre, par rapport à la masse des trains, et l'obligation de compléter leur wagon avec des sous-officiers et cavaliers, s'opposent ordinairement à l'emploi de la première classe, à moins qu'il n'y ait des voitures mixtes.

Une partie de la troupe s'embarque avec les chevaux à raison de quatre hommes par wagon.

Il y a un sous-officier ou brigadier et quatre cavaliers dans chaque wagon à selles. Le reste de l'effectif est transporté dans des wagons à voyageurs de troisième classe.

Art. 5. — *Wagons pour les chevaux.* — Les wagons à bœufs, dans lesquels on fait exclusivement le transport des chevaux, sont des caisses rectangulaires couvertes, ayant leurs petits côtés pleins, leurs grands côtés pleins également jusqu'à 1 mètre du plancher, et à claire-voie au-dessus. Ils s'ouvrent par des portes à deux battants ou à coulisses, pratiquées sur le milieu des grands côtés. Les claires-voies sont fermées par des bâches ou rideaux imperméables et mobiles.

Les dimensions de ces voitures varient ainsi qu'il suit :

Longueur . . . .   4^m,12 à 6^m,00
Largeur. . . . .   2^m,30 à 2^m,50
Hauteur des portes. . . . .   1^m,70 à 1^m,90

Les wagons ayant 1^m,90 de hauteur sous le linteau de la porte peuvent recevoir les plus grands chevaux sellés ; ceux de 1^m,80 admettent les chevaux de cavalerie légère avec le paquetage complet ; ceux qui ont seulement le minimum de 1^m,70 (ligne d'Orléans) ne peuvent admettre que des chevaux dessellés de toutes armes.

ART. 6. — *Barres de fermeture provisoire.* — Chaque wagon à bestiaux ou à marchandises doit être muni d'une barre de 10 centimètres d'équarrissage sur 2 mètres de longueur, à angles arrondis, percée et garnie, à chacun des bouts, d'une corde moyenne assez longue pour s'attacher aux anneaux extérieurs des wagons (environ 1^m,20).

Cette barre se place intérieurement en travers de la porte et sert à empêcher les chevaux de reculer pendant les intervalles d'enlèvement des ponts et de fermeture des wagons.

ART. 7. — *Nombre de chevaux par wagon.* — Le chargement du wagon dépend de sa longueur et de la grosseur des chevaux, qui varie suivant l'arme. Le plus petit wagon peut contenir cinq chevaux, le plus grand en contient neuf. Il est essentiel que les chevaux soient serrés les uns contre les autres et n'aient pas assez d'espace pour se mouvoir. . . . .
. . . .
. . . .

ART. 10. — *Accessoires pour embarquer ou débarquer.* — Pour embarquer ou débarquer les chevaux, il faut :

1° Sur un quai, des plateaux attachés aux wagons et faisant partie de la porte, ou des plateaux volants, de la largeur des ouvertures, ayant 1 mètre de longueur, assez solides pour ne pas fléchir sous le poids des chevaux et joignant le terre-plein au plancher des wagons ;

2° Sur un point quelconque de la voie, un pont, soit en madriers de sapin, à tablier de chêne, soit de toute autre construction solide, de 5 mètres de longueur sur une largeur dépassant de 20 centimètres celle des portes des wagons. La rampe se place devant l'ouverture du wagon, de manière à raser le plancher ; sa partie supérieure repose sur l'essieu d'une paire de roues moyennes ou sur un chevalet de hauteur et de force convenables. Elle peut encore être supportée par deux fortes pièces de fer ajustées sous les madriers et posant sur le plancher même des wagons.

On fait établir, autant que possible, des garde-corps de 60 centimètres, à droite et à gauche du pont. On peut y suppléer par des barres de 8 à 10 centimètres d'équarrissage et de 5 mètres de longueur, attachées aux portes des wagons et tenues en bas par deux hommes, à la hauteur de la ceinture.

Dans le cas où l'inclinaison est gardée au moyen d'un support, on peut faire passer les wagons successivement devant les ponts. Si, au contraire, la rampe repose sur le plancher, il faut la porter de wagon en wagon, ce qui est assez difficile, en raison du poids de ce plateau.

Un ou deux grands ponts accompagnent toujours chaque train chargé de cavalerie, pour le cas où il y aurait nécessité de débarquer en route et hors d'une gare . . . .

. . . .

ART. 14. — *Ordre et composition des convois.* — Les voitures d'un train de cavalerie sont disposées dans l'ordre suivant :

1° Un wagon plat, portant un ou deux grands ponts de débarquement ;

2° Un wagon fermé contenant les bagages de la troupe ;

3° La moitié des wagons chargés de selles et de chevaux ;

4° Un ou deux wagons de troisième classe pour la troupe ;

5° Un wagon mixte ou de deuxième classe pour les officiers ; on le complète avec les sous-officiers du petit état-major, et subsidiairement avec les autres ; ils doivent être désignés d'avance ;

6° La seconde moitié des wagons chargés de selles et de chevaux ;

7° Un ou plusieurs wagons plats portant *les voitures particulières des officiers* et des cantinières dont le transport est au compte de l'État, dans la proportion indiquée par la décision ministérielle du 28 juillet 1854, savoir : un cheval ou mulet et une voiture par cantinière.

Si le quai d'embarquement est assez étendu ou si le nombre des ponts est suffisant, le train est disposé d'avance, suivant l'ordre ci-dessus indiqué, et l'embarquement peut avoir lieu dans tous les wagons à la fois ; dans le cas contraire , qui est habituel, *on doit toujours charger le plus possible de chevaux en même temps.* A cet effet, les manœuvres nécessaires pour amener les wagons au point d'embarquement et mettre le train en état de marcher sont exécutées par les employés du chemin de fer, aidés par les cava-liers disponibles.

Il en est de même pour les dispositions que peut exiger le dé-barquement. . . . .

. . . .

EMBARQUEMENT.

. . . .

Art. 25. — *Reconnaissance du matériel.* — Aussitôt que les fractions (groupe de cinq, six, sept ou huit) sont arrivées devant leurs wagons, les officiers reconnaissent les voitures assignées à leurs pelotons respectifs ; ils les font garnir de paille à raison de deux bottes par wagon, la litière s'étendant sur le pont ou plateau, soit par des cavaliers non montés, soit par des employés du chemin de fer. Ils s'assurent que deux strapontins sont attachés à la barre de tête de chaque wagon, et que le siége en est passé en dehors, entre la barre longitudinale et la bâche qui doit être baissée. Ils font disposer le fourrage le long de la grande paroi du wagon en face de la porte.

La bâche du côté de l'entrée doit être relevée.. . . . .

. . . .

Art. 27. — *Embarquement des selles.* — Le sous-officier ou brigadier chef de wagon à selles fait opérer le chargement par les cavaliers sous ses ordres ; ceux-ci sont disposés de la manière suivante :

Ils quittent leurs armes et les déposent en lieu de sûreté.

Les deux premiers entrent dans le wagon et se placent de chaque côté de la porte : ce sont les chargeurs.

Les deux autres leur apportent les selles, en commençant par la droite du peloton ou de la fraction du peloton qui fournit les premiers harnachements ; ils restent en dehors : ce sont les **aides** ou porteurs.

Art. 28. — *Embarquement des chevaux.* — Dès que tous les cavaliers sont revenus à leurs chevaux, l'embarquement a lieu, sur l'avertissement d'un officier, dans tous les wagons disponibles à la fois.

Les cavaliers qui font appuyer leurs chevaux à droite se placent en partant du côté montoir ; ceux qui font appuyer à gauche, du côté hors-montoir ; les uns et les autres marchent franchement et sans regarder leurs chevaux.

Le premier cavalier de chaque fraction dirige son cheval, en lui faisant baisser la tête, sur le milieu de la porte du wagon.

Aussitôt entré, il fait appuyer son cheval sur la droite, contre la paroi latérale de ce côté, la tête opposée à l'entrée du wagon.

Le deuxième cavalier suit le premier, et fait ranger son cheval à gauche, en le plaçant vers le centre de la voiture.

Le troisième cavalier fait appuyer son cheval contre celui du premier ; le quatrième contre celui du second.

Le premier et le deuxième cavalier prennent les chevaux du troisième et du quatrième ; ces deux derniers se placent entre leurs chevaux et les maintiennent dans leur position, en laissant la porte libre ; ils saisissent l'extrémité de la longe ou des rênes des chevaux suivants et les font entrer dans le wagon. . . . .

. . . .

Art. 29. — *Embarquement des hommes.* — Tous les hommes montés ou non montés restés en dehors sont réunis dans un wagon de troisième classe et partagés en fractions correspondant à la capacité des compartiments des wagons ; les sous-officiers complètent le wagon des officiers, s'il y a lieu.

Chacun tient ses armes entre ses jambes ou à côté de soi, la crosse ou le fourreau sur le plancher.

Il est interdit de déposer les fusils ou mousquetons dans les encoignures ou sur les banquettes, excepté pendant les haltes et stations.

Dans les wagons-écuries, on a soin de ne pas laisser les armes à portée des pieds des chevaux.

Il est formellement défendu aux hommes d'y fumer.

Art. 30. — *Indications à écrire sur les wagons.* — L'officier préposé à cet effet, assisté de deux sous-officiers ou brigadiers, fait écrire avec de la craie, au fur et à mesure de l'embarquement, sur les panneaux des wagons à chevaux et à selles, l'indication des pelotons et escadrons auxquels appartiennent les uns et les autres.

Ces inscriptions servent à faire retrouver les places aux stations où les cavaliers peuvent descendre, et à faciliter le débarquement à l'arrivée, en aidant chacun à reprendre son harnachement, son cheval et sa place.

Elles doivent être faites des deux côtés de chaque wagon.

Art. 31. — *Revue avant le départ.* — Aussitôt que l'embarquement est terminé, l'officier commandant et le chef de train passent la revue des wagons et font rectifier immédiatement les dispositions défectueuses.

ROUTE.

Art. 32. — *Mesures de police et de sûreté.* — La troupe étant embarquée, il est rigoureusement interdit :

1° De sortir la tête ou les bras hors des wagons pendant la marche ;

2° De passer d'une voiture dans une autre ;

3° De pousser des cris ;

4° De descendre de wagon aux stations avant le signal convenu.

Les cavaliers placés près des chevaux les empêchent d'avancer la tête hors du wagon ; il leur font manger le foin à la main pendant la marche du convoi.

A tous les coups de sifflet de la locomotive, les cavaliers prennent les chevaux par la bride ou le licol, pour les soutenir dans les chocs ou les oscillations du mouvement et pour les empêcher de s'effrayer.

En cas d'accident, les cavaliers des wagons à chevaux font un signal extérieur, soit au moyen d'un fanion, soit en agitant un mouchoir.

Art. 33. — *Haltes et stations.* — Aux stations où, d'après l'itinéraire du train et le temps indiqué par l'employé qui dirige le voyage, le commandant juge convenable que la troupe mette pied à terre, il fait connaître la durée de la halte aux officiers ; ceux-ci se portent, pour diriger le mouvement, à la hauteur des wagons où sont embarqués leurs pelotons respectifs.

Le poste de police descend immédiatement et fournit des sentinelles partout où il en est besoin, en particulier du côté intérieur de la voie, pour empêcher les hommes d'y stationner ou d'ouvrir les portes des wagons.

Les hommes embarqués avec les chevaux descendent en passant par-dessus la paroi des wagons. Si on juge nécessaire de faire ouvrir les portes, la barre de fermeture est placée préalablement. On relève les strapontins et on les passe à l'extérieur des wagons.

Lorsque la tête des chevaux est tournée vers l'intérieur de la voie, les cavaliers descendent sur l'entre-voie, à un signal particulier convenu avec le chef de service ; mais ils se portent immédiatement sur le quai ou le terre-plein extérieur du chemin.

A la sonnerie d'un demi-appel, les cavaliers des wagons à voyageurs descendent en ordre, exclusivement par les portières qui s'ouvrent sur le côté extérieur de la voie. Personne ne sort des gares, et, quand on fait exception à cette règle, il est rigoureusement interdit d'escalader les clôtures du chemin. Cinq minutes avant le départ, une sonnerie donne le signal du rembarquement, qui doit s'achever avec ordre et rapidité.

Les cavaliers sont libres de rester en voiture et d'y remonter avant le signal, mais ils ne doivent jamais laisser leurs armes à la portée des pieds des chevaux.

Il est essentiel qu'une halte de quinze minutes ait lieu toutes les trois heures au moins.

A la station qui précède immédiatement le point d'arrivée, le chef de la troupe donne l'ordre de brider les chevaux, de ramasser le fourrage qui ne serait pas mangé, et d'en former une botte par wagon.

Enfin, il est prescrit aux hommes de remettre leur tenue en ordre, pour être prêts à débarquer au premier signal.. . . . .
. . . .
. . . .
. . . .

DÉBARQUEMENT.

Art. 36. — *Arrivée.* — A l'arrivée du train dans la gare de destination ou sur le point désigné pour le débarquement, les officiers descendent de voiture les premiers.

Le commandant reconnait le terrain sur lequel la troupe doit se former et l'indique aux officiers.

ART. 37. — *Débarquement des hommes, des selles et des chevaux.* — Un demi-appel donne le signal du débarquement. Les officiers se portent, avec les hommes embarqués dans les wagons à voyageurs, aux wagons où se trouvent les chevaux de leurs pelotons respectifs.

Les sous-officiers ou brigadiers chefs des wagons à selles commencent tout de suite à faire débarquer le harnachement, qui est rangé par pelotons dans l'ordre où les cavaliers l'ont déposé au départ.

Dès que les wagons à chevaux sont au bord du quai ou que les grands ponts sont placés, les cavaliers des wagons à voyageurs ouvrent les portes, disposent les plateaux et aident les autres à faire sortir les chevaux dans l'ordre inverse de celui où ils sont entrés.

Si la tête des chevaux est opposée au quai, on fait sortir les deux premiers en reculant, et les autres exécutent un demi-tour dans le wagon pour franchir la porte.

Les chevaux sont formés sur un ou deux rangs, à portée des wagons à selles. Trois cavaliers sur quatre vont chercher le harnachement; le quatrième tient les chevaux.

Les chefs des wagons à selles désignent les pelotons qui peuvent emporter leurs paquetages les premiers, et appellent successivement les autres.

On selle les chevaux, chaque cavalier, brigadier ou sous-officier aidant son voisin dans cette opération.

Les chevaux sont sellés, la troupe monte à cheval et se rend sur le point désigné pour s'y reformer.

ART. 38. — *Débarquement des bagages et voitures.* — Les bagages et voitures sont déchargés et remis à qui de droit par les employés du chemin de fer.

ARTILLERIE.

ART. 1ᵉʳ.. . . . .

ART. 9. — *Composition et ordre du convoi.* — La demi-batterie d'artillerie (personnel et matériel) suffit, en général, au chargement d'un convoi. Les wagons sont, autant que possible, rangés dans l'ordre suivant :

Un wagon à bagages;

Un truck portant les ponts et poutrelles de débarquement;

Wagons à chevaux;

Wagons à voyageurs, dont un à freins;

Trucks chargés de matériel;

Wagons à bagages à freins, chargés de selles.

Deux wagons à freins extérieurs doivent toujours être placés l'un en tête, l'autre à la queue du convoi.

Les manœuvres nécessaires pour amener les wagons au point d'embarquement, pour mettre le train en état de marcher et pour conduire les wagons au quai de débarquement, sont exécutées par les employés du chemin de fer, assistés, toutes les fois qu'il en est besoin, par les canonniers disponibles.. . . . .

. . . .

Art. 11. — *Dispositions préparatoires.* — La demi-batterie ou fraction de batterie à embarquer, étant arrivée dans la gare ou à proximité, est formée, suivant le terrain, de manière à prendre le moins de développement possible. Les dispositions suivantes sont aussitôt exécutées.

Le commandant reconnait le matériel du chemin de fer mis à sa disposition, et arrête immédiatement la répartition des hommes, des chevaux et des voitures; puis il la notifie aux officiers et aux sous-officiers.

Un officier est désigné pour diriger l'embarquement des chevaux; il lui est adjoint un sous-officier chargé de tracer à la craie, sur les wagons, le numéro de la pièce à laquellle appartiennent les hommes et les chevaux embarqués sur chacun d'eux.

Cet officier fait garnir chaque wagon à chevaux de deux bottes de paille en litière, et s'assure que les deux strapontins sont fixés à la barre de tête. Il fait disposer le fourrage le long de la grande paroi du wagon, en face de la porte.

Un sous-officier est également désigné pour diriger le chargement des selles dans des wagons à bagages. Il lui est adjoint deux conducteurs haut-le-pied, qui se portent avec lui aux wagons qui leur sont désignés, et y disposent les bottillons de paille.

Les servants déposent le sac et le mousqueton ; ils sont formés, sous la surveillance d'un officier, en détachements proportionnés à l'importance du matériel à embarquer.

Les chevaux de devant et du milieu sont dételés et réunis, sous les ordres d'un sous-officier, avec les chevaux de selle, dans un lieu voisin du quai où ils doivent être embarqués.

Les voitures sont amenées sur le quai d'embarquement ou au pied de la rampe par les chevaux de derrière, qui sont dételés à leur tour et conduits successivement auprès des autres.

Les chevaux sont divisés par fractions correspondant à la capacité des wagons, de façon que les chevaux d'une voiture se trouvent, autant que possible, placés dans le même groupe.

Les diverses fractions sont rangées devant les wagons qui doivent les recevoir.

EMBARQUEMENT.

. . . .
. . . .
. . . .

Art. 14. — *Embarquement des voitures.* — Les deux trains de chaque voiture sont séparés et placés tout montés sur les trucks ou plates-formes.

Les conditions essentielles du chargement sont les suivantes :

1° Répartir le poids sur toute la surface du truck, en occupant le moins de place possible ;

2° Faire en sorte que les bouts du timon et les roues de rechange ne dépassent point les tampons du truck qui les porte ;

3° Consolider, caler, bréler et amarrer avec un soin extrême les parties du chargement qui en sont susceptibles, de manière à les rendre toutes parfaitement solidaires entre elles et à en assurer la complète stabilité.

Art. 15. — *Embarquement des chevaux.* — Les chevaux de selle et les porteurs sont dessellés, mais non débridés. Si les circonstances atmosphériques l'exigent, les couvertures sont étendues pliées en quatre sur les chevaux et assujetties avec le surfaix.

Les harnais sont laissés aux chevaux d'attelage ; on relève sur le collier les traits, fourreaux, plates-longes et avaloires, au moyen des courroies trousse-traits, de manière que le tout soit fixé le plus solidement possible en arrière des mamelles.

La croupière, le poitrail, la sangle, et, s'il y a lieu, la couverture, sont réunis sur la schabraque et maintenus par le surfaix ; les étriers sont relevés ou attachés.

Les selles ainsi disposées sont portées par les canonniers des numéros impairs près du wagon à bagages, et déposées à terre sur le point désigné par le chef de wagon. Les canonniers impairs retournent à leurs groupes pour tenir les chevaux ; les numéros pairs portent à leur tour leurs selles de la même manière et retournent vivement à leurs chevaux. Les conducteurs haut-le-pied vont aussi porter leurs portemanteaux, qu'ils déposent près des selles.

Aussitôt que les sept chevaux du premier wagon sont réunis, l'officier désigné fait commencer l'embarquement. Un conducteur, assisté d'un conducteur haut-le-pied, introduit successivement ses deux chevaux dans le wagon en leur faisant baisser la tête, et les fait ranger contre la paroi latérale de droite, la tête opposée au côté de la porte. Le second conducteur, aidé du troisième, introduit ses deux chevaux dans le wagon et les fait ranger à gauche. Ces quatre chevaux sont tenus par les deux premiers conducteurs ; le troisième et le conducteur haut-le-pied font entrer le dernier attelage et le cheval de selle. Les trois conducteurs restent dans le wagon.

Ces mouvements doivent être exécutés avec ordre et rapidité, afin de ne pas laisser aux premiers chevaux embarqués le temps de se mettre en travers des wagons. Si un cheval résiste, on fait avancer le suivant, et le premier est entraîné vivement à sa suite. Autant que possible, on introduit d'abord les chevaux dociles, et on emploie de préférence les moyens de douceur.

Dès que le dernier cheval est entré, les canonniers restés à l'extérieur mettent la barre de fermeture provisoire, relèvent ou retirent le pont et ferment les portes. En levant ensuite la barre, ils la passent aux hommes du wagon.

Les chevaux sont attachés à la barre de tête avec la longe du licol, ce qui permet de débrider, si l'ordre en est donné. Dans ce cas, trois ou quatre brides sont réunies, liées ensemble à la têtière par les rênes de l'une d'elles et attachées à la barre du wagon avec les mêmes rênes vers les encoignures.

Les bâches des wagons restent relevées, à moins que l'état de l'atmosphère n'oblige de les baisser de l'un ou de l'autre côté.

Deux des canonniers ramènent les strapontins à l'intérieur et les placent pour s'asseoir, en ayant soin de ne pas toucher aux cordes de suspension.

Les chevaux de l'artillerie à cheval sont embarqués comme les chevaux de trait, et l'on place également trois canonniers par wagon.

Art. 16. — *Embarquement des selles.* — Le sous-officier ou brigadier chef de wagon à selles fait opérer le chargement par les deux canonniers sous ses ordres. L'un des canonniers monte dans le wagon, l'autre reste en dehors et apporte successivement à son camarade les selles toutes paquetées.

Le canonnier chargeur range les selles dans le wagon, la première sur la botte de paille, le portemanteau appuyé contre la paroi longitudinale, les autres selles du même attelage empilées au-dessus de la première ; les autres selles sont placées successivement comme les premières, de manière à former un groupe pour chaque voiture. Les paquetages des chevaux d'officiers sont placés au-dessus des autres.

Les portemanteaux des conducteurs haut-le-pied sont rangés à la suite des selles.

Le chef de wagon monte dans le wagon avec ses deux aides ; il tient note de l'arrangement adopté.

Lorsque la troupe transportée se compose d'artillerie à cheval, le chef de chaque wagon à selles est secondé par quatre hommes.

Art. 17. — *Embarquement de la troupe.* — Les servants reprennent le sac et le mousqueton ; ils sont réunis aux conducteurs non embarqués dans les wagons à selles ou à chevaux, et formés, sous la surveillance d'un officier, en fractions correspondantes à la capacité des wagons.

Chaque fraction est conduite rapidement au wagon qu'elle doit occuper par son chef, qui la forme de manière à ce qu'elle ne déborde pas la longueur du wagon, et la subdivise selon la capacité des divers compartiments.

Les servants détachent leurs sacs et les tiennent à la main ; deux d'entre eux montent dans le wagon, rangent leurs sacs sous les banquettes, la patelette en dessus, à l'extrémité opposée à la portière ouverte.

Le second prend le sac du troisième et le range ; le troisième prend à son tour le sac du quatrième, et ainsi de suite ; chaque homme, les deux derniers exceptés, montant en wagon après que son sac est placé. Les hommes se serrent vers le fond et ont soin de ne pas obstruer l'entrée du wagon.

Les trois derniers sacs sont déposés les uns sur les autres, à la dixième place laissée vacante à cet effet. Les sacs chargés de marmites et de grandes gamelles, occupant plus de place, sont mis de préférence sous les banquettes.

Les canonniers tiennent leurs armes entre leurs jambes, la crosse ou le fourreau sur le plancher. Il est interdit de déposer les mousquetons dans les encoignures ou sur les banquettes, excepté pour descendre aux grandes haltes ou aux stations ; dans les wagons-écuries, on doit avoir soin de ne pas laisser les sabres à portée des pieds des chevaux.. . . . .

. . . .

DÉBARQUEMENT.

Art. 23. — *Arrivée.* — A l'arrivée du train dans la gare de destination ou sur le point désigné pour le débarquement, les officiers mettent pied à terre les premiers.

Le commandant reconnaît le terrain sur lequel la troupe doit se former et l'indique aux officiers.

Un demi-appel donne le signal du débarquement. Les officiers réunissent les servants, font déposer le sac et le mousqueton et forment des détachements, d'après le nombre et la disposition des points de débarquement.

L'officier qui a présidé à l'embarquement des chevaux réunit les conducteurs et, dans l'artillerie à cheval, une partie des servants transportés dans les wagons à voyageurs, et les conduit au point de débarquement des chevaux.

Art. 24. — *Débarquement.* — Les sous-officiers ou brigadiers chefs des wagons à selles font, immédiatement après l'arrivée, débarquer le harnachement, qui est rangé par fractions dans l'ordre où il avait été disposé au départ.

Le matériel est mis à terre par des moyens inverses de ceux qui ont été employés pour le charger sur les plates-formes.

Dès que les wagons à chevaux sont à quai, les hommes placés dans les wagons à voyageurs se transportent aux wagons à chevaux, disposent les ponts volants, ouvrent les portes et aident à faire sortir les animaux dans l'ordre inverse de l'embarquement.

Tous les artilleurs se rendent ensuite à portée des wagons à selles. Trois cavaliers sur quatre vont chercher le harnachement, le quatrième tient les chevaux.

Dans le cas où la croupe des chevaux serait tournée du côté du quai, on ferait sortir les deux premiers de chaque wagon en reculant, et les autres suivraient en faisant un demi-tour.

Aussitôt que deux chevaux de derrière sont disponibles, ils sont conduits au débarcadère du matériel et attelés à une voiture qu'ils conduisent au parc où les attelages sont complétés. Chaque voiture se forme ensuite dans l'ordre prescrit par le commandant.

Les bagages sont déchargés et remis à qui de droit par les employés du chemin de fer.

RÈGLEMENT complémentaire et spécial sur le transport des voitures du train des équipages militaires par les chemins de fer.

ARTICLE PREMIER. — *En général, les dispositions du règlement relatif à l'artillerie sont applicables au train des équipages, en ce qui concerne les hommes et les chevaux.* — Les dispositions de l'instruction relative à l'artillerie sont applicables aux troupes du train des équipages militaires, en ce qui concerne les hommes et les chevaux.

La construction et la nature du matériel affecté à ces troupes différant d'une manière notable des voitures d'artillerie, le chargement sur les wagons s'exécute suivant un mode particulier.

ART. 2. — *Notifications spéciales à faire ou à recevoir.* — L'autorité militaire, l'intendance ou l'officier commandant font connaître au chef de service du chemin de fer, outre l'effectif en hommes, chevaux et voitures, le poids total des objets renfermés dans les caissons ou chargés sur les chariots et prolonges.

Le chef du détachement s'informe de la possibilité d'effectuer le chargement des voitures au moyen de grues, comme dans le trafic commercial.

ART. 3. — *Wagons pour les voitures.* — Les wagons plats de toute espèce et de toute dimension, dont les rebords se rabattent ou n'excèdent pas 15 à 20 centimètres, peuvent servir au transport des caissons, chariots, prolonges et forges du train des équipages militaires, pourvu que leur longueur ne soit pas au-dessous de $3^m,80$ s'ils sont accessibles par le bout, et de $4^m,35$ si on ne peut les charger que par le côté.

Tout wagon dont la longueur n'atteint pas $5^m,30$ porte une seule voiture.

Les wagons de $5^m,30$ à $7^m,20$ ayant $2^m,83$ de largeur peuvent recevoir deux voitures.

ART. 4. — *Réunion de la troupe à la gare de départ.* — Les voitures sont amenées à la gare trois ou quatre heures avant le départ, selon qu'elles doivent être chargées, montées ou démontées. Elles sont rangées le plus près possible du point d'embarquement ; puis, aussitôt qu'elles sont dételées, les chevaux sont conduits au quai, pour être dessellés et embarqués, sous la direction d'un officier ou sous-officier, ainsi qu'il est prescrit, pour les chevaux d'artillerie, à l'art. 11.

ART. 5. — *Composition et ordre des convois.* — Les convois chargés du train des équipages doivent toujours porter des hommes, des chevaux et des voitures. Le nombre de wagons, pour chaque voyage, est subordonné à la force des moteurs ; mais la composition des convois doit être telle, que les voitures puissent être attelées de deux chevaux au moins, et conduites par un nombre suffisant de sous-officiers, brigadiers et cavaliers.

Une compagnie du train des équipages, avec son matériel normal de 66 voitures, nécessite ordinairement trois convois de 30 à 35 wagons ; le nombre des chevaux peut varier de 269 à 349, celui des hommes de 218 à 368. Toutefois, la composition de chaque train doit être fixée de concert avec le chef de service du chemin de fer.

Les trains sont formés dans l'ordre suivant :

1° Un wagon à bagages portant les effets de la troupe et l'avoine en sacs ;

2° Les wagons à chevaux et à selles ;

3° Les wagons à voyageurs ;

4° Les wagons plats chargés de voitures ;

5° Un wagon à frein (à voyageurs ou à selles).

ART. 6. — *Chargement de voitures.* — Le chargement des voitures peut se faire à bras ou au moyen de grues, comme dans le service commercial.

Pour qu'il puisse se faire à bras, il faut qu'il n'y ait pas nécessité de démonter les caissons.

Le chargement à la grue peut se faire pour les caissons montés ou démontés.

Il y a nécessité de démonter les caissons et, par suite, d'opérer à la grue, toutes les fois que, vérification faite au gabarit, le chargement ne pourrait passer sous les voûtes des ponts et travaux d'art, si l'on conservait les caissons sur leurs roues.. . . . .

. . . .

ART. 7. — *Mesures de surveillance à chaque halte. — Revue rapide du matériel.* — A toutes les stations où la halte dure dix minutes, le commandant passe rapidement la revue des wagons chargés de matériel, et fait resserrer les brêlages qui se seraient lâchés. Il s'assure aussi que les cavaliers conducteurs embarqués avec les chevaux les font manger, et il se fait rendre compte des accidents qui ont pu survenir.

ART. 8. — *Débarquement.* — Aussitôt que les chevaux sont sortis des wagons, les cavaliers à pied sont formés en un ou deux détachements pour débarquer les voitures, ou aider les employés du chemin de fer à cette opération, lorsqu'elle exige l'usage de la grue.

Dès que les chevaux sont sellés et prêts à être attelés, il est désigné un homme pour tenir deux attelages, et les autres sont employés à débarquer le matériel et à le mettre en état d'être emmené.

RÈGLEMENT complémentaire et spécial sur le transport du matériel d'un équipage de pont par les chemins de fer.

ARTICLE PREMIER. — *Pour les hommes et les chevaux, voir l'instruction applicable aux troupes d'artillerie.* — Les dispositions de l'instruction relative à l'artillerie sont applicables à la troupe qui accompagne un équipage de pont, en ce qui concerne les hommes et les chevaux ; mais la nature et les dimensions du matériel exigent un mode de chargement particulier qui est expliqué ci-après.

ART. 2. — *Assistance commune des employés du chemin de fer et des pontonniers.* — Pour mettre le train en état de marcher et pour conduire les wagons au lieu de déchargement, les manœuvres sont exécutées par les employés du chemin de fer, assistés, toutes les fois qu'il en est besoin, par les pontonniers disponibles.

ART. 3. — *Place des wagons à troupe.* — Les wagons à troupe sont placés vers le centre du train, mais toujours après un truck chargé d'un chariot de parc ; ils doivent être suivis d'un truck vide ou dont le chargement présente au-dessus du plancher une élévation de moins de 1^m,30, sur une longueur de 1^m,50, à partir de l'arrière.

Chaque wagon est numéroté à la craie des deux côtés.

ART. 4. — *Arrivée à la gare de départ.* — Dans le cas où le corps est suivi de ses gros bagages, les colis sont rendus au chemin de fer trente minutes avant le départ.

La troupe et le matériel doivent arriver au point désigné pour l'embarquement, assez à temps pour que le chargement puisse être terminé trente minutes avant l'heure fixée pour le départ (environ trois heures).

ART. 5. — *Dispositions préliminaires.* — Le matériel est parqué dans la gare ou à proximité, suivant le terrain, de manière à prendre le moins de développement possible et dans l'ordre indiqué ci-après pour le déchargement (art. 7).

Les pontonniers déposent leurs sacs et placent dessus leur shakos et leurs armes. Ils sont ensuite partagés en détachements, suivant l'importance du matériel à charger, la disposition des lieux et la manière d'opérer le chargement; quelques hommes devant toujours rester disponibles pour le cas prévu ci-après (art. 8).

ART. 6. — *Composition et ordre du convoi.* — Chaque voiture nécessite un truck. Il faut choisir de préférence les trucks dont les rebords ont le moins d'élévation (1).

Dans la supposition d'une division d'équipage de pont de dix-huit voitures, le chargement serait réparti ainsi qu'il suit :

Trucks nᵒˢ 1, 3, 5, 7, 9 et 11, chacun 1 chariot avec madriers.

—	2, 4, 6, 8, 10 et 12,	—	1 haquet avec bateau.
—	13.	—	1 chariot avec caisse.
—	14.	—	1 haquet avec bateau.
—	15.	—	1 forge.
—	16.	—	1 haquet avec chevalets.
—	17.	—	1 haquet avec nacelle.
—	18.	—	1 haquet avec bateau.

On voit qu'il faut toujours placer alternativement un chariot ou la forge et un haquet avec bateau; le haquet avec nacelle, devant toujours être complétement déchargé, est considéré comme chariot.

Toutes les voitures, la première exceptée, sont placées l'avant-

(1) Les trucks de 5ᵐ,30 de longueur sont préférables à ceux de 4ᵐ,35; ils permettent de transporter les haquets tout chargés (celui à nacelle toujours excepté), tandis que ceux de 4ᵐ,35 nécessitent l'enlèvement préalable, de dessus les haquets, de toutes les poutrelles, qu'il faut placer ailleurs, parce que le chargement aurait trop de longueur.

train en avant, le timon engagé sous l'arrière-train de celle qui la précède ; la première est placée en sens inverse.

Tous les chariots et la forge ont les roues de devant et de derrière à égale distance des extrémités des trucks.

Tous les haquets, le dernier excepté, ont les roues de devant appuyées contre le rebord du truck ; pour le dernier, ce sont les roues de derrière.

ART. 7. — *Mode spécial de chargement.* — Le chargement peut s'opérer par le petit côté ou par le grand côté.

Chargement par le petit côté. — S'il y a un quai et des volets pour le relier aux trucks, ce mode ne demande aucun détail ; il suffit de mettre les voitures sur les trucks et les trucks entre eux, en suivant les prescriptions de l'article précédent et en plaçant ainsi qu'il suit le haquet à nacelle et son chargement : 1° la nacelle renversée, ses anneaux de brêlage à égale distance des extrémités du truck ; 2° les poutrelles de chaque côté de la nacelle, et sur deux de hauteur, contre ses bordages ; 3° le haquet, ses roues sur les poutrelles ; 4° les corps morts et les agrès sur les brancards et amarrés. Tous ces objets ont besoin d'être bien maintenus ; à cet effet, on clamaude les poutrelles entre elles, et on les amarre aux anneaux des trucks, ainsi que la nacelle et les roues du haquet ; de plus, pour empêcher le frottement des plats-bords et des poutrelles sur les rebords du truck et sur ceux des trucks voisins, on place sur les premiers des torons de paille de grosseur suffisante.

A défaut de volets servant de jonction entre le quai et les trucks, on emploie des madriers.

S'il n'y a pas de quai, on y supplée par une rampe formée de 5 poutrelles, 24 madriers et deux guindages (1), dont la voie soit un peu moindre que la largeur du truck ; cette rampe, qui sert pour tous les trucks, repose, par sa partie supérieure, sur un chevalet de 1 mètre à 1 mètre 10 de hauteur, construit à l'avance (2).

(1) Ces poutrelles sont prises au dernier haquet et les madriers à u des chariots ; ils sont replacés sur leurs voitures lorsque le chargement de l'équipage est terminé.

(2) A défaut de chevalet, on peut, avec l'autorisation des agents de chemin de fer, utiliser des rails non employés et, au besoin, ceux mêmes de la voie, ou lieux des traverses. Ces objets doivent être immédiatement remis en place sous la direction des mêmes agents.

Chargement par le grand côté. — Ce mode exige le déchargement préalable et complet de toutes les voitures ; mais ce déchargement n'est opéré que successivement et le plus près possible de l'endroit où doit s'effectuer le chargement sur les trucks.

Il faut établir quatre rangées de deux madriers chacune, allant du quai sur le rebord du truck et formant deux couples dont les jonctions ont entre elles un intervalle égal à la distance entre les deux trains de la voiture à charger (2^m,70 environ pour les chariots et la forge, et 4 mètres pour les haquets).

Chariot avec madriers. — On amène le chariot perpendiculairement et contre les madriers, on le porte sur ces madriers ; on l'y fait glisser jusque près du truck, à l'emplacement qu'il doit occuper (art. 6), et on le charge de ses madriers et agrès.

Haquet avec bateau. — On doit mettre le haquet sur le truck, comme on vient de l'indiquer pour le chariot, et le charger de ses 7 poutrelles ; fixer 2 fausses poutrelles superposées contre les ranchets de devant et 2 autres contre les ranchets de derrière ; placer 5 poutrelles formant rampe du sol au brancard, les extrêmes près des ranchets ; apporter le bateau sur cette rampe et le faire glisser jusque contre les fausses poutrelles. 5 hommes se portent alors aux extrémités des poutrelles, les mettent à bras, puis à l'épaule ; les autres soulèvent alternativement l'avant et l'arrière du bateau et les portent sur les fausses poutrelles, à la place qu'ils doivent occuper. On débrèle les fausses poutrelles et on les dégage, puis on brèle le bateau.

Haquet avec nacelle. — On place chaque objet comme il a été indiqué dans le chargement par le petit côté.

Il est plus commode, pour placer ce petit haquet, d'ôter l'avant-train et les roues de derrière et de les remettre ensuite.

Dès qu'un truck a reçu son chargement, on cale les roues de la voiture et on les amarre aux anneaux du truck, puis on met des torons de paille aux endroits où il pourrait y avoir du frottement.

Art. 8. — *Revue simultanée de l'officier commandant et du chef de train.* — Pendant la formation du convoi, l'officier commandant et le chef du train passent la revue de chacun des wagons pour reconnaître si tout y est bien placé ; ils font rectifier immédiatement les dispositions vicieuses et les arrimages défectueux.

Art. 9. — *Mesures de sûreté.* — Les pontonniers embarqués sur les trucks resserrent les guindages qui en auraient besoin. S'il survient quelque dérangement important auquel ils ne puissent remédier, ils élèvent leur shako à l'extrémité du mousqueton. Ce signal est répété par tous les pontonniers des trucks, jusqu'à ce que les gardes-freins l'aperçoivent et que le signal d'arrêt soit donné.

Art. 10. — *Arrivée du train à la gare de destination.* — À l'arrivée du train dans la gare de destination, les officiers descendent les premiers. Ils réunissent les hommes, leur font déposer les sacs, les armes et les shakos, et forment des détachements d'après le nombre et la disposition des points de déchargement.

Art. 11. — *Déchargement.* — Le matériel est remis à quai par des moyens inverses de ceux qui ont été employés pour le chargement.

Les bagages de la troupe sont déchargés et remis à qui de droit par les employés du chemin de fer.

RÈGLEMENT du 10 novembre 1852, pour le transport des poudres et munitions de guerre sur les chemins de fer.

Article premier. — Conformément à l'art. 21 du règlement général du 15 novembre 1846, les poudres de guerre, de mine ou de chasse ne pourront jamais être transportées par les trains de voyageurs ou par des convois de marchandises qui remorqueront un ou plusieurs wagons de voyageurs.

Art. 2. — Les poudres de guerre seront toujours livrées aux chemins de fer dans de doubles barils ; les poudres de mine ou de chasse seront enfermées dans un sac de toile ou dans des cartouches de papier, et placées dans un baril ou dans une caisse en bois. Les munitions confectionnées seront enfermées dans des caisses ou barils selon l'espèce ; le tout conformément au mode en usage pour le transport ordinaire de ces poudres.

Deux employés civils et militaires commissionnés à cet effet accompagneront pendant le trajet les livraisons faites, et ne devront jamais les perdre de vue pendant les stations momentanées aux gares des marchandises (1).

Art. 3. — Les barils ou caisses de poudre seront chargés sur des wagons à ressorts de choc, attelés au contact, avec caisses fermées à pavillons, recouverts en feuilles métalliques.

Art. 4. — Lorsqu'un wagon servira au transport de la poudre, son plancher devra être recouvert d'un prélart imperméable, de manière à prévenir le tamisage sur la voie.

Art. 5. — Les surfaces des ferrures des axes ou leviers de transmission du mouvement des trains qui pourraient être apparentes dans les wagons, seront soigneusement recouvertes d'étoffes ou enveloppées par des manchons en bois.

Art. 6. — Il est interdit de faire usage du frein que pourrait porter un wagon chargé de poudre.

Art. 7. — Les personnes préposées à la garde des poudres par l'administration de la guerre se placeront avec les conducteurs du convoi de marchandises.

Il leur sera formellement interdit, ainsi qu'aux agents de la Compagnie, de monter pendant le trajet sur les wagons chargés de poudre.

Art. 8. — La charge, y compris les fûts d'un wagon à poudre, ne dépassera pas 3,000 kilogrammes.

Le poids brut d'une livraison ne sera jamais supérieur à la charge de quatre wagons.

Art. 9. — Les Compagnies seront toujours prévenues, vingt-quatre heures à l'avance, des livraisons de poudre que l'administration aura à leur faire.

Chaque livraison ne devra séjourner dans les gares, au départ ou à l'arrivée, que le temps strictement nécessaire, soit au chargement, soit au déchargement et à l'enlèvement des poudres.

Dans le cas où le transport des magasins de l'État ou celui de la gare, au lieu de destination, devrait être effectué par les wagons qui sont propres à l'administration de la guerre, cette dernière sera

____

(1) Le § 2 de l'art. 2 a été modifié par l'administration de la guerre, qui a décidé que tout transport de poudres dont le poids n'excéderait pas 500 kilogrammes, ne serait pas escorté.

rtenue de prendre des mesures pour que son matériel ne séjourne
spas au delà de deux heures dans les locaux des Compagnies (1).

Art. 10. — Les wagons à poudre seront placés à l'extrémité du
convoi opposé à la locomotive. Ils seront cependant toujours suivis
de trois wagons ordinaires qui formeront la queue du train.

Dans les mouvements de gare à opérer pour la composition ou la
décomposition des trains, les wagons à poudre ne pourront être
manœuvrés par des machines locomotives.

**RÈGLEMENT du service international par
chemins de fer entre la Belgique, la France
et les Pays-Bas, dans ses rapports avec la
douane** (14 décembre 1852).

CHAPITRE PREMIER.

CONVOIS DES MARCHANDISES.

Article premier. — Toutes marchandises placées dans des wagons à coulisses ou sous des bâches, dûment fermés à l'aide de
plombs ou cadenas, seront dispensées de la visite par la douane
aux bureaux frontières respectifs, soit à l'entrée, soit à la sortie,
tant de nuit que de jour, les dimanches et jours fériés, comme tout
autre jour, sous les réserves et moyennant les conditions et formalités déterminées aux articles suivants.

Art. 2. — Provisoirement cette dispense ne s'applique qu'aux
wagons destinés pour l'une ou l'autre des localités ci-après :

En Belgique : Mons, Bruxelles, Anvers, Gand, Liége, Bruges,
Ostende, Courtray, Tournay et Louvain ;

En France : Lille, Valenciennes, Paris, Rouen et le Havre ;

Dans les Pays-Bas : Rotterdam et Amsterdam.

Chacune des parties contractantes étendra successivement cette

(1) Le 28 avril 1855, l'art. 9 a été modifié ainsi qu'il suit :

« Les Compagnies seront prévenues, trois jours à l'avance, des livraisons
de poudres et munitions de guerre qui devront être transportées sur les
chemins de fer à une seule voie.

» Les Compagnies feront savoir, dans le plus bref délai, à l'administration, le jour et l'heure où le transport pourra s'effectuer.

» Les livraisons de poudres et de munitions à la gare auront lieu en
conséquence. »

faculté aux autres points où viendront aboutir les voies ferrées auxquelles le régime du transport international pourra être appliqué.

ART. 3. — Tout colis pesant moins de 25 kilogrammes ne pourra
être admis que dans un wagon à coulisses.

Toutefois, ceux de ces colis qui formeront excédant de charge
pourront être placés dans une caisse ou panier, agréés par la
douane du lieu et mis sous plomb ou cadenas.

Il ne pourra être ajouté ainsi qu'un panier par convoi et par destination.

ART. 4. — Chaque administration des douanes respectera les
plombs et cadenas apposés par celle de chacun des deux autres
États, après s'être assurée qu'ils présentent toutes les conditions
voulues, et sauf à les compléter s'il y a lieu. Cette disposition
s'applique aux wagons expédiés à l'une des destinations indiquées
à l'art. 2.

ART. 5. — Chaque convoi sera accompagné d'une feuille de
route distincte par lieu de destination et d'un modèle uniforme
pour les trois États.

Cette feuille, préparée par les soins des administrations des
chemins de fer, sera soumise au visa des employés de douane au
lieu de chargement. Elle relatera le nombre et le numéro des
wagons; on y joindra les documents présentant toutes les indications prescrites pour les déclarations de douane en détail dans
les États respectifs.

ART. 6. — Chaque convoi sera placé sous l'escorte non interrompue d'employés des douanes, sans autres frais, pour les administrations des chemins de fer, que l'obligation de les placer, soit
à l'aller soit au retour, aussi près que possible des wagons de
marchandises.

ART. 7. — Les employés d'escorte devront accompagner les trains
sur le territoire du pays voisin jusqu'à la première station où il y
a un bureau de douane. Ils ne pourront abandonner le convoi
qu'après la remise des documents aux employés des douanes dans
cette station.

ART. 8. — Avant le passage d'un territoire sur un autre, les wagons
devront être fermés ou bâchés, de telle sorte que la douane n'ait
plus qu'à y apposer les plombs ou cadenas, après s'être assurée du
bon conditionnement.

Art. 9. — Les cadenas seront de modèle uniforme dans les
trois États. Les plombs présenteront l'indication du bureau où ils
ont été apposés.

CHAPITRE II.

CONVOI DES VOYAGEURS.

Art. 10. — La faculté accordée par l'art. 1er aux convois de
marchandises de franchir la frontière pendant la nuit et les jours
de dimanches et fêtes est étendue aux convois de voyageurs.

Art. 11. — Les bagages non visités au bureau frontière seront
accompagnés d'une feuille de route et d'un document de douane.
Ils seront placés dans des wagons fermés avec plombs ou cadenas,
sous l'escorte d'employés des douanes.

Art. 12. — Les bagages seront, en général, visités au bureau
frontière. Toutefois, les voyageurs se rendant :

De France à Bruxelles par Quiévrain ;

De France à Rotterdam ou Amsterdam par la Belgique, en
passant par Quiévrain et Anvers ;

De Belgique à Valenciennes ou Paris par Quiévrain ;

De Belgique à Lille par Mouscron ;

De Belgique à Rotterdam et Amsterdam par Anvers;

Des Pays-Bas à Valenciennes ou Paris par la Belgique, en passant par Anvers, Bruxelles et Quiévrain;

auront la faculté de faire visiter leurs bagages, soit au bureau frontière, à l'entrée dans chaque pays, soit au lieu de destination.

Cette disposition sera successivement étendue par chacune des
parties contractantes aux autres localités placées sous le régime du
présent règlement où le service des douanes le permettra.

Art. 13. — Les voyageurs ne pourront conserver avec eux,
dans les voitures, aucun colis contenant des marchandises soumises
aux droits ou prohibées.

Art. 14. — Tous objets passibles de droits, transportés par les
convois de voyageurs, restent soumis aux conditions et formalités
établies pour ceux dont le transport s'effectue par les convois de
marchandises.

CHAPITRE III.

DISPOSITIONS GÉNÉRALES.

Art. 15. — Les départs des trains de marchandises ou de voyageurs expédiés de Belgique sur Paris, par l'embranchement de Lille, devront être combinés de manière à ce que ces trains puissent être réunis, à Douai, point de bifurcation, à ceux qui arrivent sous escorte des Pays-Bas et de la Belgique par la voie de Valenciennes.

Art. 16. — Une limite est admise en principe pour le nombre des convois qui pourront passer journellement les frontières respectives sous le bénéfice de la présente convention; cette limite pourra être dépassée, dans l'intérêt du service des chemins de fer, si les administrations des douanes, chacune en ce qui la concerne, en reconnaissent l'utilité.

Art. 17. — A l'arrivée des marchandises au lieu de destination, elles seront déposées dans des bâtiments fournis par les administrations des chemins de fer, agréés par l'administration des douanes et susceptibles d'être fermés. Elles y resteront sous la surveillance non interrompue des employés de cette administration, et en seront enlevées pour la consommation, pour l'entrepôt et pour le transit, sur une déclaration en détail à faire dans le délai voulu et après l'accomplissement des formalités prescrites.

Les marchandises extraites de ces magasins pour le transit, sous le régime du présent règlement, ne seront soumises à la visite, ni au moment de l'enlèvement, ni à leur sortie du territoire.

Le déchargement des wagons s'effectuera immédiatement après l'arrivée des convois.

Art. 18. — Dans les stations où il n'y a pas encore de bâtiments se trouvant dans les conditions indiquées à l'article précédent, le déchargement des wagons se fera au plus tard dans le délai de trente-six heures après l'arrivée du convoi, sous peine de perdre le bénéfice du présent règlement.

Art. 19. — Les administrations des chemins de fer devront informer, au moins huit jours à l'avance, les administrations des douanes des changements qu'elles voudront apporter dans les heures de départ, de passage et d'arrivée des trains de jour et de nuit, sous peine d'être tenues de remplir, à la frontière, toutes les formalités ordinaires de douane.

Art. 20. — En principe, la division des convois, lorsqu'elle sera demandée, pourra être accordée aux bureaux frontières jusqu'à concurrence de dix wagons.

En cas de nécessité reconnue par l'employé supérieur des douanes dans la station, une subdivision plus grande pourra être permise aux bureaux frontières ci-après, savoir :

Quiévrain, Mouscron, Anvers, pour la Belgique ;
Valenciennes et Lille, pour la France.

En ce qui concerne les Pays-Bas, le bureau frontière sera désigné lors de l'achèvement du chemin de fer d'Anvers au Hollandsch-Diep.

Art. 21. — Sous les réserves et moyennant les conditions et formalités établies pour l'entrée des convois de marchandises et de voyageurs d'un pays dans l'autre, les mêmes facilités seront accordées aux convois de marchandises et de voyageurs dans leur passage à travers le territoire de la Belgique pour aller de France dans les Pays-Bas, *et vice versâ.*

Art. 22. — Toutes marchandises arrivées à Paris sous le régime du présent règlement seront admises à y rompre charge pour d'autres destinations, sous les conditions suivantes :

1° Les colis compris dans une même déclaration ne pourront recevoir qu'une destination unique, soit la consommation, soit l'entrepôt, soit le transit ;

2° La réexpédition à une autre destination devra se faire dans un délai de trente-six heures, sous peine de perdre le bénéfice de ce règlement et de l'envoi d'office de la marchandise à l'entrepôt aux frais de la Compagnie qui a effectué le transport jusqu'à Paris ;

3° Les locaux de la gare où devront s'accomplir ces opérations seront disposés à cet effet suivant les convenances de la douane et agréés par elle.

Art. 23. — Les marchandises et bagages expédiés sous le régime du présent règlement du Hollandsch-Diep à Rotterdam, celles qui continueront leur trajet par chemin de fer sur Amsterdam, et celles expédiées de la même manière, de ces deux villes en destination de la Belgique ou de la France par Anvers, jouiront des dispositions qui précèdent, pourvu qu'elles restent dans les mémes wagons. Si elles sont retirées de ces wagons pour être transportées ultérieurement par eau, elles seront placées soit dans des caisses ou paniers plombés, soit dans un compartiment spécial du navire, dont les écoutilles seront également scellées de plomb. Ces caisses, paniers et navires, devront avoir été agréés par la douane du lieu d'embarquement.

Pour ces transports ainsi fractionnés, il sera remis par l'administration du chemin de fer des feuilles de route distinctes par lieu de destination avec les déclarations voulues.

A leur arrivée à Rotterdam ou au Roode-Vaart, ces marchandises seront déchargées dans un délai de trente-six heures, sinon le transport en aura lieu d'office dans les magasins de la douane, aux frais des intéressés, et avec perte du bénéfice du présent règlement.

Art. 24. — Les douaniers convoyeurs seront admis dans les voitures de 2e classe des convois de voyageurs, dans les compartiments des gardes des convois de marchandises et, le cas échéant, dans les bateaux.

Art. 25. — Il est bien entendu que, par les présentes dispositions, il n'est dérogé en rien aux lois de chaque pays, en ce qui concerne les pénalités encourues dans le cas de fraude ou de contravention, pas plus qu'à celles qui ont prononcé des prohibitions ou des restrictions en matière d'importation, d'exportation ou de transit, et qu'il reste libre à l'administration des douanes, dans chaque pays, de faire procéder à la vérification des marchandises et aux autres formalités, soit au bureau frontière, soit à la sortie par les ports, s'il existait de graves soupçons de fraude.

Art. 26. — Les administrations des douanes, dans les trois États, se communiqueront réciproquement les instructions et circulaires adressées à leurs agents, concernant l'exécution des présentes dispositions.

Elles prendront de concert les mesures nécessaires pour que les heures de travail des employés des douanes soient mises, autant que possible, en rapport avec les besoins sainement appréciés du service des chemins de fer.

Art. 27. — Les États dont les chemins de fer aboutissent à ceux auxquels s'applique le régime du présent règlement seront admis à participer au bénéfice de ce régime. Les stipulations de l'une des parties contractantes avec ces États seront de plein droit applicables aux deux autres.

ART. 28. — Dans le cas où l'une des parties contractantes voudrait faire cesser les effets des dispositions ci-dessus consignées, elle devrait en prévenir les deux autres, au moins six mois à l'avance.

CHAPITRE IV.

DISPOSITIONS TRANSITOIRES.

ART. 29. — Provisoirement, jusqu'à l'établissement du chemin de fer d'Anvers au Hollandsch-Diep, et sous les réserves établies à l'art. 25, les marchandises et les bagages venant de France ou de Belgique, sous le régime du présent règlement, expédiées d'Anvers par l'Escaut, en destination des Pays-Bas, ou venant des Pays-Bas par la même voie, en destination de la Belgique ou de la France, seront exempts de la visite à la frontière, tant à l'entrée qu'à la sortie de Belgique et des Pays-Bas, sous les conditions suivantes :

1° Les colis devront être plombés ou placés dans des compartiments du navire également scellés de plombs ;

2° La déclaration en détail et la levée de documents de douanes restent obligatoires.

ART. 30. — Les marchandises et les bagages expédiés conformément aux dispositions de l'art. 29 seront admis, savoir :

1° En ce qui concerne leur entrée des Pays-Bas en Belgique, à jouir du bénéfice du présent règlement pour leur destination ultérieure ;

2° En ce qui concerne leur arrivée dans les Pays-Bas, à être expédiés par l'Escaut jusqu'au lieu de leur destination, partout où il y a un bureau de douane ouvert aux importations par cette voie.

RÉGULATEUR. — Il sert à ouvrir et à fermer le passage de la vapeur de la chaudière dans les cylindres ; il se compose d'un tiroir placé sur le tuyau de prise de vapeur, qu'il ouvre ou qu'il ferme à la volonté du mécanicien. Ce tiroir affecte la forme d'un disque, appelé *papillon* dans les anciennes machines.

RELEVAGE. — (Voir *Changement de marche.*)

REMBLAIS. — Anciennement appelés terrasses; ils sont construits avec les terres provenant des déblais ou des chambres d'emprunt ou trous qu'on fait dans le terrain pour en retirer la terre, si celle provenant des déblais est insuffisante ou trop éloignée du chantier.

REMBOURSEMENT. — Une marchandise est expédiée contre remboursement quand le destinataire doit en acquitter le prix avec les frais de transport.

La plupart des Compagnies retournent *franco* aux expéditeurs la valeur représentative des colis qu'ils ont envoyés par leur entremise.

Les agents doivent examiner si la valeur réclamée en pareil cas est en rapport avec l'expédition faite.

REMISE de locomotives. — (Voir *Bâtiments accessoires. Dépôts des machines.*)

RÉPARATION des machines locomotives. — La petite réparation et la moyenne réparation se font dans les dépôts; la grande réparation se fait dans les ateliers. — La petite réparation se rapporte aux garnitures, aux joints, aux clavettes et boulons, au serrage des pistons, à la visite des boîtes à graisse, au règlement des ressorts de suspension, etc. La moyenne réparation se rapporte au remplacement des tubes et cornières, des feuilles de ressort, etc.

La grande réparation comprend les changements considérables des pièces usées ou mises hors de service, et qu'on ne peut faire exécuter successivement; ces réparations demandent un travail prolongé.

RÉQUISITION. — En terme de chemins de fer, on donne ce nom à la pièce officielle par laquelle un fonctionnaire public ayant qualité requiert un transport.

RÉSERVES. — Quand une opération quelconque présente des éventualités, les parties contractantes peuvent faire des réserves.

Ainsi les Compagnies et les destinataires ont le droit de faire ctoutes réserves, quand on leur livre des colis sonnant la scasse, ayant des manquants de poids ou de quantités, ou des avaries d'emballage.

RÉSERVOIR de vapeur. — (Voir *Prise de vapeur au dôme de prise de vapeur.*)

RÉSERVOIRS d'eau. — Prises d'eau des chaudières des locomotives.

RESSORTS de choc et de traction. — Ce sont des ressorts en lames d'acier placés sous les véhicules, et sur lesquels s'appuient les tiges des tampons. Un pareil ressort est placé sous la plate-forme de la locomotive. Ces ressorts ont pour but d'annuler le choc des véhicules les uns contre les autres au moment d'un brusque arrêt ou départ.

RESSORTS de suspension. — Dans les locomotives ils se composent de quatorze feuilles d'acier, de la bride qui embrasse ces feuilles, de la tige de support, et des boulons de suspension. Dans les voitures ces ressorts sont moins forts. Ces ressorts de suspension servent à amortir le choc des roues.

RESSORTS des segments de pistons. — Ce sont de petits ressorts qui pressent les segments des pistons contre le cylindre dans les locomotives.

RETARD des trains. — Tout retard d'au moins quinze minutes devra être annoncé à tous les postes en avant jusqu'au dépôt des machines. Avis de ces retards doit être donné par le télégraphe aux chefs de gare, qui doivent avertir les commissaires de surveillance.

RETENUES. — Quand le délai fixé par la lettre de voiture est expiré, on peut retenir à la Compagnie jusqu'au tiers des frais de transport.

En cas de manquants ou d'avaries, la Compagnie doit également transiger et indemniser l'expéditeur.

RETOURNEMENT des rails. — Le retournement

sens dessus dessous des rails ne peut avoir lieu que pour les rails symétriques. Le retournement de bout en bout est faisable avec tous les rails. On n'est d'accord ni sur les avantages, ni sur les inconvénients de cette opération.

RETOUR franco du produit de la vente des denrées. — Les retours franco ne sont généralement plus tolérés, et l'argent considéré comme article de finance subit le tarif.

ROBINETS d'épreuve. — Ce sont trois robinets placés sur la chaudière à des hauteurs différentes; ils servent à vérifier la hauteur du niveau de l'eau dans le cas où l'indicateur du niveau d'eau cesse de fonctionner.

ROBINETS de vidange et bouchons de vidange. — Ces pièces ferment des ouvertures établies dans la boîte à feu et à fumée pour le nettoyage de la chaudière, pour extraire les dépôts et pour arracher les incrustations au moyen de burins et de tringles de fer.

ROBINETS graisseurs. — Ils sont placés sur les cylindres et servent à graisser le piston et les tiroirs.

ROBINETS purgeurs. — Ils sont placés au nombre de deux sur chaque cylindre de la chaudière, et servent à enlever l'eau de condensation qui s'accumule pendant le stationnement, ou qui est entraînée pendant la marche.

ROBINET réchauffeur. — C'est le robinet qui ferme le tube réchauffeur.

RONDELLES ou bouchons fusibles. — Ce sont des morceaux de plomb et de métal fusible coulé dans un écrou en fer vissé sur la chaudière. Si le foyer se découvre par l'abaissement du niveau de l'eau, le métal fusible fond, la vapeur s'échappe, éteint le feu et prévient ainsi une explosion.

ROTULE. — Terme d'atelier pour dire tuyau à rotule. (Voir cette dernière expression.)

ROUES. — Il y a trois sortes de roues : celles en fonte, en fer, et en plaques de bois ou de fer forgé ou laminé, ou de tôle. A cause de leur grande fragilité, les roues en fonte ne sont usitées que pour les wagons à marchandises et à terrassements; les Américains continuent à s'en servir pour les voitures à voyageurs. L'économie seule est la raison de cet usage dangereux. Le pourtour ou bandage ou cercle de la roue en fonte subit, pendant la fabrication, une espèce de trempe et, dès lors, ne s'use pas facilement.

ROUES accouplées. — On accouple les roues des locomotives destinées aux transports à petite vitesse, afin d'obtenir la plus grande adhérence possible. Une barre ou bielle d'accouplement unit les roues portantes aux roues motrices, et alors les premières deviennent également motrices.

ROUES motrices ou roues menantes (ancien terme). — Ces roues reçoivent l'action directe de la tige du piston qui les fait tourner.

ROUES portantes. — On appelle ainsi les roues des locomotives qui portent simplement la machine, pour les distinguer des roues motrices et des roues accouplées.

ROULIS. — Mouvement d'oscillation de la locomotive autour d'un axe parallèle à l'axe longitudinal de la machine. Terme emprunté à la marine.

RUPTURE des rails. — Elle est attribuée à un vice de fabrication; au choc des roues à jantes usées, à un porte à faux provenant d'un support mal placé; à la cristallisation du fer résultant des vibrations; enfin à un changement brusque de température.

SABOTAGE. — C'est l'opération qui consiste à entailler les traverses pour y placer les coussinets.

SABLE. — Cette matière est employée dans les chemins de fer dans deux circonstances : comme ballast et comme moyen d'adhérence des roues des locomotives. Comme ballast, le sable doit être pur ; comme moyen d'adhérence, le sable doit être sec ; dans ce cas il se trouve sur la locomotive, et, au moyen d'une trémie et d'un tube, on le fait couler sur les rails ; on évite ainsi que les roues patinent.

SABOTS de freins. — Pièces de bois qui s'appliquent par la pression des freins contre le bandage des roues ou sur les rails pour produire le frottement nécessaire à l'arrêt.

SACS à coke. — Le coke destiné à l'alimentation de la locomotive est généralement placé dans des sacs et déposé le long de la voie sur une estrade. Cette manière d'opérer a pour but d'éviter le déchet qui résulterait d'un chargement immédiat dans le tender et d'en mesurer la quantité qui est livrée au mécanicien.

SAISIES opérées par les agents de l'autorité sur des marchandises confiées à la Compagnie par des tiers. — Les employés ne peuvent se prêter aux saisies que lorsque la qualité de l'agent de l'autorité est reconnue.

Ils ne doivent livrer les marchandises sans en exiger décharge, et sans recevoir le montant de ce qui est dû à la Compagnie, à moins qu'il ne s'agisse d'un objet prohibé.

SALLES d'attente. — Salles destinées à recevoir les voyageurs.

Elles doivent être toujours entretenues avec beaucoup de soins et de propreté.

Le chauffage et l'aérage doivent être l'objet de recommandations spéciales.

Les salles d'attente ne sont ouvertes qu'aux personnes munies de billets réguliers délivrés par les bureaux ou de cartes de circulation.

Les chiens ne peuvent être introduits dans ces salles. Il faut les remettre aux employés.

SECTEUR. — Deux barres de fer cintrées en arc de cercle embrassent le levier de changement de marche et lui servent de guide. Ces deux barres réunies s'appellent : *secteur du changement de marche.*

SEGMENTS métalliques. — Ils sont intercalés entre les deux plateaux du piston du cylindre pour former joint ; ils sont appliqués à frottement doux contre les parois du cylindre ; et sont pressés par des coins au moyen de ressorts qui les écartent pour les maintenir en contact avec le cylindre.

SERRAGE. — Opération spéciale qui consiste à serrer les bandages sur les jantes des roues.

SERRE-RAILS. — Morceaux de bois fixés sur la traverse pour retenir le rail en place. C'est un nouveau système d'attache de rail en usage sur quelques lignes françaises.

SERVICE des dépôts. — Ce service comprend l'allumage des machines et leur alimentation, le chargement du tender, l'extinction des foyers, la visite et la réparation des machines ; il forme une des branches les plus importantes de la traction. L'ingénieur préposé, sous le titre de chef de dépôt, a sous ses ordres les mécaniciens, les chauffeurs, les ouvriers. Quand des réparations importantes sont reconnues nécessaires dans la machine, pendant la visite au dépôt, on la fait rentrer dans les ateliers de réparation.

SERVICE de santé. — Il est organisé pour chaque Compagnie un service de santé se composant d'un médecin principal et de médecins de circonscription en nombre suffisant sur toute l'étendue de la ligne. Le médecin principal et les médecins de circonscription sont nommés par le Conseil d'administration sur la proposition du directeur de la Compagnie.

Outre ces médecins titulaires, des médecins consultants ou honoraires et des médecins adjoints peuvent être nommés d'après le même mode que les médecins titulaires, lorsque les circonstances l'exigent ou que le service d'une circonscription se trouve trop chargé.

Les médecins titulaires doivent être tous docteurs en médecine ; les médecins adjoints peuvent être choisis parmi les officiers de santé.

Les médecins de la Compagnie sont tenus de donner tous les jours des consultations aux employés qui ont à réclamer leurs soins.

Les maladies ou blessures survenues aux employés par suite de leurs fonctions, leur donnent droit aux soins gratuits du médecin de la Compagnie.

Chaque médecin tient jour par jour un registre constatant l'état sanitaire des employés de son ressort.

Une boîte de secours est déposée dans les principales stations, ainsi qu'un brancard propre à transporter les malades et les blessés.

Lorsqu'il arrive un accident, le médecin le plus proche doit être appelé pour donner les premiers secours.

En l'absence de tout médecin, tous les employés présents à l'accident doivent observer l'instruction rédigée par le médecin principal concernant les premiers soins à donner aux blessés, et dont plusieurs exemplaires sont déposés dans chaque gare.

Le médecin principal centralise, sous l'autorité du directeur, le service de toutes les circonscriptions médicales de la ligne. Les médecins de circonscription sont nommés sur sa proposition.

En cas de blessure ou de maladie grave survenue à un employé, il se transporte lui-même sur les lieux pour diriger toutes les mesures à prendre.

Le médecin principal inspecte, une ou deux fois par an, les établissements de la Compagnie, et constate les résultats de ses inspections dans un rapport dans lequel sont indiqués le nombre des malades et la nature des maladies.

Une fois par semaine, les médecins des circonscriptions adressent au médecin principal un rapport sur l'état sanitaire de leur circonscription.

SERVICE de secours. — En cas d'accident on envoie des machines isolées sur la ligne, naturellement en dehors des heures réglementaires et sans avis préalable, pour aller remorquer le train en détresse.

SERVICE des entrepôts de dépêches établis dans les gares et stations. — Ce service est réglé par les instructions suivantes de l'administration des postes.

« L'entrepreneur est chargé d'échanger avec les courriers de l'ad-
» ministration transportés par les convois de chemin de fer, les dé-
» pêches de et pour les bureaux de poste desservis par la station.
» Cet échange doit s'effectuer au compartiment de wagon occupé
» par les courriers, et sans déplacement de la part de ceux-ci.

» L'entreposeur expédie et reçoit, en outre, les courriers d'entre-
» prises chargé du transport des dépêches entre la station et les bu-
» reaux qui y sont reliés. Il remplit les *parts* (feuilles de route) de
» ces courriers et y constate exactement les heures de départ et
» d'arrivée desdits courriers. L'entreposeur est approvisionné de parts
» en blanc par les directeurs des bureaux de poste où aboutissent les
» courriers partant de la station ; il renvoie, chaque jour, par le pre-
» mier ordinaire, à chacun de ces directeurs, les parts ayant servi la
» veille. Les dépêches doivent être déposées, pendant l'intervalle de
» leur réexpédition, dans un coffre spécial fermant à la clef, établi
» dans les bureaux de la station et placé sous la surveillance immé-
» diate de l'entreposeur. »

SERVICE du télégraphe. — Nous ne voulons parler ici que de la partie de ce service qui concerne la transmission des dépêches intéressant le service du mouvement des trains.

Le télégraphe électrique est aujourd'hui d'un usage universel sur les lignes qu'il côtoie.

Lorsqu'un train part d'une station, la nouvelle de son départ est transmise instantanément à la station suivante par le fil électrique. L'heure de l'expédition de cette dépêche et celle de sa réception sont inscrites sur des registres déposés pour cet usage dans les stations. Si un accident vient à se produire sur un point de la station, avis en est donné par le même moyen, de station en station, jusqu'à la gare principale.

Les communications, et en général toutes celles qui intéressent spécialement le service, ne doivent jamais être faites, à moins d'absolue nécessité, par le fil omnibus réservé pour la correspondance publique, ni par celui qui est consacré à la transmission des dépêches du gouvernement. Nous croyons intéressant de reproduire ici comme type, l'ordre général, relatif à ce service, d'une des dernières lignes en exploitation.

CHAPITRE Ier.

DISPOSITIONS GÉNÉRALES DU SERVICE.

ART. Ier. — Le service télégraphique relève provisoirement du Chef du Mouvement.

Il se compose :

Du service intérieur des postes,

Du service extérieur de la ligne.

ART. 2. — Le service de la Compagnie est étranger à celui des dépêches officielles ou privées, fait par les Agents de l'État, qui reçoivent à cet égard des instructions directes de l'Administration des lignes télégraphiques.

ART. 3. — La ligne électrique dessert trois services principaux de transmissions télégraphiques :

1° LA TRANSMISSION DES DÉPÊCHES : télégraphe à cadran : fil direct, 3e fil; fil omnibus, 4e fil;

2° LA DEMANDE DE SECOURS : appareil de secours, 5e fil; télégraphe mobile, 6e fil;

3° L'INDICATION DE LA MARCHE DES TRAINS : 1er et 2e fils.

Les fils sont comptés à partir du haut.

ART. 4. — La ligne est partagée en SECTIONS TÉLÉGRAPHIQUES, dont l'étendue est fixée par le Directeur de l'Exploitation. A chaque section est attaché un INSPECTEUR DU TÉLÉGRAPHE.

ART. 5. — L'Inspecteur du Télégraphe est directement placé sous les ordres du Chef du Mouvement.

Il a autorité sur le personnel télégraphique de sa section.

Il est chargé de la surveillance et de l'entretien des postes et de la ligne.

Art. 6.— Le service intérieur des postes télégraphiques est confié à des STATIONNAIRES.

Le Ministre désigne les points de la ligne où le service est fait par des Stationnaires de l'État. Dans les autres postes, le service est fait, sur les points importants, par des Stationnaires de la Compagnie; sur les autres, par des Agents de la Compagnie, qui cumulent les fonctions de Stationnaires avec celles qu'ils remplissent dans le service actif.

Art. 7. — Les Chefs de train et Gardes-freins sont chargés de la manœuvre des télégraphes mobiles et de celle des appareils de secours distribués sur la ligne.

Art. 8. — Les sections télégraphiques se divisent en subdivisions, dont l'étendue est réglée par le Directeur de l'Exploitation, sur la proposition du Chef du Mouvement.

Les subdivisions ne se rapportent qu'au service extérieur de la ligne.

Un SURVEILLANT du télégraphe est affecté à la surveillance et à l'entretien de chaque subdivision.

Chaque SURVEILLANT habite, à ses frais, en un point de sa subdivision désigné par le Chef du Mouvement.

CHAPITRE II.

SERVICE DES DÉPÊCHES TÉLÉGRAPHIQUES.

Art. 9. — Les postes télégraphiques ne doivent jamais être abandonnés.

Lorsqu'un Stationnaire s'éloigne assez de son poste pour n'être pas certain d'entendre marcher les sonneries, il est tenu de placer sous sa responsabilité une personne de confiance chargée de l'avertir dès que les sonneries ou les appareils fonctionnent.

Art. 10.— Les Stationnaires gardent le secret des dépêches. Toute infraction à cette règle peut entrainer leur destitution.

Art. 11. — Il est expressément défendu à tout Stationnaire de transmettre une dépêche qui lui est donnée de vive voix.

Les dépêches doivent être écrites lisiblement à l'encre, et signées. Les mots rayés sont approuvés comme nuls.

Elles doivent être conçues avec brièveté et ne se rapporter qu'aux affaires pour lesquelles l'usage du télégraphe est indispensable. Les détails d'affaires sont, à moins d'urgence, transmis par correspondance écrite et non par le télégraphe.

Les postes télégraphiques sont pourvus des imprimés Form. 15 à la disposition des expéditeurs.

ART. 12. — Sont autorisés à entrer dans les postes télégraphiques et à présenter des dépêches, pour être transmises par le télégraphe :

1° DANS LA COMPAGNIE :

MM. les Membres du Conseil d'Administration; les Membres du Comité des Travaux ;

le Directeur de l'exploitation ;

l'Ingénieur en chef et les Ingénieurs ordinaires de la construction ;

l'Ingénieur en chef, les Ingénieurs ordinaires et les Inspecteurs du Matériel de la Traction ;

l'Ingénieur en chef et les Ingénieurs ordinaires de la Voie ;

le Chef et les Inspecteurs du Mouvement ;

le Conseil de la Compagnie ;

l'Ingénieur de l'Exploitation ;

les Chefs, Sous-Chefs de la gare et les Chefs de station dans l'exercice de leurs fonctions, ou les Agents par eux délégués, sous leur responsabilité pour les transmissions de leur service ;

les Chefs de dépôt ;

les Chefs et les Inspecteurs de la comptabilité ;

le Chef du Service commercial et l'Inspecteur du trafic ;

le Chef du Service des correspondances ;

les Médecins de la Compagnie ;

l'Ingénieur chargé de la pose du télégraphe ;

les Agents de la Compagnie, porteurs d'une autorisation spéciale du Directeur, et valable pour une fois seulement.

2° EN DEHORS DE LA COMPAGNIE :

MM. les Fonctionnaires de l'Administration des lignes télégraphiques ;

l'Ingénieur en chef du Contrôle et les Commissaires de surveillance administrative ;

les Fonctionnaires publics à qui l'État concède le droit de correspondre.

Art. 13.— Sont seuls autorisés à entrer dans les Postes, les Agents porteurs de dépêches émanées des personnes ci-dessus qualifiées.

Art. 14. — Les dépêches présentées par les personnes ci-dessus qualifiées, peuvent être transmises immédiatement si l'expéditeur est connu du Stationnaire. Dans le cas contraire, le Stationnaire doit exiger le visa de la dépêche par le Chef, Sous-Chef de gare, Chef de station, ou par un autre Agent supérieur de la Compagnie, à lui connu.

Le Stationnaire est responsable, devant la Compagnie, de toute erreur commise à cet égard.

Art. 15. — Le visa des dépêches par les Chefs de gare ou station n'engage pas leur responsabilité, quant au contenu de la dépêche. Il ne sert qu'à accréditer, auprès des Stationnaires, l'Agent autorisé à transmettre.

Art. 16.— Tout expéditeur de dépêches est responsable des conséquences de ses dépêches.

Art. 17. — Les dépêches de la Compagnie sont transmises par le Stationnaire, dans l'ordre de leur arrivée au poste télégraphique. Le Chef de gare peut autoriser, sous sa responsabilité, une permutation dans l'ordre de transmission des dépêches, lorsqu'il s'agit d'une dépêche urgente, et que le retard que subissent les autres dépêches ne compromet en rien la sécurité des trains.

Art. 18.— Les dépêches du Gouvernement ont la priorité sur celles de la Compagnie en dehors des cas urgents où tout retard pourrait compromettre la sécurité des trains. L'expéditeur s'entend à cet égard avec les Stationnaires. En cas de différend, il donne ses raisons par écrit, et le Stationnaire est seul juge, sous sa propre responsabilité, devant la Compagnie, l'État ou les tribunaux.

Art. 19. — Les Chefs de station doivent transmettre les dépêches télégraphiques qui leur sont présentées par les autorités locales auxquelles l'État concède le droit de correspondre lorsqu'elles le requièrent par écrit.

Dans les postes où existe une Direction télégraphique, la transmission ne peut avoir lieu que sur la réquisition du Directeur du télégraphe.

S'il existe au poste d'arrivée une Direction télégraphique, ces dépêches sont adressées au Directeur du télégraphe, qui les transmet aux destinataires.

Art. 20. — Lorsque la transmission télégraphique est interrompue pendant plus d'une demi-heure, le Stationnaire donne connaissance du dérangement au Chef de gare, et lui fait connaitre les noms des expéditeurs dont les dépêches ne peuvent être transmises.

Le Chef de gare prévient immédiatement ces derniers.

Si le dérangement est relevé, les expéditeurs sont avisés par le Chef de gare du départ de leurs dépêches.

Art. 21. — Les dépêches reçues sont écrites par les Stationnaires sur un bulletin qu'ils doivent signer. Ils ne portent les dépêches aux destinataires qu'autant que ces derniers demeurent dans la gare.

Dans les gares importantes, un timbre fait communiquer le poste du télégraphe avec la gare des marchandises, et sert à avertir le Chef de cette gare de l'arrivée d'une dépêche qui le concerne.

Toute dépêche dont le destinataire n'est pas à proximité du poste, sauf le cas qui vient d'être énoncé et les cas d'extrême urgence, est remise au Chef de gare, lequel est tenu de la faire parvenir à destination.

Art. 22. — Conformément à l'arrêté ministériel du 2 juin 1854 (art. 7), toutes les dépêches transmises et reçues sont inscrites sur un registre spécial.

Les Stationnaires y indiquent, outre le texte de la dépêche, l'heure et la minute du début et de la fin de la dépêche. Les minutes sont comptées par fractions indivisibles de 5.

Ce registre peut être contrôlé par MM. les fonctionnaires du Gouvernement et par l'Inspecteur de la Compagnie, ou tout autre Agent supérieur autorisé par le Directeur de l'Exploitation.

Art. 23. — Les Stationnaires adressent chaque jour, au Chef du Mouvement, un procès-verbal de leurs transmissions. Ils adressent également chaque jour, à l'Inspecteur, un bulletin journalier sur lequel ils inscrivent toutes les irrégularités du service.

L'Inspecteur adresse ce bulletin au Chef du Mouvement, avec ses observations à l'encre rouge et son visa.

Art. 24. — Sont considérés comme irrégularités de service :

Les mélanges,
Les attaques non suivies de réponse,   } durant plus
Les interruptions pour variation de courant, } de
Les mises à la terre pour cause d'orage,   } cinq minutes

Art. 25. — En aucun cas, le service des transmissions concernant l'État ou la Compagnie, ne peut être subordonné à l'obligation im-

c posée aux Stationnaires de dresser leurs procès-verbaux et bulletins
journaliers. Le retard dans l'envoi de ces pièces ne peut excéder
un jour. Les Stationnaires sont tenus de compléter ce travail, pendant qu'ils sont relevés de leur service.

CHAPITRE III.

Usage des Appareils.

§ 1ᵉʳ. — TÉLÉGRAPHE A CADRAN.

ART. 26. —Les dépêches télégraphiques ordinaires sont transmises
par le télégraphe à cadran. On distingue dans la transmission d'une
dépêche : 1° les mots ordinaires ; 2° les chiffres ; 3° les mots portés
sur le tableau d'abréviation.

ART. 27. — La transmission des mots s'effectue par la repro-
duction fidèle de toutes les lettres qui les composent. Pour chacune
d'elles, on fait entrer la manivelle dans le cran qui lui correspond.
On revient à la croix à la fin de chaque mot.

Le poste qui transmet marque un temps d'arrêt par période de
trois à quatre mots ; le poste qui reçoit donne à la fin de chaque période un tour de cadran qui indique qu'il a compris, écrit, et que
l'on peut continuer.

ART. 28. — La transmission des chiffres est précédée et suivie de
deux tours de cadran.

ART. 29. — La transmission de phrases et indicatifs contenus dans
le tableau d'abréviations, est précédée et suivie du signe ✝ M ✝.

ART. 30. — Le tableau d'abréviations contient quatre séries de
signes abréviatifs :

1° Ceux qui indiquent les heures et minutes du commencement
et de la fin des dépêches ;

2° Ceux relatifs à quelques abréviations spéciales ou à quelques
mots d'usage fréquent ;

3° Ceux qui désignent les voitures ;

4° Ceux des phrases abrégées et des INDICATIFS OU NOMS ABRÉGÉS
des postes.

ART. 31. — Les seules abréviations permises sont celles inscrites
sur le tableau.

Le tableau d'abréviations est arrêté par le Directeur de l'Exploitation et ne peut subir de modifications qu'avec son assentiment.

Art. 32. — A l'état de repos, le Stationnaire s'assure que le commutateur de la ligne du manipulateur est sur le contact de la sonnerie. Au moment de transmettre, il dirige, si elles ne le sont déjà, les pointes des aiguilles de l'inverseur dans la direction du poste avec lequel il veut correspondre, met le commutateur de ligne sur le contact du récepteur, et commence sa transmission.

Art. 33. — Le début d'une transmission entre deux postes, 1 et 2, s'effectue invariablement de la manière suivante :

Le poste 1 donne un tour de cadran pour signal d'avertissement. La sonnerie du poste 2 fonctionne au même instant, et le mot Répondez apparaît. Dès qu'elle est arrêtée, le poste 1 fait disparaitre le mot Répondez. Il met le commutateur de ligne correspondant au côté qui l'a appelé sur le contact du récepteur, et donne un tour de cadran pour réponse et signe de présence. S'il est prêt à recevoir, il n'ajoute rien ; s'il est occupé à transmettre d'un autre côté il donne Attente (ATT ⊹).

Dans le premier cas, le poste 2 transmet.

Dans le deuxième, il attend.

Art. 34. — Lorsque deux postes sont prêts à communiquer, celui qui attaque se nomme par son Indicatif (inscrit au tableau d'abréviations).

Celui qui reçoit se nomme à son tour par le sien.

Le premier fait connaître l'heure et la minute (tableau d'abréviations), puis l'adresse de la dépêche, pour laquelle il se conforme à ce tableau, s'il y a lieu. Il commence ensuite à transmettre.

Art. 35. — La fin d'une dépêche est indiquée par le signe Z ⊹ Z ⊹.

Le poste qui le reçoit accuse réception de la dépêche par le signe YZ ⊹.

Le poste qui transmet répond à ce signe par le mot Bien (B ⊹), et la transmission cesse.

Art. 36. — Les Stationnaires sont responsables des dépêches dont ils n'auraient pas reçu l'accusé de réception par le signe indiqué à l'article 35. Si l'accusé de réception n'est pas exactement donné, il doit être réclamé jusqu'à ce qu'il arrive correctement.

Art. 37. — Si, après une première attaque, le correspondant ne répond pas immédiatement, le Stationnaire fait entrer la manivelle dans un cran impair, pour faire passer le courant sur la ligne et s'assurer à l'inspection de la boussole, qu'il passe réellement et sans perte à la terre. Il attaque de nouveau jusqu'à ce qu'il ait obtenu une réponse.

Art. 38. — Lorsque l'aiguille d'un récepteur ne fonctionne pas régulièrement, soit au début, soit dans le cours d'une réception de dépêche, le poste qui reçoit TOURNE, c'est-à-dire donne, sans s'arrêter, huit à dix tours de cadran. Le correspondant profite de la rotation de son aiguille pour la régler, s'il est nécessaire, et, dans tous les cas, il TOURNE à son tour pour que le poste qui a commencé cette manœuvre puisse se régler. Cela fait, chacun des deux postes se remet à la croix ; le poste qui reçoit donne RÉPÉTEZ (R +) s'il n'a encore rien compris, et, dans le cas contraire, donne le dernier mot qu'il a reçu correctement. Son correspondant est ainsi averti du point d'où il doit reprendre la dépêche.

Art. 39. — Pour régler l'aiguille du récepteur, si elle s'arrête sur les chiffres impairs, on tourne la clef de réglage de gauche à droite ; si elle s'arrête sur les chiffres pairs, on tourne la clef en sens inverse.

Art. 40. — Si pendant que le poste 2 travaille avec le poste 1, le poste 3 l'attaque, le poste 2 donne ATTENTE (ATT) au poste 1, se met en communication avec le poste 3, et lui donne ATTENTE (ATT +). Le poste 3 répond BIEN (B +). Le poste 2 se remet en communication avec le poste 1, pour continuer son travail un instant interrompu, et communique avec le poste 3, après avoir terminé avec le poste 1.

Néanmoins, si la dépêche du poste 3 est très-importante, ce poste répond au poste 2, au lieu du mot BIEN (B +), le mot URGENTE, qu'il transmet en toutes lettres. Le poste 2 laisse alors le poste 1 sur l'attente et reçoit la dépêche du poste 3, à moins que l'urgence de la dépêche du poste 2 ne fasse donner ATTENTE (ATT +) au poste 3, en réponse au mot URGENTE.

Art. 41. — Les dépêches sont, autant que possible, transmises directement par le poste d'où elles émanent au poste destinataire.

Lorsque ces deux postes sont séparés par plusieurs postes intermédiaires, le poste expéditeur leur demande d'établir la COMMUNICATION DIRECTE.

Art. 42. — La demande de communication directe s'effectue invariablement de la manière suivante :

Le poste 1, par exemple, veut communiquer avec le poste 5, dont il est séparé par les postes 2, 3 et 4.

1ᵉʳ CAS : Le poste auquel le poste 1 s'adresse n'a que deux directions :

Le poste 1 demande : DIRECTE.

Si le poste 2 n'est pas occupé, il répond : ACCORDÉ DIRECTE en toutes lettres.

Si le poste 2 est occupé, il donne ATTENTE (ATT ┼) à son correspondant, donne ensuite ATTENTE (ATT ┼) au poste 1, reprend son travail avec son correspondant, et, quand il l'a terminé, transmet au poste 1 les mots : ACCORDÉ DIRECTE.

Dès que le poste 2 a transmis ces mots, il établit la communication.

Le poste 1 transmet la même demande successivement aux postes 3 et 4, avec lesquels il est mis en communication jusqu'à ce qu'il communique avec le poste 5.

2ᵉ CAS : Le poste auquel le poste 1 s'adresse a plusieurs directions.

La transmission s'effectue de la même manière. Seulement, dans ce cas, le mot DIRECTE est suivi du nom ou de l'indicatif du poste avec lequel le poste 1 veut correspondre.

ART. 43. — Si plusieurs postes ont accordé la communication directe au poste qui l'a demandée, et si celui-ci ne peut arriver jusqu'à celui avec lequel il veut communiquer, il transmet sa dépêche à celui avec lequel il communique, lequel, à son tour, la transmet, soit directement, soit de poste en poste, au poste destinataire.

ART. 44. — Les postes de dépôt étant reliés entre eux par le fil direct, lorsqu'une dépêche a pour points de départ et d'arrivée des postes rapprochés de dépôts, il convient, au lieu de l'adresser de poste en poste ou par communication directe, de l'adresser au dépôt voisin ; ce dépôt la transmet par le fil direct au dépôt correspondant, lequel la fait parvenir à destination par le fil omnibus.

ART. 45. — Lorsqu'un poste qui transmet par communication directe veut avertir les postes intermédiaires que son travail est terminé et qu'ils peuvent rentrer dans le circuit, il place les pointes des aiguilles de l'inverseur dans la direction contraire de leur position de correspondance, et donne un tour de manivelle du manipulateur pour faire fonctionner les communicateurs qui déclanchent les sonneries. Aussitôt, ces postes rentrent en communication les uns avec les autres, et échangent leurs indicatifs pour s'assurer que la communication est relevée entre les points extrèmes qui correspondaient.

Le 1er poste replace son inverseur dans la position de correspondance.

Art. 46. — Si un poste doit transmettre une dépêche urgente à un poste qui est en communication directe, il interrompt cette communication par son inverseur, ou bien la fait interrompre par son correspondant.

Art. 47. — Si un poste qui est en communication directe doit transmettre une dépêche urgente, il interrompt cette communication, fait connaitre des deux côtés le motif de l'interruption par les mots COUPÉ PAR URGENCE, et transmet ensuite.

Art. 48. — Les appareils du fil omnibus, dans les dépôts, étant disposés de façon à ne pouvoir donner la communication directe par ce fil, il est expressément interdit aux Stationnaires de ces postes de chercher à l'établir par l'interposition de fils.

Art. 49. — Il est expressément défendu à tout Stationnaire de se mettre sur bois.

Art. 50. — En temps d'orage, on se met à terre en plaçant le commutateur de ligne du manipulateur sur le contact G de la sonnerie ; mais pour éviter, autant que possible, de prolonger cette interruption, on essaie par intervalles de communiquer.

Art. 51. — Dès qu'un poste, après avoir attaqué son correspondant, ne reçoit aucune réponse, il met sa manivelle dans un cran impair et regarde la boussole.

Si l'aiguille ne dévie pas, le circuit est interrompu.

Si elle dévie brusquement avec grand écart de sa position primitive, c'est-à-dire si elle RENVERSE, il y a communication de circuit avec la terre.

Le courant passe dans de bonnes conditions si la déviation est entre 15° et 45°.

La manivelle est remise à la croix après que la boussole a été observée.

Art. 52. — Dès qu'une interruption du circuit est manifestée par les indications de la boussole, le premier soin du Stationnaire **est** de rechercher si cette interruption existe dans l'intérieur du poste ou sur la ligne.

Pour le reconnaître, il réunit, par une partie métallique, les deux boutons supérieurs du paratonnerre. Si l'aiguille de la boussole dévie, l'interruption est extérieure. Si elle ne bouge pas, le circuit **est** interrompu dans l'intérieur du poste.

Art. 53. — Lorsque le circuit est interrompu dans l'intérieur d'un poste, le Stationnaire maintient réunis, par une partie métallique, les deux boutons supérieurs du paratonnerre, comme il est dit à l'article précédent, et examine en premier lieu si la boussole dévie, lorsqu'il réunit par un fil métallique les deux vis de pression placées sur les deux extrémités de la tige du paratonnerre, auquel cas le dérangement provient de la rupture du fil intérieur de la tige.

Il doit alors enlever le tube après avoir desserré les vis qui le fixent, et le remplacer par un tube analogue ou une tige métallique.

Dans le cas contraire, si la boussole ne bouge pas, il examine la pile pour s'assurer de sa continuité , puis l'attache des divers fils de l'appareil, pour vérifier s'ils sont bien maintenus par leur vis de pression.

Il suit avec soin, et, autant que possible, avec la main, toute la partie du circuit comprise dans l'intérieur du poste.

Lorsque ces recherches sont infructueuses, il doit se mettre en communication directe pour ne pas interrompre le service des autres stations, et en donner de suite avis, par la voie la plus prompte, à l'Inspecteur, au surveillant du télégraphe et au chef de gare.

Art. 54. — Afin d'éviter autant que possible les dérangements dus au mauvais entretien des appareils, les Stationnaires sont tenus chaque matin de les épousseter au plumeau, d'en frotter toutes les parties métalliques avec une peau de chamois, et de s'assurer qu'elles sont toujours en parfait état de propreté.

Des primes seront allouées, sur la proposition de l'Inspecteur, aux Stationnaires qui auront entretenu le plus soigneusement leurs postes.

Art. 55. — Il est déposé, dans chaque poste, un nombre d'appareils de rechange déterminé par l'Inspecteur.

Art. 56. — Lorsqu'un appareil ne fonctionne pas, il est expressément défendu au Stationnaire d'en enlever la boîte pour régler le mécanisme intérieur. Il se borne à lui substituer un des appareils de rechange.

Art. 57. — Quand la durée d'un dérangement dépasse une demi-heure, le Stationnaire, après s'être assuré que le dérangement n'existe pas dans l'intérieur du poste, en informe, par la voie la plus prompte, l'Inspecteur, le Surveillant du télégraphe et le Chef de gare.

§ II. — APPAREILS DE SECOURS.

Art. 58. — Lorsqu'un train arrêté sur un point de la ligne est dans l'impossibilité de continuer sa route, c'est-à-dire lorsqu'il est en DÉTRESSE, le Chef de train, après avoir fait couvrir son train des deux côtés par les signaux réglementaires, adresse une demande de secours par le télégraphe.

Cette demande s'effectue : 1° par l'appareil de secours ; 2° par le télégraphe mobile (1).

Art. 59. — Le Chef de train envoie immédiatement un Garde-frein au plus prochain appareil de secours pour le manœuvrer. Pendant ce temps, il se dispose à faire usage du télégraphe mobile, ou en confie la manœuvre à un Garde-frein.

Art. 60. — Pour faire usage du télégraphe mobile, le Chef de train développe la canne du télégraphe, attache à son extrémité le fil de la bobine d'arrière, et accroche la canne au sixième fil de la ligne ; il attache ensuite le fil de la bobine d'avant au petit coin en fer qu'il met dans le joint de deux rails pour établir la communication à la terre.

Art. 61. — Le Chef de train, dès qu'il a disposé son télégraphe pour la transmission, donne un tour de manivelle pour avertir le Stationnaire du poste de dépôt. Il est possible qu'on lui réponde

---

(1) Le télégraphe mobile de la Compagnie du Midi diffère des télégraphes mobiles ordinaires en ce qu'il n'est pas muni de pile. En outre, le fil de ligne qui lui correspond EST COUPÉ AU MILIEU DE L'INTERVALLE DE DEUX DÉPOTS, et le met toujours, quel que soit le point de la ligne où l'arrêt d'un train ait lieu, en communication avec le dépôt le plus voisin.

LE FIL DE L'APPAREIL DE SECOURS EST ÉGALEMENT COUPÉ AU MÊME POINT.

Les poteaux où ces ruptures ont lieu portent un signe particulier.

avant qu'il n'ait touché la manivelle, attendu que la sonnerie du dépôt fonctionne dès qu'il établit la communication de la ligne avec la terre. Le Chef de train ne doit pas tenir compte de cette réponse ; il attaque son correspondant lorsqu'il est prêt à manœuvrer, et ne transmet sa dépêche qu'après avoir reçu le tour d'aiguille provoqué par son attaque.

ART. 62. — Dès que la sonnerie du poste de dépôt fonctionne, l'agent de ce poste met l'aiguille de son récepteur au Z, et place le commutateur de ligne sur le bouton du récepteur (ce changement de commutateur remet l'aiguille du récepteur à la croix); il donne ensuite un tour de manivelle pour avertir qu'il est prêt à correspondre. La transmission s'opère ensuite d'après les règles ordinaires.

Le Chef de train donne pour son indicatif : MOBILE.

ART. 63. — Lorsque, dans une transmission par le télégraphe mobile, l'agent qui reçoit ne peut comprendre la dépêche transmise, il donne un tour de manivelle et s'arrête au Z un instant. Immédiatement, les aiguilles des récepteurs s'arrêtent dans chaque poste. L'agent qui transmet met sa manivelle à la croix, ainsi que son aiguille, et il attend; l'agent qui reçoit met son aiguille à la croix, et donne les signaux ordinaires pour faire répéter. La transmission reprend alors son cours.

ART. 64. — Le chef de train, après avoir fait connaître le motif de son arrêt et l'objet de sa demande, prévient toujours qu'il a envoyé manœuvrer l'appareil de secours du point kilométrique n°   . (Indiquer le numéro.)

ART. 65. — Afin d'éviter que, par l'emploi simultané du télégraphe mobile et des appareils de secours, on n'adresse la demande à deux dépôts différents, le Garde-frein envoyé à l'appareil de secours aura soin d'examiner, en s'y rendant, s'il rencontre le poteau où les fils sont coupés.

1° S'il le rencontre avant d'arriver à la guérite, il retourne immédiatement sur ses pas, dépasse le train, et va manœuvrer l'appareil de secours enfermé dans la guérite placée au delà;

2° S'il ne le rencontre pas, il manœuvre l'appareil placé dans la guérite.

Cette manœuvre consiste à donner un tour de manivelle.

Si, après cinq minutes d'attente, le Garde-frein ne reçoit pas de réponse, il retourne à son train.

Le renversement de l'aiguille indique la réception du signal.

Art. 66. — La transmission par l'appareil de secours s'opère invariablement de la manière suivante :

Le Garde-frein donne exactement un tour de manivelle du manipulateur. Ce tour de manivelle fait fonctionner la sonnerie du poste du dépôt, et fait connaître, par l'indication de l'aiguille du récepteur de secours, le point où le train est arrêté.

Dès que le Stationnaire du poste de dépôt entend la sonnerie de secours, il abandonne son travail, s'il est occupé ailleurs, tourne la manivelle du commutateur à fourchette, arrête sa sonnerie en poussant le levier, et, après avoir remis au chiffre 36 l'aiguille du récepteur, il renverse et replace une fois les aiguilles de l'inverseur, puis il attend la répétition du signal.

Le Garde-frein, après son premier tour de manivelle, fixe les yeux sur l'avertisseur et attend que l'aiguille oscille.

Dès que cette oscillation se manifeste, il répète le tour de manivelle, et le dépôt à son tour répète sa manœuvre.

Art. 67. — Si l'accident exige l'addition du wagon de secours, la transmission est répétée une troisième fois.

S'il y a des blessés et que la présence d'un médecin soit nécessaire, on la répète une quatrième fois.

A chaque fois, le Stationnaire du dépôt donne le signal de réception.

Art. 68. — Dès que le Stationnaire du dépôt a reçu avis de la demande de secours, il donne par écrit l'indication de la dépêche qu'il a reçue au Chef de gare, sur un imprimé Form. 24.

Cette formule donne la date, l'heure, la minute, la nature de la demande, et le numéro kilométrique du point d'où est partie cette demande.

En l'absence du Chef ou du Sous-Chef de gare, le Stationnaire porte lui-même la dépêche au Chef de dépôt, ou, à son défaut, au mécanicien. Il en retire un reçu portant l'indication textuelle de la dépêche.

Art. 69. — Les appareils de secours fonctionnant par courants continus, les dérangements produisent les effets suivants :

1o Lorsque le fil n'a plus de communication avec la terre, la sonnerie se met en marche ainsi que l'aiguille du récepteur, et celle-ci s'arrête sur le trait qui sépare la croix du premier chiffre.

2° Si le fil rompu touche la terre, l'aiguille du récepteur s'arrête sur un chiffre après avoir fait plusieurs sauts, et indique ainsi une demande de secours. Le Stationnaire donne alors le signal de réception; et comme il ne reçoit pas de répétition, il est certain que l'appareil a fonctionné pour la cause signalée ci-dessus.

Dans ces divers cas, le Stationnaire isole la sonnerie de la partie de l'appareil qui est dérangée en tournant la manivelle du commutateur à fourchette, de telle sorte qu'elle ne touche que le bouton correspondant au côté en état de fonctionner.

Le Stationnaire, après s'être assuré que le dérangement n'existe pas dans le poste, en avertit immédiatement l'Inspecteur, le Surveillant du télégraphe et le Chef de gare.

ART. 70. — Un extrait des dispositions contenues dans le § II est affiché dans toutes les guérites de la ligne qui renferment les appareils de secours et dans tous les postes de dépôt.

§ III. — INDICATEURS DE MARCHE.

(La manœuvre des indicateurs de marche fera l'objet d'une instruction ultérieure.)

§ IV. — SERVICE DE LA PILE.

ART. 71. — Quand un poste est occupé par plusieurs Stationnaires, ils sont tour à tour responsables du service de la pile pendant un mois, suivant un roulement fixé par l'Inspecteur.

Ce roulement est affiché dans le poste.

Le Stationnaire responsable monte et entretient la pile en bon état dans le mois.

ART. 72. — Le Stationnaire qui prend le service de la pile vérifie si elle lui est remise en bon état. Dans le cas contraire, il en donne avis à l'Inspecteur.

ART. 73. — Dans chaque poste, un Stationnaire désigné par l'Inspecteur est chargé spécialement de la comptabilité du matériel destiné à l'entretien de la pile, et dont il est seul responsable.

Il tient, à cet effet, un registre sur lequel il inscrit les objets et matières dont il a reçu le dépôt et qu'il fait servir à la mise en activité de la pile.

Art. 74. — L'inspecteur fixe le nombre total d'éléments dont se compose chaque pile.

Le nombre d'éléments actifs employés varie dans chaque cas de transmission, suivant la marche des appareils.

Art. 75. — Lorsqu'un Stationnaire qui reçoit une dépêche demande à son correspondant d'AUGMENTER ou de DIMINUER la pile, ce correspondant est tenu de le faire, sauf le cas de force majeure.

Art. 76. — Les vases de la pile sont essuyés chaque matin avec le plus grand soin pour éviter les cristallisations qui tendent à se former à leur partie supérieure.

Art. 77. — Il faut ajouter dans les vases poreux des cristaux de sulfate de cuivre au fur et à mesure de leur disparition.

Ces vases doivent toujours contenir des cristaux non dissous.

Les liquides sont toujours entretenus à une hauteur constante au moyen d'une seringue qui sert à retirer le trop plein des vases et à ajouter de l'eau pure à ceux qui n'en contiennent pas assez.

Art. 78. — Chaque poste contient le matériel nécessaire pour remplacer la pile entière par des éléments neufs.

Art. 79. — La pile est vidée et refaite tous les 1ers du mois.

Art. 80. — L'Inspecteur du télégraphe fait connaître aux Stationnaires l'époque où il convient de remplacer les éléments de la pile.

Pour faire la pile, on place les diverses parties de chaque élément les uns dans les autres dans l'ordre suivant : vase en verre, cylindre de zinc, vase poreux ; on dispose les éléments à une distance de 2 à 3 centimètres les uns des autres, sur leur support, qui doit toujours être parfaitement sec. On verse dans le vase en verre de l'eau jusqu'aux trois quarts environ de sa hauteur, en ayant soin de ne pas en répandre autour du vase, et l'on forme dans le vase poreux une dissolution de sulfate de cuivre saturée avec excès de cristaux.

Art. 81. — Lorsque la lame de cuivre s'use par un séjour prolongé dans le vase poreux, le zinc entier est remplacé.

Art. 82. — Les Stationnaires signalent dans leurs bulletins les remplacements qu'ils jugent nécessaires de faire dans les objets qui composent la pile.

19.

Art. 83.— Les zincs et les vases poreux mis au rebut sont expédiés, tous les trois mois, à l'atelier de réparations. L'Inspecteur renvoie à l'Économat les objets hors d'usage.

CHAPITRE IV.

SERVICE DE LA LIGNE.

Art. 84. — Les surveillants sont responsables de l'état de la ligne télégraphique, chacun pour la subdivision qui les concerne.

Art. 85. — Le Chef du Mouvement arrête, sur la proposition de l'Inspecteur, le roulement des tournées que chaque Surveillant doit faire, à pied ou par les trains, sur sa subdivision.

Ces tournées régulières sont obligatoires, sauf les cas d'urgence qui peuvent nécessiter la présence d'un Surveillant sur d'autres points de sa subdivision.

Lorsque le Surveillant change l'itinéraire qui lui est tracé, il en avise immédiatement l'Inspecteur par écrit.

Art. 86.— Chaque Surveillant adresse à l'Inspecteur, tous les lundis, un rapport hebdomadaire sur son travail de la huitaine.

Il indique jour par jour :

1° L'emploi de son temps ;

2° La nature de son travail;

3° Ses dépenses en matériel ;

4° Les délits commis à l'égard de la ligne télégraphique;

5° Toutes les observations qui peuvent intéresser le service.

Art. 87. — Chaque Surveillant est muni pour son service, par la Compagnie, d'une échelle et d'un sac contenant les objets ci-après :

2 petites vrilles pour vis tête ronde ;

1 grosse vrille pour vis tête carrée ;

2 tournevis pour vis tête ronde ;

1 clef à encoche pour vis tête carrée ;

1 paire de palans ;

1 paire mâchoires à tendre ;

1 paire mâchoires à tordre ;

1 clef pour tendeur ;

1 tirepoint ;

1 étau à main ;

1 pince plate;

1 lime plate.

Art. 88.—Le Surveillant est responsable des outils qui lui sont confiés. Il les prend en charge et est tenu de les remplacer à ses frais.

Art. 89.—Le Surveillant visite chaque jour tout ou partie de sa subdivision. Avant de partir, il entre dans le poste télégraphique du point de départ pour signer sur le procès-verbal du Stationnaire et demander des renseignements sur l'état de la ligne.

En tournée, il doit spécialement :

1° Enlever tous les objets qui flottent sur les fils ;

2° Enlever les toiles d'araignées qui peuvent réunir les fils entre eux ;

3° Faire tomber les glaçons attachés aux fils pendant l'hiver ;

4° Enlever tous les objets déposés contre les poteaux, et susceptibles, par leur poids, de les dévier de leur position verticale ;

5° S'assurer de la continuité du fil ;

6° Relier les extrémités du fil rompu ;

7° Tendre et détendre les fils suivant que leur flèche dépasse ou n'atteint pas 50 centimètres. Les fils, après tension, doivent être parallèles ;

8° Remplacer les cloches, anneaux, poulies, tendeurs et supports de tendeurs, aux points où ces objets sont cassés ou en mauvais état ;

9° S'assurer, en ébranlant les poteaux, qu'ils sont bien plantés, et, en les sondant avec une pointe de fer, que le pied ne pourrit pas en terre.

Art. 90. — Les Gardes-lignes doivent, dans leurs tournées :

1° Enlever tous les objets qui flottent sur les fils;

2° Faire tomber les glaçons attachés aux fils pendant l'hiver;

3° Enlever tous les objets déposés contre les poteaux et susceptibles, par leur poids, de les dévier de leur position verticale;

4° S'assurer de la continuité du fil, et, en général, faire prévenir par tous les moyens possibles les Surveillants des interruptions de fils qu'ils ont eu lieu d'observer;

5° Accrocher provisoirement les fils coupés par les procédés qui leur seront indiqués.

Art. 91. — Les Surveillants signalent, dans leurs rapports, les négligences que peuvent mettre les Gardes-lignes à se conformer aux prescriptions de l'article précédent.

Art. 92.— Les Surveillants visitent et nettoient les divers appareils de suspension une fois par mois.

Art. 93.—A l'approche des froids, les Surveillants détendent les fils de la ligne pour empêcher leur rupture. Dans les chaleurs, ils les tendent pour éviter les mélanges.

Art. 94.— Les Surveillants prennent note, dans leurs tournées, des travaux qu'ils ne peuvent eux-mêmes exécuter, et les signalent à l'Inspecteur dans un rapport spécial.

Art. 95. — Il est fait, dans toutes les stations, un dépôt des objets nécessaires à une réparation urgente, en cas de dérangement important.

Ce dépôt doit, au minimum, se composer des objets et des quantités ci-après :

	Stations ordinaires.	Stations de dépôt.
Petits poteaux	5	20
Grands id	1	5
Bottes de fil	1	2
Bottes de fil recouvert de gutta-percha	1	2
Tendeurs	3	6
Supports tendeurs et leurs vis (1/5 de vis en sus)	3	6
Anneaux id. id	3	6
Poulies id. id	4	8
Cloches id. id	20	40
Fil à ligatures	»	1ᴋ

Art. 96. — Dès qu'un dérangement pour cause de rupture de poteaux a lieu sur la ligne, LES SURVEILLANTS RÉTABLISSENT PROVISOIREMENT LA COMMUNICATION AVEC DU FIL DE GUTTA-PERCHA.

Ils s'occupent ensuite de remettre la ligne dans son état normal.

Art. 97. — Lorsqu'un Surveillant ne peut à lui seul relever un dérangement sur la ligne, il se fait aider par les Surveillants des subdivisions voisines, par les Gardes-lignes, ou par des ouvriers.

Art. 98. — Dès qu'un Surveillant est averti de l'existence d'un dérangement sur sa subdivision, il s'y transporte par le plus prochain train pour la visiter. Il en donne, par tous les moyens possibles, connaissance à l'Inspecteur. Cette obligation ne doit dans aucun cas retarder le rétablissement de la communication.

Les surveillants sont autorisés à monter dans tous les trains.

Art. 99 - -Les surveillants sont assermentés. Ils dressent pro-cès-verbal pour tous les délits qui sont de nature à troubler ou interrompre le service télégraphique.

Art. 100. — Un Surveillant ne peut quitter sa subdivision que lorsque les dérangements qui lui ont été signalés dans la journée sont relevés, à moins de force majeure.

CHAPITRE V.

SERVICE DE L'INSPECTEUR.

Art. 101. — L'Inspecteur adresse au Chef du Mouvement, avec ses observations et son visa, les bulletins journaliers des Station-naires et les rapports hebdomadaires des Surveillants.

Art. 102. — L'Inspecteur visite tous les postes de sa section au moins une fois par semaine.

Il fait, à des époques fixées par le Chef du Mouvement, des vi-sites à pied pour reconnaître si elle est en bon état.

Art. 103. — Pendant ses visites dans les postes, l'Inspecteur examine la marche des appareils et l'état de la pile. Il donne aux Stationnaires des conseils sur le service. Il signale sur ses rapports toutes les irrégularités qu'il observe.

Il veille à l'économie et au bon emploi des matières. Il donne ses instructions pour l'envoi à l'atelier des appareils qui exigent des réparations.

Art. 104. — L'Inspecteur adresse tous les trois mois au Chef du Mouvement une demande du matériel qu'il doit distribuer sur toute la ligne.

Il n'est dérogé à cette règle de distribution trimestrielle que dans les cas d'urgence reconnus par le Chef du Mouvement.

Art. 105. — L'Inspecteur adresse au Chef du Mouvement un rapport hebdomadaire.

Il y mentionne :

1° L'emploi de son temps (visites dans les postes ou travail à l'atelier) ;

2° La nature de son travail ;

3° L'état des appareils ;

4° Toutes les observations sur les irrégularités du service et les améliorations à y introduire.

L'Inspecteur adresse au Directeur de l'Exploitation, par l'intermédiaire du Chef du Mouvement, un rapport mensuel constatant les faits essentiels de son service pendant la durée du mois écoulé.

ART. 106. — Lorsque les Inspecteurs ne sont pas en tournée, ils s'occupent dans un atelier spécial de la réparation des appareils qu'ils exécutent eux-mêmes. Ils peuvent être aidés dans ce travail par un ou plusieurs horlogers.

Chaque Inspecteur prend en charge l'outillage qui lui est confié et en est responsable.

CHAPITRE VI.

INSTRUCTIONS DES EMPLOYÉS.

ART. 107. — Un des Inspecteurs désignés par le Directeur est chargé, en outre du service de la ligne, de former à la manœuvre des appareils télégraphiques les agents de la Compagnie que ce service concerne ; savoir :

Les Stationnaires de la Compagnie,
Les Chefs de station,

> Pour les appareils placés dans les postes télégraphiques.

Les Chefs de trains,
Les Gardes-freins,

> Pour les télégraphes mobiles et les appareils de secours échelonnés sur la ligne.

ART. 108. — L'instruction générale des agents est donnée à Bordeaux, où sont installés des appareils spéciaux.

ART. 109. — Tout Stationnaire, Chef de station, Chef de train ou Garde-frein nouvellement nommé, est exercé à la manœuvre des appareils avant d'entrer en service.

ART. 110. — La durée de l'instruction de chaque agent n'est pas fixée.

Lorsque l'Inspecteur juge qu'elle est complète, il délivre un certificat d'aptitude qu'il adresse au Chef du Mouvement.

ART. 111. — Quand les Inspecteurs remarquent dans leurs tournées que l'instruction télégraphique d'un agent est insuffisante, cet

ж agent est envoyé à Bordeaux pour s'y exercer de nouveau jusqu'à
ж ce qu'il ait obtenu un nouveau certificat de l'Inspecteur.

Pendant son instruction, il ne reçoit que les trois quarts de son
ж traitement, sans frais de déplacements.

ART. 112. — Les Chefs de station sont tenus de s'exercer à la
ж manipulation des appareils dans les postes télégraphiques de leur
ж section.

Ils ne peuvent néanmoins, dans leurs transmissions d'exercice,
ж communiquer avec leurs correspondants.

ART. 113. — Les Chefs de trains et Gardes-freins vont trois
ж fois par semaine, pendant une heure, à moins de dispense, s'exercer
aux manœuvres des appareils.

Le Chef du Mouvement arrête, à chaque renouvellement de service, le roulement des jours et heures d'exercice pour chaque agent.

ART. 114. — L'Inspecteur du télégraphe délivre aux Chefs de
trains et Gardes-freins qui connaissent leur service, des dispenses
de présence temporaires.

Ces dispenses ne peuvent être délivrées au plus que pour six
mois.

Elles sont renouvelées, s'il y a lieu, après nouvel examen de l'agent.

SIÉGE du tiroir. — (Voir *Table du cylindre.*)

**SIÉGE des soupapes des pompes alimentai-
res ou des soupapes de sûreté**. —C'est l'évasement
fait dans le métal pour recevoir les soupapes qui doivent tomber d'aplomb sur leur siége.

SIÉGE social. — Domicile légal des Compagnies. — Le
siége social est fixé par les statuts des Compagnies de chemins
de fer.

SIGNAUX. — Les signaux ont été inventés pour servir
d'avertissement.

L'absence de tout signal indique que la voie est libre.

A toute heure les dispositions doivent être prises comme si un
train était attendu. — Les signaux de jour se font en général
au moyen d'un drapeau vert et rouge.—Les signaux de nuit
avec un feu blanc, vert ou rouge.

Il y a des signaux fixes qui consistent en un appareil por-

tant le jour un disque mobile, dont une face est peinte en
rouge ; et la nuit une lanterne à plusieurs verres, dont un
rouge. Le jour, dans les souterrains et en temps de brouillard, on se sert des signaux de nuit ou de pétards. Sur certains
points on emploie la trompe.

Le drapeau blanc ou roulé indique que la voie est libre.

Le drapeau vert déployé commande le ralentissement.

Le drapeau rouge l'arrêt immédiat.

La lanterne blanche, la lanterne verte, la lanterne rouge,
ont les mêmes significations suivant leur couleur.

SIGNAUX d'arrière-train. — Chaque train doit
être couvert à l'arrière par plusieurs signaux.

On doit les mettre avec soin à la couleur de convention.

On appelle jeu de signaux, la réunion de deux disques de
grandeur différente.

Les magasins généraux des Compagnies sont toujours approvisionnés de signaux supplémentaires pour les gares qui
pourraient en manquer.

SOCIÉTÉ. — La Société est un contrat par lequel deux
ou plusieurs personnes conviennent de mettre quelque chose
en commun, en vue de partager le bénéfice qui pourra en
résulter.

Les Sociétés sont civiles ou commerciales.

On distingue quatre espèces de Sociétés commerciales :

    1° En nom collectif ;

    2° En commandite ;

    3° Anonyme ;

    4° En participation.

SOCIÉTÉ en nom collectif. — Société contractée
par deux ou plusieurs personnes solidairement responsables.

SOCIÉTÉ en commandite. — Société formée entre
un ou plusieurs associés responsables et solidaires, et un
ou plusieurs bailleurs de fonds, tenus jusqu'à concurrence de
leur mise seulement.

On distingue les Sociétés en commandite simples et les Sociétés en commandite par actions.

Une Société en commandite par actions n'est définitivement constituée qu'après la souscription de la totalité du capital social, et le versement par chaque actionnaire du quart au moins du montant des actions par lui souscrites.

Le capital des Sociétés en commandite ne peut être divisé en actions ou coupons d'action de moins de 100 fr. lorsque le capital n'excède pas 200,000 fr., et de moins de 500 fr. lorsqu'il est supérieur. (Loi du 17 juillet 1856, art. 1er.)

SOCIÉTÉ anonyme. — Société dans laquelle tous les associés sont inconnus du public, et n'engagent que leur mise. — Elle n'a pas de raison sociale, et n'est distinguée que par le nom de son entreprise. — Elle est administrée par des mandataires à temps, révocables, associés ou non associés, gratuits ou non gratuits.

Le capital de la Société anonyme est divisé en actions et même en coupons d'action, d'une valeur égale. (Art. 34, C. c.)

La Société anonyme ne peut exister qu'avec l'autorisation du gouvernement et avec son approbation pour l'acte qui la constitue. (Art. 37, C. c.)

SOCIÉTÉ en participation. — Contrat purement consensuel, qui peut être fait sans écrit, ni sans formalités de publicité.

Elle ne forme pas, comme les trois autres, une personne juridique; elle peut être formée dans des proportions d'intérêt laissées à la volonté des parties contractantes. (Art. 48, C. c.)

SONDAGE. — Dans les chemins de fer, cette opération a une grande importance. Par suite de la nécessité de maintenir la surface des rails à un niveau constant, il faut que la nature du terrain sur lequel reposera le chemin de fer soit examinée avant l'ouverture des travaux. De nombreux sondages avec la sonde ordinaire sont faits pour établir une espèce de nivellement du sous-sol, qui donne les épaisseurs des diverses couches de terrains perméables avant d'arriver aux terrains incompressibles.

SOUFFLER. — Terme d'atelier qui veut dire laisser échapper la vapeur : les soupapes *soufflent*.

SOUFFRANCE. — On dit qu'un article, un effet, une expédition est en souffrance, quand son exécution ou son encaissement est entravé.

Les articles en *souffrance* deviennent souvent *contentieux*.

SOUPAPES. — Ce sont des pièces de métal qui ont la forme d'un disque ou de boulet, et sont destinées à fermer momentanément le passage d'un fluide ou d'un liquide. Elles sont posées sur l'ouverture faite dans une chaudière (soupapes de sûreté), ou dans un piston (soupapes des pompes).

SOUPAPES d'aspiration et de refoulement. — Ces soupapes se trouvent dans les pompes d'alimentation des chaudières des locomotives.

SOUPAPES de prise d'eau. — Elles sont placées au nombre de deux dans la caisse à eau du tender.

SOUPAPES de sûreté. — Ce sont des disques métalliques qui recouvrent une ouverture faite dans la chaudière et qui sont assujetties par un levier à l'extrémité duquel agit un poids ou un ressort, *une balance*. La vapeur tend à les soulever et les soulève en effet, si la tension est plus grande que les contre-poids des soupapes. Dans les machines locomotives l'on emploie deux soupapes à ressort.

SOUS-CHEF de gare. — Agent placé sous les ordres du chef de gare. Lorsque les circonstances l'exigent, il remplace le chef de gare, et, en ce cas comme pendant l'absence de ce dernier, il a les mêmes droits et la même autorité.

SOUS-CHEF de gare des marchandises. — Les employés qui exercent cette fonction sont sous les ordres immédiats du chef de gare des marchandises.

Surveiller le chargement et le bon aménagement des marchandises, le graissage et l'attelage des trains, veiller à ce

p que les hommes d'équipe employés à ces travaux accomplis-
a sent bien leur tâche, dresser les feuilles de route et composer
ıf les trains du matériel, telles sont les principales attributions
b des sous-chefs des gares des marchandises.

SOUTERRAINS ou tunnels.—(Voir ce dernier mot.)

STABILITÉ des machines locomotives. —
) C'est la propriété que possèdent les locomotives de marcher,
) dans certains cas, sans oscillations et sans autres mouvements
í irréguliers. Si ces derniers mouvements prennent de l'exten-
ə sion, la machine devient instable. Son instabilité se traduit
ʃ alors par des lacets, par le galop, etc., etc. Elle provient tant
ı de l'état défectueux de la voie que de la construction vicieuse
de la locomotive ou des négligences dans l'entretien.

STATIONS. — Gares dans les petites localités.

STATUTS.—Acte notarié qui fixe les droits et obligations
de tous les intéressés dans une même affaire, et définit les engagements et la responsabilité de chacun.

La violation des statuts, charte des Compagnies, entraîne
souvent la dissolution des Sociétés. Rien donc ne doit être fait
que conformément à ce qu'ils prescrivent.

Nous pensons être agréable aux lecteurs en reproduisant ici
comme type les statuts de la *Société des chemins de fer du
Midi*.

STATUTS de la société des chemins de fer du Midi et du canal latéral à la Garonne.

TITRE Ier.

OBJET ET DÉNOMINATION DE LA SOCIÉTÉ. — DOMICILE. — DURÉE.

ART. 1er. — Il est formé, entre les souscripteurs propriétaires de
toutes les actions créées ci-après, une société anonyme ayant pour
objet, 1° l'exécution et l'exploitation du chemin de fer de Bordeaux

à Cette, et l'exploitation du canal latéral à la Garonne, conformément aux dispositions du cahier des charges annexé à la loi du 8 juillet 1852 et du décret approbatif de la concession, en date du 24 août 1852 ; 2° l'exécution et l'exploitation des chemins de fer de Bordeaux à Bayonne avec embranchements sur Mont-de-Marsan et Dax, et de Narbonne à Perpignan, conformément à la convention dn 24 août 1852 et au cahier des charges y annexé, approuvés par décret du Président de la République, 3° et l'exploitation du chemin de fer de Bordeaux à la Teste aux conditions stipulées dans la convention du 27 septembre 1852,

Cette Société prend la dénomination de *Compagnie des chemins de fer du Midi et du canal latéral à la Garonne.*

Art. 2. — Le siége de la Société et son domicile sont établis à Paris.

Art. 3. — La Société commencera à partir de la date du décret qui l'aura autorisée, et finira avec la concession, c'est-à-dire le 24 août 1957.

TITRE II.
DE LA CONCESSION.

Art. 4. — Les comparants, tant en leurs noms qu'au nom de leurs mandants et en leur qualité de concessionnaires, font apport, sans aucune restriction ni réserve, à la Société, de tous les droits que leur confèrent la loi, convention, décret et cahier des charges précités, ainsi que la convention dudit jour 27 septembre 1852, relative à l'exploitation par bail du chemin de fer de Bordeaux à la Teste, mettant ladite Société entièrement en leur lieu et place, à la charge par elle de satisfaire à toutes les clauses, conditions et obligations qui en résultent, sous réserve, toutefois, quant au bail précité, de la rectification législative nécessaire à la concession définitive du chemin de fer de Bordeaux à Bayonne.

Le compte des frais relatifs à l'entreprise jusqu'à la promulgation du décret approbatif des présents statuts, sera réglé par l'assemblée générale, qui en autorisera le remboursement à qui de droit.

TITRE III.
FONDS SOCIAL. — ACTIONS. — VERSEMENTS.

Art. 5. — Le fonds social est fixé à soixante-sept millions de francs.

Il est divisé en cent trente-quatre mille actions de cinq cents francs chacune.

Les quatorze mille actions non souscrites seront, dans le délai de la quinzaine qui suivra l'homologation des présents statuts, mises à la disposition de tous les actionnaires dans la proportion du nombre d'actions déjà possédées par eux.

Le Conseil d'administration garantit les souscriptions et restera lui-même souscripteur de celles qui, dans le délai ci-dessus, ne seront pas souscrites par les possesseurs des cent vingt mille actions déjà émises.

Dans le cas où la concession du chemin de fer de Lamotte à Bayonne et de Narbonne à Perpignan ne serait pas rectifiée par le Corps législatif, le capital social serait réduit à soixante millions, le nombre des actions resterait à cent trente-quatre mille, mais le montant de chaque action serait réduit dans la proportion des quatorze cent trente-quatrièmes.

Art. 6. — Chaque action donne droit à une part proportionnelle dans la propriété de l'actif social et dans les bénéfices de l'entreprise.

Art. 7. — Après l'approbation des présents statuts et le versement de cent francs par action, il sera remis aux ayants droit des titres provisoires nominatifs.

Art. 8. — Les souscripteurs originaires et les cessionnaires successifs sont solidairement garants, jusqu'à concurrence du versement des cinq premiers dixièmes, du montant de chaque action.

Après le versement des cinq premiers dixièmes, les titres provisoires seront échangés contre des titres définitifs au porteur.

Art. 9. — Les titres provisoires et les titres définitifs sont extraits d'un registre à souche, frappés du timbre sec de la Compagnie et revêtu de la signature de deux administrateurs, ou d'un administrateur et d'un employé de la Compagnie délégué à cet effet par le Conseil d'administration.

Chaque paiement fait sur le montant de l'action sera constaté sur les titres.

Art. 10. — Les titres provisoires seront nominatifs ; leur cession s'opère par un transfert fait au siége de la Société, signé par le cédant, le cessionnaire et l'un des administrateurs, ou un employé délégué à cet effet ; mention de ce transfert est faite sur le titre provisoire.

Les actions définitives seront au porteur; leur cession s'opère par la simple tradition du titre.

Art. 11. — Le Conseil d'administration pourra autoriser le dépôt et la conservation des titres dans la caisse sociale. Il déterminera la forme des certificats de dépôt, les frais auxquels ce dépôt pourra être assujetti, le mode de délivrance et les garanties dont l'exécution de cette mesure doit être entourée dans l'intérêt de la Société et des actionnaires.

Art. 12. — Les actions sont indivisibles, et la Société ne reconnaît qu'un seul propriétaire pour chaque action.

Art. 13. — Les droits et obligations attachés à l'action suivent le titre, dans quelques mains qu'il passe; la possession d'une action emporte adhésion aux statuts de la société.

Les héritiers ou créanciers de l'actionnaire ne peuvent, sous quelque prétexte que ce soit, provoquer l'apposition des scellés sur les biens et valeurs de la Société, ni s'immiscer, en aucune manière, dans son administration ; ils doivent, pour l'exercice de leurs droits, s'en rapporter aux inventaires sociaux et aux délibérations de l'assemblée générale.

Art. 14. — Le montant de chaque action est payable à la caisse sociale, à Paris, aux époques et dans les proportions déterminées par le Conseil d'administration.

Le premier versement est fixé à cent francs par action; tout appel ultérieur de fonds devra être annoncé un mois au moins avant l'époque fixée pour le versement, tant à Paris qu'à Bordeaux, dans deux des journaux d'annonces légales de ces deux villes désignés conformément à la loi.

Le Conseil d'administration pourra autoriser la libération anticipée des actions, mais seulement par voie de mesure générale applicable à toutes les actions.

Art. 15. — A défaut de versement aux époques déterminées, l'intérêt sera dû, par chaque jour de retard, à raison de cinq pour cent par an.

La Société pourra exercer l'action personnelle contre les retardataires et leurs garants; elle pourra aussi, soit distinctement de la poursuite personnelle, soit concurremment avec elle, faire vendre les actions en retard.

A cet effet les numéros de ces actions seront publiés dans les journaux indiqués à l'article 14; à partir du quinzième jour après cette publication, la Société, sans mise en demeure et sans autre formalité ultérieure, aura le droit de faire procéder à la vente des actions, même successivement, sur duplicata, à la Bourse de Paris, par le ministère d'un agent de change, pour le compte et aux risques et périls des retardataires.

Les titres des actions ainsi vendues seront nuls de plein droit, et il en sera délivré aux acquéreurs de nouveaux ayant le même numéro que les titres annulés ; en conséquence, toute action qui ne portera pas la mention régulière des versements qui auraient dû être opérés cessera d'être admise à la négociation et au transfert.

L'imputation du prix à provenir de la vente, après déduction des frais et intérêts dus, s'opérera en commençant par les versements les plus anciennement exigibles ; le déficit sera à la charge des obligés aux versements.

L'excédant, s'il en existe, appartiendra à l'actionnaire exproprié.

Art. 16. — Les actionnaires ne sont engagés que jusqu'à concurrence du capital de chaque action ; au delà tout appel de fonds est interdit.

TITRE IV.

CONSEIL D'ADMINISTRATION.

Art. 17. — La Compagnie est administrée par un Conseil composé de quinze membres.

Les membres du Conseil sont nommés par l'assemblée générale, pour cinq années.

Chaque administrateur doit être propriétaire de cent actions, qui seront inaliénables pendant la durée de ses fonctions ; les titres de ces actions seront déposés à la caisse de la Société.

Art. 18. — Les fonctions d'administrateurs sont gratuites ; les administrateurs reçoivent des jetons de présence dont la valeur sera fixée à l'assemblée générale.

Toutefois, il pourra être attribué aux membres des deux comités dont il est question au deuxième paragraphe de l'article 27, une rémunération dont le chiffre sera également réglé par l'assemblée générale.

Art. 19. — Par dérogation à l'article 17, le premier Conseil d'administration sera composé de seize membres, dont les noms suivent, savoir : ....

Ce premier Conseil ne sera soumis à aucun renouvellement jusques et y compris une année après l'époque fixée par le cahier des charges pour la mise en exploitation de la ligne entière de Bordeaux à Cette.

A l'expiration de ce délai, le Conseil sera renouvelé chaque année, par cinquième, par l'assemblée générale.

Jusqu'au renouvellement intégral du premier Conseil, le sort désignera l'ordre de sortie des administrateurs qui en auront fait partie.

Le renouvellement aura lieu ensuite par rang d'ancienneté.

Tout membre sortant peut être réélu.

Jusqu'à ce que le nombre des membres du Conseil soit réduit à quinze, il ne sera pas procédé au remplacement des membres qui auront cessé d'en faire partie par toute autre cause que le tirage au sort fixé au § 4 du présent article.

ART. 20. — Le Conseil d'administration nomme chaque année un président et un ou deux vice-présidents.

En cas d'absence du président et des vice-présidents, le Conseil désigne celui de ses membres qui doit remplir les fonctions de président.

Le président et les vice-présidents peuvent être indéfiniment réélus.

ART. 21. — Le Conseil d'administration se réunit aussi souvent que l'intérêt de la Société l'exige, et au moins une fois par mois. Les décisions sont prises à la majorité des membres présents ; en cas de partage, la voix du président est prépondérante.

La présence de quatre administrateurs est nécessaire pour valider les délibérations.

Lorsque quatre membres seulement sont présents, les décisions doivent être prises à l'unanimité.

ART. 22. — Nul ne peut voter par procuration dans le Conseil d'administration de la Compagnie.

Dans le cas où deux membres dissidents sur une question demanderaient qu'elle fût ajournée jusqu'à ce que l'opinion de un ou plusieurs administrateurs absents fût connue, il sera envoyé à tous les administrateurs absents une copie ou un extrait du procès-verbal, avec une invitation de venir voter dans une prochaine réunion à jour fixé, ou d'adresser par écrit leur opinion au président ; celui-ci en donnera lecture au Conseil, après quoi la décision sera prise à la majorité des membres présents.

Dans aucun cas l'application de la disposition qui précède ne peut retarder l'accomplissement des obligations imposées à la Compagnie par les cahiers des charges de la concession, ni l'exécution des injonctions qui seraient notifiées par le gouvernement en vertu de ces cahiers de charges.

Art. 23. — Les délibérations du Conseil d'administration sont constatées par des procès-verbaux signés par le président et deux des membres qui ont pris part à la délibération ; les copies ou extraits de ces délibérations à produire en justice ou ailleurs sont signés par le président ou par celui des membres qui en remplit les fonctions.

Art. 24. — Lorsque le nombre des membres du Conseil d'administration aura été réduit à quinze, il sera pourvu provisoirement, au cas de vacances, par le Conseil d'administration, à la majorité des membres restants ; les administrateurs ainsi nommés auront les mêmes pouvoirs que les autres administrateurs, et ne demeureront en fonctions que le temps d'exercice qui resterait à leurs prédécesseurs.

Ces nominations seront soumises à la confirmation de l'assemblée générale.

Art. 25. — Le Conseil d'administration est investi des pouvoirs les plus étendus pour l'administration de la Société.

Il fixe les dépenses générales de l'administration.

Il passe, pour l'exécution et l'exploitation des chemins de fer et du canal latéral à la Garonne formant l'objet de la Société, les traités et les marchés de toute nature ; autorise, effectue ou ratifie les achats de terrains et immeubles qui seraient nécessaires pour l'exécution et l'exploitation des chemins de fer et du canal ; il règle les approvisionnements et autorise l'achat des matériaux, machines et autres objets nécessaires à l'exploitation ; il autorise tous achats et vente d'objets mobiliers.

Il fait les traités relatifs à l'exécution des art. 54 et 60 des cahiers des charges.

Il règle l'emploi des fonds de la réserve et détermine le placement des fonds disponibles.

Il autorise tous retraits, transferts, transports, aliénations de fonds, rentes et valeurs appartenant à la Société.

Il autorise la vente des terrains et bâtiments inutiles.

Il peut, avec l'approbation de l'assemblée générale, acheter des immeubles autres que ceux désignés au § 3 du présent article.

Il donne toute quittance.

Il autorise toutes mainlevées d'opposition ou d'inscriptions hypothécaires, ainsi que tous désistements de privilége.

Il autorise toutes actions judiciaires, tous compromis et toutes transactions.

Il fixe et modifie, soit les tarifs, soit leur mode de perception ; il fait les transactions y relatives, le tout dans les limites déterminées par les cahiers des charges ; il fait les règlements relatifs à l'organisation du service et à l'exploitation des chemins de fer et du canal, sous les conditions déterminées par les cahiers des charges.

Il traite, transige et compromet sur tous les intérêts de la Compagnie.

Il adresse au gouvernement toutes demandes de prolongements de chemins de fer ou d'embranchements, sauf autorisation préalable ou ratification de ces demandes par l'assemblée générale.

Il soumet à l'assemblée générale toutes propositions d'emprunts.

Il lui soumet également les propositions de prolongements ou d'embranchements, de fusion ou traités avec d'autres Compagnies, de prolongation ou de renouvellement de la concession, de modification ou addition aux statuts, et notamment de l'augmentation du fonds social et de la prorogation de la Société.

Il nomme et révoque tous les agents et employés ; il fixe leurs attributions et leurs traitements, leur alloue toutes gratifications, et généralement il statue sur tous les intérêts qui rentrent dans l'administration de la Société.

Art. 26. — Le Conseil d'administration pourvoit à la négociation des emprunts votés par l'assemblée générale.

Tous pouvoirs lui sont, dès à présent, donnés pour négocier, au moyen de l'émission d'obligations ou de tous autres titres, un emprunt jusqu'à concurrence : 1° de quarante millions de francs, par suite de la concession du chemin de fer de Bordeaux à Cette, et du canal latéral à la Garonne, dans le cas où la concession serait limitée au chemin de fer de Bordeaux à Cette, et du canal latéral à la Garonne ; 2° de la somme que rendra nécessaire la loi à intervenir pour la concession définitive des chemins de fer de Bordeaux à Bayonne, et de Narbonne à Perpignan.

L'emprunt aura lieu quand le Conseil le jugera convenable, sauf l'approbation du gouvernement, au moyen de l'émission et de la négociation d'obligations ou autres titres dont il déterminera la forme, le taux d'émission et les époques de négociation.

Cet emprunt sera remboursable par annuités dans les conditions fixées par le cahier des charges pour la garantie de l'intérêt à quatre pour cent, et de l'amortissement également à quatre pour cent en cinquante années accordées par l'État.

Art. 27. — Le Conseil d'administration peut déléguer ses pouvoirs pour l'expédition des affaires courantes à un ou à deux comités pris dans son sein et composés chacun de cinq membres et siégeant l'un à Paris, et l'autre à Bordeaux.

Les membres de ces deux comités sont nommés par le Conseil d'administration, qui règle leurs attributions et leurs pouvoirs respectifs de telle façon que, dans tous les cas, la direction des affaires de l'entreprise parte du siége de la Société.

Le Conseil d'administration peut, en outre, par un mandat spécial, déléguer tout ou partie de ses pouvoirs à telle personne que bon lui semble.

Art. 28. — Conformément à l'article 32 du Code de commerce, les membres du Conseil d'administration ne contractent, à raison de leur gestion, aucune obligation personnelle ou solidaire, relativement aux engagements de la Société.

Ils ne répondent que de l'exécution de leur mandat.

Art. 29. — Les transferts de rentes et effets publics appartenant à la Société, les actes d'acquisition, de vente et d'échange des propriétés immobilières de la Société, les transactions, marchés et actes engageant la Société, les acquits et endossements, ainsi que les mandats sur la Banque et sur tous les dépositaires de fonds de la Société, doivent être signés par un administrateur et une personne désignée par le Conseil, à moins d'une délégation expresse du Conseil à un seul administrateur ou à toute autre personne.

TITRE V.

ASSEMBLÉE GÉNÉRALE DES ACTIONNAIRES.

Art. 30. — L'assemblée générale, régulièrement constituée, représente l'universalité des actionnaires.

Art. 31. — L'assemblée générale se compose de tous les titulaires ou porteurs de quarante actions.

Nul ne peut représenter un actionnaire s'il n'est lui-même membre de l'assemblée générale ; la forme des pouvoirs sera déterminée par le Conseil d'administration.

L'assemblée est régulièrement constituée lorsque les actionnaires présents sont au nombre de trente au moins, et représentent le vingtième du fonds social.

Art. 32. — Dans le cas où, sur une première convocation, les actionnaires présents ne rempliraient pas les conditions ci-dessus imposées pour la validité des délibérations de l'assemblée générale, cette assemblée sera ajournée de plein droit; l'ajournement ne pourra être moindre de vingt-cinq jours.

La seconde convocation est faite dans la forme prescrite par l'article 35 ; mais le délai entre la publication de l'avis et la réunion est réduit à vingt jours.

Les délibérations prises par l'assemblée générale dans la seconde réunion ne peuvent porter que sur les objets à l'ordre du jour de la première.

Ces délibérations sont valables, quel que soit le nombre des actionnaires présents et des actions représentées.

Art. 33. — Les délibérations relatives aux emprunts, sauf ce qui a été stipulé ci-dessus, et aux modifications des statuts, ne pourront être prises que dans une assemblée générale réunissant au moins le dixième du fonds social, et à la majorité des deux tiers des voix des membres présents, au nombre de trente au moins.

Celles relatives à l'augmentation du fonds social, à la prorogation ou à la dissolution de la Société, ne peuvent être prises que dans une assemblée générale représentant au moins le cinquième du fonds social, et à la même majorité.

Dans le cas où, sur une première convocation, les actionnaires présents ne rempliraient pas les conditions imposées par le paragraphe qui précède, pour la validité des opérations de l'assemblée générale, il sera procédé à une seconde convocation, à un mois d'intervalle, ainsi qu'il est expliqué à l'article précédent.

Les délibérations de l'assemblée générale, réunie en vertu de cette deuxième convocation, seront valables, pourvu que les actionnaires, au nombre de trente, représentent au moins le dixième du fonds social.

Art. 34. — L'assemblée générale est réunie de droit, chaque année, à Paris, dans le courant du mois d'avril.

Elle se réunit, en outre, extraordinairement, toute les fois que le Conseil d'administration en reconnaît l'utilité.

Art. 35. — Les convocations ordinaires et extraordinaires sont faites par un avis inséré, un mois au moins avant l'époque de la réunion, dans deux des journaux d'annonces légales de Paris et de Bordeaux désignés comme il est dit à l'article 14.

Lorsque l'assemblée générale doit être appelée à délibérer sur les emprunts ou sur les propositions spéciales énumérées en l'art. 41 ci-après, les avis de convocation doivent en faire mention.

Art. 36. — Les propriétaires d'actions doivent, pour avoir droit d'assister à l'assemblée générale, déposer leurs titres au siége de la Société, à Paris, quinze jours avant l'époque fixée pour la réunion de chaque assemblée. Il est remis à chacun d'eux une carte d'admission; cette carte est nominative et personnelle.

Les certificats de dépôt mentionnés en l'article 11 donnent droit, pour les dépôts de quarante actions ou plus, à la remise des cartes d'admission à l'assemblée générale, pourvu que le dépôt des titres ait eu lieu quinze jours avant l'époque fixée pour l'assemblée générale.

Art. 37. — L'assemblée générale est présidée par le président ou l'un des vice-présidents du Conseil d'administration, et, à leur défaut, par l'administrateur désigné par le Conseil pour les remplacer; les fonctions de scrutateurs seront remplies par les deux plus forts actionnaires présents au moment de l'ouverture de la séance, et qui auront accepté.

Le bureau désigne le secrétaire.

Art. 38. — Les délibérations de l'assemblée générale sont prises à la majorité des voix, conformément à l'art. 39.

Le scrutin secret peut être réclamé par dix membres pour la nomination des administrateurs.

En cas de partage, la voix du président sera prépondérante.

Art. 39. — Quarante actions donnent droit à une voix ; le même actionnaire ne peut réunir plus de dix voix, soit par lui-même, soit comme fondé de pouvoirs.

Art. 40. — Le nombre d'actions dont chaque actionnaire est possesseur est constaté par sa carte d'admission.

20.

Art. 41. — L'assemblée générale entend et discute les comptes et les approuve, s'il y a lieu.

Elle nomme les administrateurs en remplacement de ceux dont les fonctions sont expirées, ou qu'il y a lieu de remplacer par suite de décès, démission ou autre cause.

Elle prononce, en se renfermant dans les limites des statuts, sur tous les intérêts de la Société.

Elle délibère sur les propositions qui lui sont soumises, en exécution des paragraphes 15 et 16 de l'art. 25, et donne au conseil d'administration tous pouvoirs nécessaires à cet effet.

Les décisions relatives aux objets mentionnés au paragraphe 16 de l'art. 25 ne sont exécutoires qu'après avoir été approuvées par le gouvernement.

Art. 42. — Les délibérations de l'assemblée générale, prises conformément aux statuts, obligent tous les actionnaires.

Elles sont constatées par des procès-verbaux signés par les membres du bureau, ou au moins par la majorité d'entre eux ; les copies ou extraits de ces procès-verbaux à produire, partout où besoin est, sont certifiés par le président du Conseil d'administration ou celui des membres qui en fait fonction. Une feuille de présence, destinée à constater le nombre des membres assistant à l'assemblée et celui des actions représentées par chacun d'eux, demeure annexée à la minute du procès-verbal ainsi que les pouvoirs. Cette feuille est signée par chaque actionnaire, en entrant en séance.

TITRE VI.

COMPTES ANNUELS. — INTÉRÊTS. — DIVIDENDES. — FONDS DE RÉSERVE.

Art. 43. — Pendant l'exécution des travaux, et à partir de l'époque fixée pour les versements jusqu'à l'achèvement de la ligne principale de Bordeaux à Cette, il sera payé annuellement aux actionnaires quatre pour cent d'intérêts des sommes par eux versées en exécution de l'art. 14.

Il sera pourvu à ces paiements par les intérêts des placements de fonds, par les produits des diverses parties de la ligne qui auront été successivement mises en exploitation, et par tous autres produits accessoires de l'entreprise ; enfin, en cas d'insuffisance, au moyen de la garantie souscrite par l'État (art. 67 du cahier des charges), et, au besoin, par un prélèvement sur le fonds social.

Art. 44. — Après la mise en exploitation des sections de Bordeaux à Castets et de Béziers à Cette, le compte des recettes et dépenses sera arrêté et soumis, chaque année, à l'assemblée générale ; sur le produit net, déduction faite de toutes les charges et dépenses d'entretien et d'exploitation, il sera prélevé, s'il y a lieu : 1° la somme nécessaire pour servir les intérêts des fonds versés par les actionnaires ; 2° la somme nécessaire pour restituer à l'État les avances qu'il aurait pu faire en exécution du dernier paragraphe de l'article précédent ; 3° la somme nécessaire pour restituer au fonds social la portion qui aurait pu être employée antérieurement au service des intérêts ; le surplus, s'il y en a, sera attribué, savoir : moitié au fonds de réserve et moitié aux actionnaires à titre de dividende. Cette dernière attribution sera élevée aux trois quarts lorsque les sections de Castets à Agen et d'Agen à Toulouse auront été livrées à la circulation, et aux neuf dixièmes lorsque l'une des deux autres sections, soit celle de Toulouse à Carcassonne, soit celle de Carcassonne à Béziers, aura été mise en exploitation.

Art. 45. — Après la mise en exploitation de toutes les sections, il sera dressé, chaque année, un inventaire général de l'actif et du passif de la société : cet inventaire sera soumis à l'assemblée générale des actionnaires dans la réunion du mois d'avril.

Les produits de l'entreprise serviront d'abord à acquitter les dépenses d'entretien et d'exploitation des chemins et du canal, les frais d'administration, l'intérêt ou l'amortissement des emprunts qui auront pu être contractés, et généralement toutes les charges sociales.

Art. 46. — Il sera prélevé sur l'excédant des produits annuels, après le paiement des charges mentionnées en l'article précédent, une retenue destinée à constituer un fonds de réserve ; la quotité de cette retenue ne pourra être inférieure à cinq pour cent dudit excédant.

Quand la réserve aura atteint quatre millions, le prélèvement de cinq pour cent pourra être réduit ou suspendu.

Il reprendra cours aussitôt que le fonds de réserve sera descendu au-dessous de ce chiffre.

Le surplus des produits annuels sera réparti entre toutes les actions.

Art. 47. — Lorsque l'emprunt mentionné à l'art. 26 aura été intégralement remboursé, il sera prélevé, sur l'excédant des produits nets annuels : 1° une retenue destinée à constituer un fonds d'amortissement, et calculée de telle sorte que le fonds social soit complétement amorti cinq ans avant l'expiration de la concession ;

2° Cinq pour cent du fonds social pour le montant en être réparti également entre toutes les actions amorties et non amorties, la part afférente aux actions amorties devant être versée au fonds d'amortissement, afin de compléter la somme nécessaire pour amortir la totalité des actions dans le délai prescrit.

Le surplus des produits annuels sera réparti également entre toutes les actions amorties ou non amorties; la portion afférente aux actions amorties sera distribuée aux propriétaires des titres qui auront été délivrés en échange de ces actions, ainsi qu'il sera dit art. 49.

Art. 48. — S'il arrivait que, dans le cours d'une ou plusieurs années, les produits nets de l'entreprise fussent insuffisants pour assurer le remboursement du nombre d'actions à amortir, la somme nécessaire pour compléter le fonds d'amortissement serait prélevée sur les premiers produits nets des années suivantes, par préférence et antériorité à toute attribution de dividende aux actionnaires.

Art. 49. — Le fonds d'amortissement, composé ainsi qu'il est dit dans les deux articles précédents, sera employé, chaque année, jusqu'à due concurrence, à compter de la cinquantième année qui suivra la complète exécution des travaux, au remboursement d'un nombre d'actions déterminé, comme il est dit art. 47.

La désignation des actions à amortir aura lieu au moyen d'un tirage au sort, qui se fera publiquement à Paris, chaque année, aux époques et suivant les formes qui seront déterminées par le Conseil d'administration.

Les propriétaires des actions désignées par le tirage au sort pour le remboursement recevront en numéraire le capital effectivement versé de leurs actions et les dividendes jusqu'au jour indiqué pour le remboursement, et, en échange de leurs actions primitives, des actions spéciales au porteur.

Ces actions donneront droit à une part proportionnelle dans le partage des bénéfices mentionnés au dernier paragraphe de l'article 47.

Les porteurs de ces actions conserveront, du reste, sauf le prélèvement de l'intérêt, les mêmes droits que les porteurs des actions non amorties.

Les numéros des actions désignées par le sort pour être remboursées seront publiés comme il est dit en l'art. 14.

Le remboursement du capital de ces actions sera effectué au siége de la Société, à partir du 1er janvier de chaque année, pour l'année qui aura précédé.

Art. 50. — Le paiement des intérêts a lieu par semestre.

Le paiement des dividendes a lieu par semestre ou par année, suivant décision de l'assemblée générale.

Art. 51. — Le paiement des intérêts et dividendes se fait au siége de la Société, aux époques que détermine le Conseil d'administration.

Tous les intérêts et dividendes qui n'ont pas été touchés à l'expiration de cinq années après l'époque dûment annoncée pour leur paiement, comme il est dit à l'art. 14, sont acquis à la Société, conformément à l'art. 2277 du Code Napoléon.

TITRE VII.

DISPOSITIONS GÉNÉRALES. — MODIFICATIONS. — LIQUIDATION.

Art. 52. — Si l'expérience fait reconnaître la convenance d'apporter quelques modifications ou additions aux présents statuts, l'assemblée est autorisée à y pourvoir dans la forme déterminée par l'art. 33 qui précède.

Les délibérations relatives à ces objets ne seront exécutoires qu'après avoir été approuvées par le gouvernement.

Tous pouvoirs sont donnés d'avance au Conseil d'administration, délibérant à la majorité de ses membres, pour consentir les changements que le gouvernement jugerait nécessaire d'apporter aux résolutions votées par l'assemblée générale.

Art. 53. — Lors de la dissolution de la Société, l'assemblée générale sera immédiatement convoquée par le Conseil d'administration et déterminera, sur sa proposition, le mode de liquidation à suivre.

Art. 54. — A l'expiration de la concession, toutes les valeurs provenant de la liquidation seront employées, avant toutes répartitions entre les actionnaires, à mettre les chemins et le canal en état d'être livrés au gouvernement dans les conditions déterminées au cahier des charges de la concession.

TITRE VIII.

CONTESTATIONS.

Art. 55. — Toutes les contestations qui pourront s'élever pendant la durée de la Société, ou lors de sa liquidation, soit entre les actionnaires et la Société, soit entre les actionnaires eux-mêmes, et à raison des affaires sociales, seront jugées par des arbitres, conformément aux art. 51 et suivants du Code de commerce.

Dans le cas de contestations, tout actionnaire devra faire élection de domicile à Paris, et toutes notifications et assignations seront valablement faites au domicile par lui élu sans avoir égard à la distance de la valeur réelle.

A défaut d'élection de domicile, cette élection aura lieu de plein droit, pour les notifications judiciaires, au parquet de M. le procureur de la République près le tribunal de première instance de la Seine.

Le domicile élu formellement ou implicitement, comme il vient d'être dit, entraînera attribution de juridiction aux tribunaux compétents du département de la Seine.

Conformément à l'art. 74 du cahier des charges annexé à la loi du 8 juillet 1852, le domicile de la Compagnie est fixé à Paris, au siége social, et elle entend que toutes significations ne puissent lui être faites qu'à ce domicile.

STUFFING boxe.—Nom en langue anglaise de la *Boîte à étoupes*. (Voir ce mot.)

SUBVENTIONS — Fonds que le gouvernement accorde pour créer ou soutenir une entreprise.

Il y a deux espèces de subventions : en travaux réglés par la loi du 11 juin 1842, ou en argent. (Voir la loi du 11 juin 1842.)

SUPERSTRUCTURE. — C'est un terme d'administration qui ne s'est pas encore vulgarisé. On entend par là le ballast et la voie de fer proprement dite, c'est-à-dire les travaux exécutés par-dessus les travaux de maçonnerie ou terrassements.

SUPPORTS des rails. — Il existe un grand nombre

de systèmes, les uns plus compliqués que les autres, pour maintenir les rails sur le ballast ou sur le terrain : des dés en pierre, des longrines, des traverses en bois et en fer. Les rails de Barlow n'ont pas de supports, ils reposent directement sur le ballast.

SURÉLÉVATION des rails.— Dans les courbes, les rails extérieurs se trouvent plus élevés que les rails intérieurs; cette différence de niveau a pour but d'annuler les effets de la force centrifuge, de maintenir les trains sur la voie et d'empêcher ainsi les déraillements.

SURFACE de chauffe. — Surface en contact avec le feu ou les gaz chauds qui se développent dans la chaudière. La surface de chauffe directe reçoit le feu ; la surface indirecte, les gaz chauds.

SURVEILLANCE de la voie. — La surveillance de la voie est spécialement confiée : le jour, aux cantonniers chargés de l'entretien de la voie, aux gardes-lignes, gardes-barrières ; la nuit, aux gardes de nuit, et aux gardes spéciaux.

SURVEILLANCE du matériel. — La surveillance du matériel est exercée ordinairement par un ou deux inspecteurs qui en répartissent le mouvement entre les diverses stations et l'inspectent. Ces inspecteurs doivent proportionner le matériel des différentes gares à la plus ou moins grande quantité de marchandises déposées dans les gares, et par suite aux transports plus ou moins nombreux que nécessitent les marchandises.

L'inspecteur doit visiter plusieurs fois par an toutes les voitures, et constater sur un registre *ad hoc* ses observations à l'arrivée de chaque train ; le chef du petit entretien doit également visiter minutieusement tous les wagons qui entrent dans la composition du convoi.

SURVEILLANTS. — Surveillant est le titre général des employés dont les fonctions consistent à examiner la manière dont s'exercent les différentes parties du service, à s'assurer que tout se passe avec ordre, tant de la part des agents que de celle du public.

Les surveillants sont sous la dépendance immédiate des différents chefs de service dans l'intérieur des gares et sur la ligne. Il faut qu'ils aient une connaissance parfaite de tous les ordres de service, règlements administratifs, et des ordonnances de police relatives au service de l'exploitation des chemins de fer.

La nature de leur service les mettant en rapport constant avec le public, ils doivent apporter dans ces relations toute l'aménité et la complaisance compatibles avec la fermeté qui leur est imposée. Ils ne doivent point oublier que la politesse peut toujours se concilier avec l'exact accomplissement de leurs devoirs.

SYSTÈME articulé. — On comprend sous ce nom le matériel construit d'après le système de M. l'ingénieur Arnoux, comme, par exemple, celui du chemin de fer de Paris à Orsay. Les caisses des véhicules sont supportées par un train mobile, semblable à l'avant-train des voitures ordinaires. En outre, la locomotive et la dernière voiture d'un train sont guidées par des roues inclinées ou galets directeurs, qui s'appuient contre les rails.

SYSTÈME Pouillet. — C'est un mode de construction de la voie avec des traverses de faibles dimensions placées sur des plateaux dits tables de pression. C'est sur ces tables ou plateaux que reposent les extrémités des traverses. L'invention est due à M. Pouillet.

TABLEAU de la marche des trains. — Les tableaux de la marche des trains doivent être faits sur des papiers de couleurs différentes pour chacune des sections du réseau à parcourir.

Les arrêts indiqués sur ces tableaux sont obligatoires pour les trains qui suivent ces itinéraires ; ils sont tenus d'y stationner le temps indiqué.

Les trains mixtes ne peuvent avoir leurs arrêts établis que là où les tableaux indiquent un temps de repos suffisant pour l'exécution des manœuvres concernant le service des marchandises.

TABLE du cylindre ou siége du tiroir. — C'est la surface du cylindre sur laquelle glisse le tiroir. Cette surface doit être exactement dressée ; il est utile qu'elle soit parfaitement plane.

TACHERON. — Ouvrier qui entreprend avec plusieurs de ses camarades des travaux à la tâche. Les entrepreneurs qui se chargent de la construction des chemins de fer confient à des ouvriers une partie des terrassements, des maçonneries, etc., et les paient par mètre cube à un prix fait d'avance. Ces ouvriers travaillent sous les ordres et sous la surveillance des entrepreneurs. Cette manière de procéder est admise généralement quand le travail ne se fait pas en régie ou à la journée. Quelquefois les entrepreneurs abandonnent toute leur entreprise par lots à des sous-entrepreneurs qu'ils cherchent à faire passer pour des tâcherons. Cette opération n'est pas tolérée par les Compagnies ; elle est défendue par les cahiers des charges dans les travaux exécutés par l'État.

TACHOMÈTRE-DENIEL. — Cet appareil mesure la vitesse de la locomotive, l'indique sur un cadran et l'inscrit sur une feuille de carton. Il comprend un pendule conique formé de quatre ressorts ornés de petites boules en cuivre destinées à accroître l'effet de la force centrifuge. L'appareil reçoit le mouvement d'un des essieux de la machine au moyen d'une courroie. Ces boules s'écartent de l'axe quand la vitesse augmente et s'en rapprochent quand elle diminue. Le mouvement est transmis, au moyen d'un mécanisme d'horlogerie, à une aiguille qui marque la vitesse, et à un crayon qui trace les diagrammes ou figures composées de lignes brisées, dont celles qui montent indiquent l'augmentation et celles qui descendent, la diminution.

TAMPONS ou tampons de choc. — Ce sont des bourrelets élastiques placés à l'extrémité des longerons, des châssis, des wagons, ou attachés à des tiges qui s'appuient sur des ressorts placés sous les voitures. Le but de ces tampons est d'amoindrir le choc ou *coup de tampon* des véhicules.

TAMPONS de choc du tender. — Ces tampons sont formés, comme ceux de la traverse de devant de la machine, de crin et de feutre comprimé.

TANGAGE de la locomotive. — Mouvement d'oscillation de l'avant à l'arrière. Terme emprunté à la marine. — Ce mouvement est occasionné par le poids énorme des machines qui fait souvent fléchir les rails.

TARIFS. — Prix fixé pour les transports de toute nature par le cahier des charges des Compagnies.

Ces prix sont divisés en péage et transport. Le *Dictionnaire de l'Administration française* définit ces deux divisions de la manière suivante :

Le droit de péage est toujours dû par tous ceux qui circulent sur le chemin de fer et par toutes les marchandises qui y passent. C'est la rémunération due au capital d'établissement et aux frais généraux d'administration et d'entretien. Mais les prix de transport ne sont dus à la Compagnie qu'autant qu'elle effectue elle-même ce transport à ses frais et par ses propres moyens. La perception a lieu par kilomètre, sans égard aux fractions de distance, et tout kilomètre entamé est payé comme s'il avait été parcouru ; néanmoins, pour toute distance parcourue moindre de 6 kilomètres, le droit est perçu comme pour 6 kilomètres entiers.

Le poids de la tonne est de 1,000 kilogrammes, et les fractions de poids sont comptées par centième de tonne, soit de 10 en 10 kilogrammes. L'Administration détermine, la Compagnie entendue, le minimum et le maximum de vitesse des convois de toute nature. La Compagnie peut placer dans chaque convoi des voitures spéciales dont les prix sont réglés par l'Administration, sur la proposition de la Compagnie, mais sans que le nombre de places à donner dans ce convoi excède le cinquième du nombre total des places du convoi. Enfin, tout convoi régulier de voyageurs doit contenir des voitures de toute classe, à moins d'une autorisation spéciale de l'Administration supérieure.

Il y a deux sortes de tarifs, les tarifs généraux et les tarifs différentiels. — Pour plus amples renseignements, voir *Cahier des charges* , — aux mots *Taxes* et *Conditions relatives au transport des voyageurs et des marchandises*.

TARIFS combinés. — Nom donné aux prix fixés par diverses Compagnies de chemins de fer et de navigations pour des transports spéciaux dans des délais déterminés. Exemple : le chemin de fer de Lyon délivre des billets directs de Paris à Madrid donnant droit de parcours sur la ligne de Paris à Marseille, sur les paquebots de Marseille à Alicante, et sur la ligne d'Alicante à Madrid.

TARIFS communs. — Tarifs s'appliquant à deux lignes contiguës exploitées par des Compagnies différentes.

TARIFS différentiels. — Le *Dictionnaire général d'administration* s'exprime de la manière suivante :

On nomme ainsi des tarifs qui, tout en conservant leur généralité, leur uniformité pour un même parcours entre deux points d'une ligne, varient d'un parcours à l'autre, qui vont, par exemple, en décroissant au fur et à mesure que la longueur du parcours augmente ; ou bien qui, entre deux localités données, sont moindres que ceux établis pour le parcours entre deux autres localités séparées par la même distance. C'est contre les tarifs différentiels que se sont élevées de la part du commerce et des chambres de commerce les réclamations les plus vives. On ne s'est pas borné à attaquer leur mode d'application, c'est le principe lui-même qu'on a combattu, en prétendant qu'il était hors du droit des Compagnies. Or, ce principe a été l'objet de discussions solennelles dans les deux Chambres, et reconnu comme indispensable à la vie de l'industrie des transports. « Les tarifs différentiels, disait M. LEGRAND, sous-secrétaire d'État des travaux publics, dans une discussion à la Chambre des pairs, les tarifs différentiels sont la base de toutes les opérations des industries de transport. Interdire ces tarifs différentiels, c'est paralyser cette industrie ; et, je le déclare, sans tarifs différentiels, vous ne trouverez pas de Compagnie qui se charge d'exploiter vos chemins de fer. »

D'ailleurs, les Compagnies peuvent s'appuyer sur les cahiers des charges eux-mêmes pour établir leurs droits aux tarifs différentiels. D'abord, les cahiers des charges prévoient les réductions partielles sur telle ou telle partie du parcours, puisqu'ils réglementent les délais dans lesquels les prix abaissés peuvent être relevés. Ensuite le tarif légal est-il autre chose lui-même qu'un tarif différentiel, puisqu'il établit des classes dans lesquelles la tonne est payée à des prix différentiels, puisqu'il admet pour des marchandises d'un certain poids ou d'un certain volume des taxes exceptionnelles, puisqu'enfin, pour le Gouvernement, il oblige les Compagnies à faire le transport des militaires à prix réduits, le transport des dépêches, soit gratuitement, soit à un prix très-réduit? Enfin, pour les embranchements, les tarifs différentiels sont obligatoires et ils varient suivant la longueur de l'embranchement.

Il est facile d'ailleurs de démontrer qu'on peut, qu'on doit, au plus grand profit du commerce, faire des réductions de prix, soit pour les grandes quantités, soit pour les longs parcours. Car, dans toute exploitation de chemin de fer, il y a deux sortes de frais : les frais généraux, qui de leur nature sont invariables, et qui comprennent l'intérêt et l'amortissement du capital et des emprunts, les frais du personnel de l'administration centrale et des gares, etc., et les frais variables, tels que ceux de traction, d'entretien du matériel et de la voie, etc. Or, quelle que soit la quantité de marchandises transportées, il faut que le tarif soit calculé de manière à faire face aux deux natures de frais, l'une à peu près fixe, l'autre qui augmente ou diminue avec le développement du trafic. Cela posé, supposons que les frais généraux soient, sur un chemin, de

2 millions par an, et que le trafic normal du chemin soit de
200,000 tonnes sur la distance entière, chaque tonne devra supporter 10 fr. pour frais généraux, plus une somme aliquote pour
les frais variables. Supposons maintenant un expéditeur donnant
annuellement au chemin de fer 3,000 tonnes sur la distance entière
ou 6,000 tonnes sur la moitié de la distance, sa part dans les frais
fixes sera de 30,000 fr. Mais s'il parvient à procurer 6,000 ou
10,000 tonnes sur la distance entière ou à augmenter d'une manière
équivalente le parcours des quantités qu'il fournit, le trafic du reste
du chemin restant le même, il est bien évident que la Compagnie
pourra, sans nuire à personne, lui dire : Vous ne me paierez toujours
que 30,000 fr. pour mes frais généraux, et votre tarif se trouvera
diminué de 5 fr., de 8 fr. par tonne, si vous me donnez la quantité pour laquelle vous vous engagez.

TARIFS généraux. — On nomme ainsi les tarifs
qui s'appliquent à toutes les parties d'une même ligne et qui
sont établis sur une base uniforme.

TARIFS spéciaux conditionnels. — Le *Dictionnaire général d'administration* s'exprime ainsi :

Les Compagnies établies ont, en dehors de leurs tarifs généraux
et différentiels, des tarifs spéciaux s'appliquant à telle ou telle
nature de marchandises, sous la condition, par exemple, de charger un wagon complet ou d'aller de telle station à telle autre. Ces
tarifs sont à prix réduits. Pour quelques-uns, la seule condition à
remplir est de prendre l'engagement de donner à la Compagnie la
totalité de ce qu'on a à faire expédier.

TAXE. — Prix du transport des voyageurs, marchandises, etc.
(Voir ord. 15 novembre 1846, titre V. De la perception des
taxes et des frais accessoires.)

TAXE des marchandises. — La taxe du transport
des marchandises n'est point la même dans toutes les Compagnies, et cela se comprend, attendu que les frais de trans-

port varient pour chaque Compagnie d'après certaines considérations, telles que les frais de premier établissement de la voie, les adjudications passées pour l'entretien et la réparation du matériel, la régie de transport, l'achat du combustible, etc.

L'uniformité de prix serait fort désirable, mais elle ne pourra être établie que quand l'exploitation des voies ferrées aura lieu partout d'après les mêmes errements et aux mêmes conditions.

La taxe est appliquée au moment de l'inscription des marchandises sur le livre d'expédition, reproduite sur les bulletins de route et vérifiée par un bureau spécial placé sous la direction de l'inspecteur principal de l'exploitation.

TÉLÉGRAPHE électrique. — (Voir *Service du télégraphe.*)

TENDER. — C'est la voiture ou le wagon d'approvisionnement qui suit la locomotive ; on l'appelait autrefois *allége*. Il est destiné à porter l'eau et le combustible nécessaires pour l'alimentation de la machine. Il se compose d'une caisse à eau, et d'une plate-forme sur laquelle est placé le combustible ; le tout est porté par un châssis à quatre ou à six roues. Un frein est toujours appliqué au tender.

TENDEUR. — Tringle dans laquelle passent les crochets d'attelage des wagons ; le tendeur est serré par une vis.

TENSION ou force élastique de la vapeur. — C'est l'effort exercé par la vapeur contre les parois d'un vase qui la renferme.

Elle doit être en rapport avec la résistance de cette paroi, généralement en tôle, dont se compose la chaudière ; cette tension est mesurée au moyen de manomètres : elle ne peut pas dépasser une certaine limite, car la vapeur s'échappe par les soupapes et la tension dès lors diminue.

TENTATIVES contre les trains en marche. —
Toute tentative contre les trains en marche est sévèrement
punie. — (Voir la loi du 15 juillet 1845. Art. 16 et 17.)

TERMINUS. — Mot latin signifiant station extrême d'un
chemin de fer. — N'est guère employé que dans le Nord.

TERRAINS dangereux. — Ce sont des terrains qui,
par le manque de consistance, s'éboulent et encombrent la
voie dans les déblais, ou s'échappent de dessous la voie
dans les remblais. Il est déjà arrivé que ces terrains, coupés
par une tranchée du chemin de fer, ont perdu l'équilibre, et
que des masses de terre considérables ont fait un mouvement
et ont déplacé l'axe de la ligne. Ces cas se produisent d'ordinaire quand les terres sont placées sur une couche de terre
glaise rendue lisse par des infiltrations. Il faut alors recons-
truire la voie et l'assainir par le drainage.

TERRASSEMENTS. — Les travaux les plus considérables dans les chemins de fer sont presque toujours les terrassements. Pour arriver à des inclinaisons convenables, il
faut entailler les parties élevées des terrains et les porter
dans les vallées, les bas-fonds. Il n'y a pas de limites pour
les terrassements. Quand les tranchées deviennent trop profondes, on les remplace par un tunnel; quand les remblais
deviennent trop hauts, on leur substitue des viaducs. Dans
l'indécision du choix, il faut faire des projets comparatifs
d'après lesquels on peut prendre une décision.

On continuera ce mode de travail jusqu'à ce qu'une nouvelle
invention nous permette de franchir les fortes rampes dans
de bonnes conditions de vitesse et de charge remorquée.

TÊTE de bielle. — La grosse tête de bielle est l'extrémité de la bielle qui embrasse la manivelle; la petite tête
de bielle embrasse la tige du piston.

THERMOMANOMÈTRE. — (Voir le mot *Manomètre*.)

TIMBRE de la chaudière. — Ce timbre, appliqué sur les chaudières des locomotives et des machines fixes, indique le nombre d'atmosphères que la pression de la vapeur peut atteindre.

TIRAGE. — Dans les cheminées des locomotives, le tirage est produit par le jet de la vapeur qui s'échappe des cylindres ; il a pour but d'activer la combustion.

TIRE-FONDS. — Pièce ou crochet en fer qui retient les morceaux de bois dans les serre-rails.

TIROIR. — C'est une pièce de métal à surface plane, placée sur les lumières d'admission de la vapeur du cylindre.

TISONNIER. — Outil de fer pour attiser le feu.

TOLAGE des roues. — Cette opération consiste à interposer entre la jante et le bandage des roues, un cercle en tôle pour obtenir, en cas de relâchement du bandage, un serrement convenable.

TOMBEREAUX. — Au commencement de l'exploitation des chemins de fer, les Compagnies avaient la prétention de conduire les voyageurs dans des voitures découvertes, auxquelles le sobriquet de tombereau avait été appliqué par le public.

Des plaintes multipliées ont été prises en considération par l'administration supérieure, qui n'a plus toléré ce mode de transport.

On appelle encore tombereaux les voitures à deux roues qui sont employées dans les travaux de terrasssements ou de constructions.

TOURBE. — On a employé ce combustible à titre d'essai et exceptionnellement au chauffage des locomotives. Actuel-

lement on carbonise la tourbe, on en fait du coke de tourbe.
Ce procédé semble donner de meilleurs résultats.

TOURNEURS de plaques. — (Voir *Facteurs du mouvement.*)

TRACÉ. — Synonyme de chemin de fer pour indiquer la direction de la voie, usité principalement quand il s'agit de projets.

On emploie encore ce mot pour indiquer les principales dimensions d'un ouvrage.

TRACTION. — Nom donné à une division importante de l'administration des voies ferrées.

Sous ce titre on comprend d'ordinaire l'entretien et la réparation du matériel, la conduite et l'alimentation des machines. Ce service de la locomotion est confié sur quelques lignes à un entrepreneur auquel la Compagnie remet le matériel roulant, l'outillage, les engins et les bâtiments nécessaires à l'exploitation. Moyennant un prix à forfait, l'entrepreneur de la traction se charge de l'entretien du matériel et de la locomotion des convois.

TRAINS. — On emploie ce terme pour celui de *convoi*. Dans les wagons, le train se compose du bâtis, cadre ou châssis placé sur les ressorts de suspension, qui portent sur l'essieu au moyen de boîtes à graisse. L'essieu et les roues font également partie du train du wagon.

TRAINS de matériaux du service de la voie. — Tout train employé à ce service doit marcher à une vitesse constante de dix minutes en arrière du train qui le précède, de vingt minutes en avant du train qui le suit. Si un train extraordinaire est annoncé, le train de matériaux doit être immédiatement garé jusqu'après le passage du train extraordinaire.

Un chef de transport accompagne tous les trains de matériaux du service de la voie; seul il donne des ordres aux chauffeurs et aux mécaniciens, fixe les heures de marche et les temps d'arrêt d'après une carte indiquant le mouvement général de la journée et l'heure de l'arrivée des trains ordinaires aux stations.

Nul train de matériaux ne peut être engagé sur la voie principale sans que sa marche ait été préalablement réglée par l'ingénieur en chef et par le chef de l'exploitation, vérifiée et approuvée par l'ingénieur en chef du contrôle. On comprend toute l'importance de ces formalités lorsqu'il s'agit, en effet, de modifier l'ordre ordinaire des trains de voyageurs sur la ligne affectée à leur transport.

Le chef de transport dirigeant les trains de matériaux tient un état qui indique, jour par jour, le numéro de la machine servant aux transports, le nombre des voyages exécutés, celui des wagons composant chaque train, la distance parcourue, le temps de marche, la nature et la quantité des matériaux transportés, les lieux de chargement et les lieux de déchargement, la destination des matériaux transportés.

Les commissaires de surveillance administrative doivent en tout état être informés des mouvements extraordinaires concernant le transport des matériaux du service de la voie.

TRAINS de troupes. — Une décision ministérielle du 28 septembre 1852 admet, par une dérogation aux règlements, que les convois militaires pourront être composés de trente wagons, mais à la condition de ne pas faire marcher ces trains à une vitesse de plus de 32 kilomètres à l'heure.

TRAINS articulés. —(Voir *Système articulé*.)

TRAINS de ballastage. — Ces trains transportent le ballast nécessaire à l'entretien de la voie. Ils doivent être garés hors la voie principale vingt minutes avant l'heure réglementaire des trains, et n'y rentrer que dix minutes après le passage de ces trains. Leur vitesse ne doit pas dépasser 36 kilomètres à l'heure.

TRAINS de plaisir. — Trains spéciaux à prix réduits généralement organisés à l'occasion de fêtes extraordinaires données à Paris ou dans les départements. Les voyageurs qui prennent ces trains doivent acquitter d'avance le prix de voyage — aller et retour.

Ils ne peuvent avoir d'autres bagages que ceux qui sont susceptibles d'être placés sous la banquette sur laquelle ils prennent place.

Dans le cas où le voyageur n'effectuerait pas le voyage de retour, il ne peut réclamer à la Compagnie aucune indemnité.

TRAINS de voyageurs. — Ils doivent être remorqués par une seule machine, à moins qu'une machine de renfort ne devienne nécessaire dans les rampes ou par suite d'une affluence extraordinaire de voyageurs, ou de l'état de la voie, ou d'un accident. Le train ne peut être composé de plus de vingt-quatre voitures.

TRAINS en détresse. — Sont ainsi désignés les trains qui, par suite d'un accident, sont obligés de stationner sur la voie pour attendre la machine de secours.

Toutes les fois qu'un train a besoin de secours, le conducteur chef fait demander, au moyen de l'appareil télégraphique portatif, la machine de réserve du dépôt le plus voisin. Dans le cas où le train ne serait pas à plus de 2 ou 3 kilomètres du dépôt, il envoie un exprès avec une demande écrite, dans laquelle doit être indiquée d'une manière exacte la position du train.

TRAINS mixtes. — Trains composés de marchandises et de voyageurs, pour lesquels on se conforme aux règlements faits pour les convois de voyageurs et de marchandises.

TRAINS refoulés. — Lorsqu'un accident arrive sur une ligne ou partie de ligne où il n'existe qu'une seule voie, il arrive souvent que la machine expédiée au secours du train en détresse ne peut le rejoindre qu'en arrivant par derrière la dernière voiture du convoi : alors au lieu de tirer le train, elle le refoule. Dans ce cas, le mécanicien ne doit jamais marcher qu'avec une vitesse maximum de 25 kilomètres à l'heure : il doit en outre profiter du premier croisement de voie pour passer en tête du train, ce qui vaut toujours mieux, et n'exécuter cette manœuvre qu'après avoir couvert à distance les deux voies. On comprendra aisément la nécessité de cette précaution.

TRAINS spéciaux. — Ces trains sont expédiés en dehors du cadre des trains réguliers ; ils doivent être annoncés par le train régulier qui les précède. L'avis de l'expédition d'un train spécial doit être donné au commissaire de surveillance administrative de la gare de départ.

TRAITÉS particuliers. — Concession faite à certains expéditeurs par les Compagnies. -- Les traités particuliers ont été supprimés par décision ministérielle du 26 septembre 1857. Sont toutefois exceptés ceux conclus par les Compagnies de chemins de fer avec le ministre de la guerre, le 31 décembre 1855, et avec le ministre des finances le 27 décembre 1856.

TRAMWAYS ou chemins américains. — (Voir ce dernier terme.)

TRANCHÉES. — Coupures faites dans le terrain pour que le chemin de fer ait la plus faible inclinaison possible ; on dit aujourd'hui généralement déblais; ce n'est que quand ils sont considérables en profondeur et en étendue qu'on les appelle tranchées.

TRANSPORT d'accusés, prisonniers, indigents, etc. — Ces transports sont effectués de deux manières : — ou en ports dus, sur la réquisition des autorités civiles, ou sans réquisition émanée des autorités compétentes. Dans le premier cas, les réquisitions doivent être signées par un préfet, sous-préfet ou un magistrat du parquet. Un tarif spécial est affecté à ces transports, qui donnent lieu aux mêmes formes de comptabilité que les articles messageries.

A l'arrivée, il faut faire constater par les agents qui les accompagnent les quantités de prisonniers, accusés, etc., etc., reconnues au départ.

Dans le second cas, les prisonniers indigents, etc., quoique voyageant sous escorte, sont considérés comme voyageurs ordinaires, et paient le tarif sans diminution. Les gendarmes composant l'escorte ont droit à des permis de circulation gratuite tant qu'ils restent dans la circonscription de leur brigade ; s'ils en sortent, ils doivent payer le quart du tarif ordinaire.

TRANSPORT des allumettes et du phosphore. — Ce transport s'effectue conformément à l'arrêté ministériel ci-après. (Arrêté du 20 août 1857.)

ARTICLE PREMIER. — Les allumettes chimiques, quel que soit leur mode de préparation, et le phosphore, sont exclus de tout train transportant des voyageurs.

ART. 2. — Le transport de ces matières, dans les trains de marchandises, est soumis aux conditions suivantes :

ALLUMETTES CHIMIQUES.

1º Emballage soigné dans une caisse en planches d'un centimètre d'épaisseur au moins ;

2º Placement des caisses d'allumettes dans des wagons ne renfermant pas d'autres matières combustibles, telles que des spiritueux, des cotons, des pailles, etc., ou des bonbonnes remplies d'acides sulfurique, hydrochlorique ou nitrique.

PHOSPHORE.

Emballage dans des vases à parois non fragiles, étanches et remplis d'eau.

ART. 3. — Les wagons qui contiendront soit des allumettes, soit du phosphore, seront toujours placés dans la dernière moitié du train, et de manière qu'il y ait, autant que possible, trois ou quatre wagons derrière eux.

TRANSPORT des boissons. — Le transport des boissons est soumis à diverses formalités qui doivent être rigoureusement exécutées. La loi du 29 avril 1816 a édicté des pénalités contre ceux qui en négligeraient l'accomplissement.

Les chargements de boissons ne peuvent être admis en gare s'ils ne sont accompagnés d'un acquit à caution, bulletin d'expédition, ou passavant délivré par la régie. Ces bulletins indiquent le jour du départ des liquides et fixent le délai accordé pour le transport.

Si, par suite d'encombrement ou d'accident, le voyage est retardé ou interrompu, les agents du chemin de fer doivent avoir soin d'en faire la déclaration au bureau de la régie le plus voisin. Ils sont tenus d'y déposer les pièces accompagnant les envois retardés pendant tout le temps de l'arrêt.

Les expéditions doivent être reprises à la régie quand les boissons auxquelles elles se rapportent sont acheminées à destination ; dans ce cas, le bureau de la régie fixe une nouvelle date pour l'achèvement du trajet.

Les liquides exigent, pour leur transport, des précautions spéciales, surtout pendant l'été. On doit les mettre sous des bâtiments couverts, ou tout au moins les couvrir de bâches afin d'éviter la déperdition.

On doit se pourvoir d'assez de tonneliers pour parer aux besoins du service. Les dépenses qui sont faites pour la conservation des liquides sont à la charge des destinataires.

On ne doit recevoir les fûts qu'en bon état ; le destinataire ne peut les refuser si on les lui livre bien conditionnés. Si les fûts laissaient quelque chose à désirer sous le rapport de la solidité, il faudrait faire signer à l'expéditeur un bulletin de garantie.

On doit constater le poids des huiles, du vin et des spiritueux.

Les Compagnies ne sont pas tenus des *manquants* qui proviennent du vice propre à la chose, telle que l'évaporation.

Le coulage est en moyenne de 1 0/0 par 200 kil. pour les spiritueux et 2 0/0 pour les huiles.

TRANSPORT des chiens. — Il ne doit être effectué qu'en port payé, et après qu'on a fait signer à l'expéditeur une décharge de toute responsabilité.

Les chefs de gare, sur la demande des expéditeurs, autorisent de mettre de la paille dans les niches à chiens.

Les chiens doivent toujours être muselés.

TRANSPORT des denrées. — Les denrées sont acceptées par certaines lignes de chemins de fer pour la grande vitesse au même prix que pour la petite vitesse (s'il s'agit de denrées fraîches susceptibles de détérioration).

Quand ces marchandises sont expédiées en balles ou paniers, il est utile que l'étiquette soit mise sur une planche attachée au colis.

Les expéditeurs au départ et les agents des Compagnies à l'arrivée remplissent les formalités utiles pour la douane ou l'octroi.

TRANSPORT des fonds du Trésor public. — Ces transports ont lieu *franco* et sur simple récépissé signé au dos du procès-verbal dressé au départ.

TRANSPORT des lettres par le chemin de fer. — Il est formellement interdit aux employés, sous peine d'amende ou de destitution, de remettre de la main à la main aux conducteurs des trains des lettres cachetées personnelles. Les lettres relatives au service du chemin de fer doivent être sous bande.

TRANSPORT des marchandises. — Le transport des marchandises, qui, à l'époque de la création des chemins de fer, était regardé comme beaucoup moins important que celui des voyageurs, s'est accru dans des proportions tellement imprévues, qu'il entre aujourd'hui pour la plus grande part dans le trafic des Compagnies et dans leurs bénéfices.

La question des taxes et des tarifs domine, par son importance et par les difficultés qu'elle présente, la question plus générale du transport des marchandises. Malheureusement ces taxes varient d'une Compagnie à l'autre ; ces tarifs, fixés par les diverses administrations avec l'approbation du gouvernements, sont plus ou moins élevés, et il a été impossible jusqu'à présent d'obtenir sous ce rapport une uniformité qui serait tout à l'avantage des Compagnies et du commerce par l'extension illimitée qu'elle procurerait au transport par les voies ferrées.

Mais bien des intérêts sont en opposition avec le progrès, qui pourrait cependant se réaliser dans un prochain avenir.

C'est là, du reste, une question spéciale, fréquemment discutée, mais qui ne rentre pas dans le cadre de cet ouvrage.

Le transport des marchandises a lieu par grande ou par petite vitesse ; mais dans tous les cas les opérations nécessaires à ces expéditions sont semblables.

L'expéditeur remet à la gare, en même temps que ses colis, tous les papiers et documents nécessaires à leur expédition, tels que acquits-à-caution, congé, etc.; il signe une déclaration du contenu.

La gare réceptionnaire examine l'état dans lequel est l'emballage des colis, les refuse s'il y a lieu, les accepte quand le conditionnement extérieur lui paraît convenable, et les expédie dans les délais voulus. A l'arrivée, le destinataire a le droit d'examiner à son tour l'état dans lequel les colis lui sont présentés, de les refuser ou d'en prendre livraison en acquittant les frais qui grèvent les envois.

TRANSPORT des poudres. — Ce transport s'effectue conformément au règlement du 10 novembre 1852. (Voir ce *règlement*.)

Les poudres autres que celles de l'administration de la guerre sont expédiées comme celles de l'Etat, mais au tarif général du commerce.

TRANSPORT des troupes.—Le transport des troupes s'effectue conformément aux règlements du 6 novembre 1855. (Voir les *règlements*.)

TRANSPORT des valeurs que les voyageurs gardent avec eux. — Les Compagnies laissent aux voyageurs la faculté de conserver des sacs d'argent dans les voitures. Cette faculté n'a d'autre limite que la dimension des sacoches. Celles pesant 25 kilog. ou au-dessus ne pourront être conservées. Le voyageur, en cas de perte, ne peut exercer aucun recours contre la Compagnie pour les espèces qu'il conserve par devers lui.

TRANSPORT du matériel des cantinières.— Ce matériel est composé d'une voiture et d'un cheval. — Il est transporté au même prix que le matériel de l'armée, soit au quart du tarif ordinaire.

TRANSPORTS en destination du chemin de ceinture. — Il faut que la gare expéditrice ait soin d'indiquer à quelle station du chemin de ceinture son envoi est destiné.

Elle doit mettre l'un contre l'autre les wagons devant aller au même point.

TRANSPORTS sur réquisitions. — Un registre spécial est destiné à ces transports, et contient :

1º La souche du bulletin de transport restant en dépôt à la gare expéditrice ;

2° Le bulletin de transport qui doit être remis à la gare destinataire, pour être ensuite adressé à l'inspecteur avec le rapport;

3° S'il s'agit de troupe, le nombre d'hommes transportés signé par le chef supérieur commandant.

L'Etat ne payant que les transports désignés au bulletin, il faut que les agents des Compagnies y fassent inscrire les chevaux, bagages, etc., etc.

TRAVAIL des machines locomotives. — Le travail utile d'une locomotive, est la différence entre le travail moteur de la vapeur et le frottement sur les rails; on mesure ce travail au moyen d'un dynamomètre placé entre la locomotive et le tender. Il s'évalue par la charge remorquée.

TRAVAIL moteur de la vapeur sur chaque piston. — La mesure de ce travail est le produit de la pression totale exprimée en kilogrammes par l'espace parcouru par le piston. Ce travail est transmis à l'essieu moteur.

TRAVAUX. — Travaux de construction, d'entretien, de surveillance de la voie. On dit simplement travaux en terme d'atelier pour l'opposer à celui de matériel. Les travaux forment dans les chemins de fer une des trois sections vulgairement appelées. l'administration, les travaux et le matériel.

TRAVAUX défensifs. — Ces travaux ont tous pour but définitif de défendre les rails contre toute espèce de détérioration. Pour empêcher les terres de s'écrouler, on consolide les talus par des pierrés, des empierrements, des plantations, ou au moyen du drainage pour les empêcher de se délayer. — Les fondations des ouvrages d'art sont défendues de la manière ordinaire par des enrochements, des fascinages, et cela ne présente rien de particulier pour les chemins de fer. — La voie est défendue contre les bestiaux au moyen de clôtures, et contre l'encombrement par les neiges au moyen de palissades et de plantation de haies.

TRAVÉE. — Ouverture entre deux piles d'un pont ou d'un viaduc.

TRAVERSE à table de pression. — (Voir *Système Pouillet.*)

TRAVERSE bascule. — C'est une barre de bois servant à fermer les voies de garage des wagons pour qu'ils ne puissent pas venir, poussés par le vent, sur les voies principales.

TRAVERSE d'arrière de la locomotive. — Cette traverse porte des chaînes de sûreté qui relient la machine au tender.

TRAVERSE d'avant de la locomotive. — C'est la traverse du châssis devant la chaudière ; elle porte un crochet ou un anneau avec un bout de chaîne d'attelage.

TRAVERSÉE. — Croisement spécial résultant de l'intersection de deux voies qui ne sont pas reliées entre elles par un changement de voie.

TRAVERSES. — Pièces de bois ou de fer sur lesquelles reposent deux cours de rails ; elles sont placées en travers de la voie ; placées le long de la voie , on les appelle longuerines ou longrines ; actuellement presque toutes les traverses sont en bois. Quand elles relient deux cours de rails posés sur longrines, on les appelle tirants ; dans ce dernier cas, peu usité, elles sont en fer.

TREILLIS ou grillages. — (Voir *Ponts.*)

TRÉMIE à sable ou boîte à sable. — Ce sont des boîtes placées sur le châssis, de chaque côté de la locomotive, et servant à projeter du sable sur les rails quand ils sont par trop glissants, pour offrir l'adhérence nécessaire ; dans les fortes rampes, le sable est également employé pour faciliter l'ascension des convois.

TRINGLES à tubes. — Il y en a de deux sortes : la tringle faible sert pour nettoyer les tubes ; la tringle forte à les tamponner, c'est-à-dire à enfoncer un tampon en bois dans les tubes qui crèvent en route.

TROU d'homme. — Ouverture faite dans la chaudière pour que les ouvriers puissent la visiter et la réparer.

TROUSSES. — (Voir *Paquets.*)

TRUCK. — C'est une voiture sans caisse, ou plutôt c'est un châssis ou bâtis sur deux essieux destiné au transport d'une grande masse, d'une diligence par exemple ; on y place des arbres, des rails, etc., etc.

TUBES de fumée ; — tubes bouilleurs ; — tubes à air chaud. — Ce sont des tubes généralement en laiton, qui traversent la chaudière dans sa longueur ; ils servent pour le passage des gaz, de l'air chaud et de la fumée, et font bouillir l'eau qui les entoure. On dit généralement *tubes*.

TUBE indicateur de niveau d'eau. — (Voir *Indicateur de niveau d'eau.*)

TUNNELS ou souterrains. — Le maintien des faibles inclinaisons des chemins de fer exige l'établissement de galeries souterraines pour franchir le faîte des montagnes ou les plateaux élevés. On distingue deux espèces de tunnels : ceux creusés dans le roc, et ceux construits à ciel ouvert et recouverts ensuite de terre. On établit des tunnels à la place de déblais à une profondeur de plus de 16 mètres.

TUYAU à rotule. — Ce tuyau remplace le tuyau en toile

qui réunit les parties du tuyau d'aspiration du tender et de la locomotive. Il est composé de deux parties glissant l'une dans l'autre; il est attaché à chacune des parties fixes par un joint à rotule, c'est-à-dire pouvant tourner dans tous les sens.

TUYAU de prise de vapeur. — Ce tuyau est placé dans l'intérieur de la chaudière; il est destiné à conduire la vapeur du dôme dans les cylindres.

TUYAU d'échappement. — On appelle ainsi le tuyau par lequel s'échappe la vapeur sortant du cylindre, après y avoir fonctionné.

TUYAU réchauffeur. — Ce tube sert à renvoyer l'excédant de vapeur de la chaudière dans le tender pendant le stationnement du train; on utilise ainsi la chaleur de cette vapeur pour réchauffer l'eau. Ce tube est fermé par un robinet, qu'on appelle robinet réchauffeur.

TUYAUX d'aspiration et de refoulement. — L'eau d'alimentation de la chaudière de la locomotive est puisée dans le tender au moyen de deux pompes dont les tuyaux en cuivre rouge unissent le tender à la locomotive.

TUYAUX en toile. — On s'est servi de ces tuyaux pour réunir la partie du tuyau d'aspiration de la locomotive à celle fixée au tender. Ces tuyaux en toile sont garnis intérieurement de caoutchouc.

TUYÈRE. — Partie supérieure du tuyau d'échappement.

U

UNIFORME. — Les employés des Compagnies, pour être reconnus du public, doivent toujours porter l'uniforme que l'administration affecte à leurs grades.

L'uniforme est obligatoire pour tous les employés du service actif.

Les employés sont tenus généralement de faire faire leurs uniformes chez le tailleur de la Compagnie.

Le prix en est remboursé à l'administration au moyen d'une retenue mensuelle sur leurs appointements.

UNITÉ de transport. — (Voir *Charge des trains.*)

USURE des bandages. — Après un parcours variable de 15,000 à 40,000 kilomètres, les bandages des roues se creusent et forment une gorge dont la profondeur peut atteindre 0^m,01.

USURE des rails. — L'usure lente ou rapide des rails provient du frottement des roues, d'une mauvaise méthode de fabrication du fer et du mauvais état de la voie ; elle se manifeste par des fissures ou par l'écrasement de la tête du rail.

UTILITÉ publique. — L'utilité publique est déclarée, conformément aux lois spéciales, par décision administrative.

Nulle propriété ne peut être expropriée avant que l'utilité publique n'ait été déclarée.

La cession des propriétés particulières utiles à l'établissement des travaux de cette nature est obligatoire, moyennant indemnité.

L'expropriation en matière d'utilité publique est réglée par la loi du 3 mai 1841.

VÉHICULES. — Le matériel roulant comprend tous les véhicules : voitures, trucks, wagons et machines locomotives.

VÉRIFICATION préalable des colis par le destinataire. — Les Compagnies autorisent leurs agents à refuser cette vérification, si le colis est extérieurement en bon état.

Quand les camionneurs laissent un colis, ils doivent faire constater au dos de la lettre de voiture que ce colis était en bon état de conditionnement extérieur.

VERRIN ou Vérin. — Espèce de cric à vis, composé d'une vis et d'un écrou ; cet engin fait partie des agrès de secours ; il est placé dans la caisse du tender. Il est destiné, en cas d'accident, à soulever les voitures renversées et à exercer une grande pression sur des corps qu'on veut déplacer.

VERSEMENT en litige. — Il ne peut être effectué qu'en vertu d'un ordre spécial émanant de l'inspecteur, donné à la suite de l'exposé de l'affaire au rapport journalier. Un bordereau doit être rempli à cet effet et contenir :

L'extrait du rapport qui autorise le versement ;

L'original ou duplicata de la facture de transport, et la correspondance échangée à cette occasion entre les gares et les intéressés.

Le compte de litige est crédité par la gare qui reçoit le versement.

Les gares transigent souvent dans de semblables circonstances.

VIADUCS. — Passages établis sur les routes ou les vallées. Dans l'origine, les viaducs étaient faits en pierre; aujourd'hui on commence à employer le fer.

Autrefois, on ne donnait le nom de viaduc qu'aux ouvrages destinés à diminuer la hauteur qui est à atteindre pour franchir le faîte d'une montagne. Souvent aujourd'hui on emploie le mot viaduc pour l'opposer à celui de pont. Le pont est construit sur un cours d'eau, le viaduc sur tout autre espace.

VIROLES ou Bagues. — (Voir *Bagues*.)

VISITE des paniers des conducteurs à l'arrivée et au départ. — Cette visite a lieu pour vérifier si les conducteurs font des transports pour leur compte, ce que les Compagnies défendent expressément.

VISITEURS. — A défaut de graisseurs de route, qui accompagnent les trains et qui en contrôlent la composition, on emploie des visiteurs qui attendent les trains aux stations et font le contrôle des voitures et wagons.

VITESSE des trains. — Trains express : 60 kilomètres par heure et au delà;

Trains de voyageurs : 40 à 60 kilomètres à l'heure;

Trains-omnibus : 32 à 40 kilomètres à l'heure;

Trains mixtes : 31 kilomètres à l'heure et au-dessous.

Telle est la règle établie en France; sur les chemins des autres pays la détermination de la vitesse n'a rien d'aussi absolue.

VOIE. — On donne le nom de voie à l'ensemble des rails. — Il y a des chemins à une file de rails (chemin de

Palmer); des chemins à deux files de rails ou à simple voie; des chemins à quatre cours de rails ou à double voie; près de Londres, il y a des chemins à six cours de rails ou à triple voie.

VOIES d'embranchement — Ce sont les voies secondaires qui se soudent, qui s'embranchent sur la voie principale.

On dit généralement embranchement quand la voie conduit à une station, et voie de garage ou évitement quand elle conduit dans un dépôt.

VOIE de garage ou Voie d'évitement. — Ce sont des voies placées à côté de la voie principale, destinées aux trains qui doivent être dépassés par les trains suivants.

VOIES de service ou Voies accessoires. — Ces voies s'embranchent sur les voies principales placées dans l'axe du chemin; on y effectue les différentes manœuvres pour le placement et la composition des trains. Ces voies entrent presque dans les remises des locomotives.

VOITURE à vapeur. — Locomotive-tender avec une caisse pour les voyageurs. On s'est servi, en Angleterre, de ces voitures sur les embranchements à faible circulation.

VOITURES cellulaires. — Le cahier des charges des administrations de chemins de fer leur impose de transporter les voitures cellulaires, prévenus ou condamnés, à un prix de 2 à 2 fr. 20 c. environ pour la carcasse d'une voiture, enregistrement, chargement et déchargement compris.

Les surveillants de l'escorte sont transportés d'ordinaire à la moitié du tarif des troisièmes places.

Une feuille spéciale accompagne ces voitures.

VOITURES debout. — Anciennes voitures économiques de quatrième classe, réformées partout; les voyageurs s'y tenaient debout, faute de banquettes.

VOITURES de voyageurs. — On distingue quatre espèces de voitures à voyageurs : les voitures de première, deuxième, troisième classe, et les voitures mixtes, qui renferment des compartiments de diverses classes. — Les voitures ouvertes ou *tombereaux*, les voitures *debout* ou voitures sans siéges n'existent plus.

Relativement à la construction, on distingue deux espèces de voitures de voyageurs : les voitures anglaises à quatre roues ou à six roues, et ouvertes sur le côté; elles sont usitées presque dans toute l'Europe. Les voitures américaines, à huit roues, sont ouvertes aux deux bouts avec un couloir; elles se trouvent dans les États-Unis, en Russie (chemin de l'État), dans le Wurtemberg et en Autriche.

Les voitures impériales ou royales affectent généralement cette dernière forme.

Les voitures de 1re classe ordinaires peuvent recevoir 24 voyageurs, savoir : 8 dans chaque caisse ou 4 sur chaque banquette.

Les voitures de 1re classe, à coupé, ne peuvent recevoir que 20 voyageurs, savoir : 4 dans le coupé, 8 dans chacun des deux autres compartiments. Les voitures de 2e classe renferment 30 voyageurs.

Les voitures mixtes contiennent 28 voyageurs.

Les voitures de 3e classe contiennent par compartiment 10 voyageurs.

VOITURE-GUÉRITE. — Voiture surmontée d'une guérite dans laquelle se tient la vigie ou le conducteur chargé de surveiller le train.

VOITURES mixtes. — (Voir *Voitures de voyageurs*.)

VOITURES-SALONS mises à la disposition des voyageurs. — Elles peuvent être mises à la disposition de ceux qui les demandent, moyennant, en général, le prix de dix places au minimum.

Au delà de dix voyageurs, chacun paie sa place.

Ces places se paient un dixième en sus des premières.

VOITURES transportées par la petite vitesse. — Les voitures à expédier doivent être rendues à la gare au moins vingt minutes avant l'heure indiquée pour le passage du train.

Ces transports sont soumis aux mêmes formalités d'inscription, enregistrement et livraison que ceux des bestiaux. — (Voir ce mot.)

Les voitures de poste sont placées pour voyager à reculons, si les propriétaires n'expriment pas le désir de les voir dans le sens de la locomotion.

Les calèches sont transportées sur des trucks particuliers ; si une station manquait du système spécial sur lequel s'effectuent ces transports, et qu'elle fût forcée d'expédier une calèche sur un plateau, les voyageurs seraient invités à prendre place dans les diligences de la Compagnie, sans payer plus cher qu'en occupant leur voiture.

La calèche devrait être détachée du train si les voyageurs se refusaient à prendre place dans la diligence.

Généralement les expéditions de voitures se règlent de gré à gré : on conçoit, en effet, que, quand elles sortent des dimensions ordinaires, elles dépassent les prévisions du tarif.

VOITURES vides à placer en tête des trains par rapport au nombre de machines. — Conformément à l'art. 20 du règlement d'administration publique, on doit, en composant un train, mettre à la suite des ma-

chines autant de wagons vides qu'on vient d'atteler de locomotives.

On comprend qu'il y a exception quand on ajoute une
machine de secours en tête du train.

VOYAGEUR sans billet. — Conformément à l'art. 21
de la loi du 15 juillet 1845, le voyageur surpris sans billet,
ou porteur d'un billet délivré pour un trajet plus court que
celui qu'il a parcouru, est passible d'une amende de 16 fr. à
3,000 fr.

VRAC. — Ce mot se dit des marchandises transportées
sans choix ni emballage.

Les marchandises chargées en vrac sont posées à même
dans les wagons. Leur poids total doit s'élever à un chiffre
déterminé.

WAGONS. — Les wagons de chemins de fer dans lesquels
on transporte des voyageurs s'appellent voitures à voyageurs
de première, deuxième et troisième classe, et voitures mixtes
de toute classe. Le mot wagon s'applique de préférence aux
véhicules qui transportent des bagages, des marchandises, des
bestiaux, et leur nombre varie suivant la nature des objets
transportés : wagon de lait, de houille, etc.

WAGON de choc. — C'est le fourgon placé entre le tender de la locomotive et la première voiture de voyageurs, ou bien c'est un wagon dans lequel il n'y a pas de voyageurs.

WAGONS différés. — C'est le nom que l'on donne aux wagons qui, pour une cause quelconque, ne peuvent faire partie du train sur le bordereau duquel ils sont portés.

WAGON de secours. — Dans chaque dépôt il doit se trouver un wagon prêt à partir à toute occasion en cas d'accident. On renferme dans ce wagon les objets suivants : des roues, des rails, des charpentes, des crics, des pinces en fer, des leviers, des chaines, etc., etc.

WAGONS-FREINS. — Wagons spéciaux sur les plans inclinés, destinés à porter les freins.

ERRATA.

Page 181, ligne 28. —Et une loi spéciale du 2 juillet 1838, etc.

La loi du 2 juillet 1838 a été abrogée et remplacée par les art. 3 et 4 de la loi du 14 juillet 1855 ci-après :

ART. 3. — A dater du 1ᵉʳ août 1855, le dixième dû au Trésor public sur le prix des places des voyageurs transportés par les chemins de fer sera calculé sur le prix total des places.

Il sera, en outre, perçu au profit du Trésor public un sixième du prix payé aux Compagnies de chemins de fer pour le transport à grande vitesse des marchandises et objets de toute nature. Les tarifs des Compagnies seront accrus du montant des taxes nouvelles résultant du présent article.

ART. 4. —A partir de la même époque, la loi du 2 juillet 1838 sera et demeurera abrogée.

Page 153, ligne 17 : supprimée en 1875, *lisez* : en 1855.

Page 222, ligne 4 : locomotive, tender, *lisez* : locomotive-tender.

OUVRAGES DE M. ÉMILE WITH

Les Accidents sur les Chemins de fer, leurs causes, les règles à suivre pour les éviter; augmenté d'une Préface par Auguste PERDONNET. — Paris, MALLET-BACHELIER, 1854.

Ouvrage traduit en anglais sous le titre :

Rail-road accidents, their, causes and the means of preventing them, by Emile WITH, C. engineer.

Translated from the french, by Forrester BARSTOW, C. engineer. Boston, LITTLE, BROWN AND COMPANY, 1856.

Nouveau Manuel complet de la construction des chemins de fer, 2 volumes avec un Atlas de 16 planches gravées sur acier. — Paris, RORET, 1857.

Ouvrage traduit en allemand sous le titre :

Das Eisenbahn-wesen, von Emil WITH, übersetz taus dem franzosischen.— Mannheim, BASSERMANN, 1858.

Manuel aide-mémoire du Constructeur de travaux publics et de machines, comprenant le Formulaire et les données d'expérience de la construction, accompagné de recherches et d'entretiens sur les progrès constatés, ainsi que sur ceux à faire dans le domaine de la technologie. —Paris, Paul DUPONT, 1858.

Ouvrage traduit en allemand sous le titre :

Hülfsbuch bei dem Bau offentlicher Arbeiten und Maschinen, von Emil WITH, Aus dem franzosischen. — Mannheim, BASSERMANN, 1859.